高等学校土木建筑工程类系列教材

组合结构设计原理

■ 主　编　夏冬桃

■ 副主编　杜国锋　夏广政

图书在版编目(CIP)数据

组合结构设计原理/夏冬桃主编;杜国锋,夏广政副主编.—武汉:武汉大学出版社,2009.7
高等学校土木建筑工程类系列教材
ISBN 978-7-307-06898-8

Ⅰ.组… Ⅱ.①夏… ②杜… ③夏… Ⅲ.组合结构—结构设计—高等学校—教材 Ⅳ.TU398

中国版本图书馆 CIP 数据核字(2009)第 025756 号

责任编辑:李汉保　　责任校对:黄添生　　版式设计:支　笛

出版发行:**武汉大学出版社**　(430072　武昌　珞珈山)
(电子邮件:cbs22@whu.edu.cn 网址:www.wdp.com.cn)
印刷:武汉中科兴业印务有限公司
开本:787×1092　1/16　印张:13.5　字数:321 千字　插页:1
版次:2009 年 7 月第 1 版　　2009 年 7 月第 1 次印刷
ISBN 978-7-307-06898-8/TU·76　　定价:20.00 元

高等学校土木建筑工程类系列教材

编　委　会

内容简介

本书系统地介绍了组合结构体系的产生，组合结构的类型、特点、发展与应用，组合结构材料，压型钢板与混凝土组合楼板，钢与混凝土组合梁，钢骨混凝土结构，钢管混凝土结构，纤维混凝土结构，组合结构体系及工程实例等。本书可以作为高等学校土木建筑工程类本科生的教材，也可以供相关专业教师以及工程技术人员参考。

序

建筑业是国民经济的支柱产业，就业容量大，产业关联度高，全社会50%以上固定资产投资要通过建筑业才能形成新的生产能力或使用价值，建筑业增加值占国内生产总值较高比率。土木建筑工程专业人才的培养质量直接影响建筑业的可持续发展，乃至影响国民经济的发展。高等学校是培养高新科学技术人才的摇篮，同时也是培养土木建筑工程专业高级人才的重要基地，土木建筑工程类教材建设始终应是一项不容忽视的重要工作。

为了提高高等学校土木建筑工程类课程教材建设水平，由武汉大学土木建筑工程学院与武汉大学出版社联合倡议、策划，组建高等学校土木建筑工程类课程系列教材编委会，在一定范围内，联合多所高校合作编写土木建筑工程类课程系列教材，为高等学校从事土木建筑工程类教学和科研的教师，特别是长期从事土木建筑工程类教学且具有丰富教学经验的广大教师搭建一个交流和编写土木建筑工程类教材的平台。通过该平台，联合编写教材，交流教学经验，确保教材的编写质量，同时提高教材的编写与出版速度，有利于教材的不断更新，极力打造精品教材。

本着上述指导思想，我们组织编撰出版了这套高等学校土木建筑工程类课程系列教材，旨在提高高等学校土木建筑工程类课程的教育质量和教材建设水平。

参加高等学校土木建筑工程类系列教材编委会的高校有：武汉大学、华中科技大学、南京航空航天大学、湖北工业大学、汕头大学、南通大学、长江大学、江汉大学、三峡大学、孝感学院、昆明理工大学、江西理工大学12所院校。

高等学校土木建筑工程类系列教材涵盖土木工程专业的力学、建筑、结构、施工组织与管理等教学领域。本系列教材的定位，编委会全体成员在充分讨论、商榷的基础上，一致认为在遵循高等学校土木建筑工程类人才培养规律，满足土木建筑工程类人才培养方案的前提下，突出以实用为主，切实达到培养和提高学生的实际工作能力的目标。本教材编委会明确了近30门专业主干课程作为今后一个时期的编撰、出版工作计划。我们深切期望这套系列教材能对我国土木建筑事业的发展和人才培养有所贡献。

武汉大学出版社是中共中央宣传部与国家新闻出版署联合授予的全国优秀出版社之一，在国内有较高的知名度和社会影响力。武汉大学出版社愿尽其所能为国内高校的教学与科研服务。我们愿与各位朋友真诚合作，力争使该系列教材打造成为国内同类教材中的精品教材，为高等教育的发展贡献力量！

高等学校土木建筑工程类系列教材编委会

2008年8月

前　言

20世纪80年代以来,随着我国改革开放和经济快速发展,高层建筑层数逐渐增加,建筑构件的截面尺寸一般较大,占用了较大的使用面积,从而影响高层建筑使用功能的充分发挥。随着建筑物功能的多样性和综合性的发展,往往高层建筑物和超高层建筑物底部几个楼层因商业需要,而要求其底部几个楼层具有较大的使用空间,有时高层建筑物和超高层建筑物存在着不同结构形式的转换层,因此采用普通钢筋混凝土结构,已不能满足高层建筑物和超高层建筑物设计上的需要。相关研究和实践表明,钢与混凝土组合结构能满足高层建筑物和超高层建筑物的这种需要。随着对钢与混凝土组合结构的深入研究,已在高层建筑物和超高层建筑物中广泛应用各种形式的钢与混凝土组合结构。近年来,钢与混凝土组合结构作为一种合理的结构形式,以其构件和结构承载高、刚度大、截面尺寸小和良好的抗震性能等许多突出的优点,已逐渐推广应用到建筑工程、公路工程与城市道路工程、桥梁工程、地下工程和海洋工程等土木建筑工程领域中。特别是许多大城市兴建的高层建筑物、超高层建筑物及大型桥梁等建筑物越来越多地采用组合结构。型钢混凝土结构、钢管混凝土结构、钢结构和钢筋混凝土结构、纤维混凝土结构并列为高层建筑的五大主要结构类型。从发展趋势看,钢与混凝土组合结构已逐渐形成一个独立的结构体系,而成为继传统的钢筋混凝土结构、砌体结构、钢结构和木结构四大结构之后的第五大结构,钢与混凝土组合结构已成为我国21世纪土木建筑工程的发展方向之一。

从一定意义上说,钢与混凝土组合结构是在钢结构和钢筋混凝土结构的基础上发展起来的,而钢与混凝土组合结构和钢筋混凝土结构、钢结构相比,有其独特的力学特性和计算与设计方法。本书是各位作者在长期本科生教学和研究生教学、科研与实践的基础上,引用和采纳了国内外最新成果编写而成的。在编写过程中,力求内容的实用性、科学性、系统性和先进性。

本书是武汉大学出版社组织出版的土木建筑工程系列教材之一,是新增设的土木建筑工程专业本科生专业基础课程教材。该书主要讲述组合结构的基本知识,基本理论,计算原理与设计方法,同时介绍了目前国内外所应用的主要组合构件与结构型式。教材中分别叙述了上述知识的结构特点(优缺点、适用范围)、受力性能,突出了工程特色。该书还反映土木建筑工程领域国内外的主要研究成果与应用情况,使学生能掌握组合结构方面的最新状况。

全书共分8章,内容包括:绪论、压型钢板与混凝土组合板、钢与混凝土组合梁、型钢混凝土结构、钢管混凝土柱、纤维混凝土结构、混合结构设计概论等。全书由湖北工业大学夏冬桃、夏广政、胡军安,长江大学杜国锋、倪铁权、曾磊编写,具体分工为:夏冬桃、夏广政(第1~3章,第7章);倪铁权(第4章);曾磊(第5章);杜国锋(第6章);胡军安(第8章)。夏冬桃副教授担任主编,杜国锋、夏广政副教授担任副主编。夏广政承担了全书统稿工作。各章备有基本要求、必要的例题、本章小节及适量的习题。本书可以作为高等院校土木建筑工程专业本科生教材，也可以供相关专业专科学生、研究生、教师及工程技术人员参考。

由于作者水平有限，不妥之处在所难免，还望广大师生及读者批评指正。

作　者

2009 年 1 月

目　录

第1章 绪 论

§1.1 钢与混凝土组合结构体系的产生

由两种以上性质不同的材料组合成整体,并能共同工作的构件称为组合构件。由各种组合构件构成的建筑物称为组合结构。从广义上说:所有高层建筑都是组合结构,因为一个功能性建筑物不可能只用钢或只用混凝土建造。例如:在全部构件都采用钢结构的建筑物中都是采用混凝土楼板。同样,严格来说,采用软钢钢筋就已经使混凝土结构转化为组合结构了。本书中把组合结构定义为:由钢结构及钢筋混凝土混合的结构。

最早的组合结构是由钢梁和钢筋混凝土板组成,这类构件之间有抗剪连接件,这种体系称为组合楼盖体系,最早在桥梁建设中应用,很快便在建筑物建设中应用了。组合楼盖的成功促使工程师们进一步把钢与钢筋混凝土组合在各种竖向结构体系中。1960 年以来,随着高强混凝土和超高强混凝土的出现,工程师们逐渐认识到混凝土柱比纯钢柱更经济,相关研究表明混凝土或组合柱比全钢柱便宜 20% ~30%。由于混凝土良好的经济性,且具有较大的刚度和防火性能,才使混凝土能与钢结合。钢材有其自身的优点,即承载力高、施工速度快、跨度大和重量轻等。

一般在地震危险性较低的地区,混凝土在公寓、宿舍和旅馆等建筑物中都可能获得比钢材更经济的结果,因为楼板的下表面常常可以直接作为天花板,因其空调管道相对简单而不需要吊顶;办公楼是选择钢筋混凝土还是选择钢结构,很大程度上取决于当地框架的造价,但还会受到建造速度的影响。如果建筑物可以建造得快一些,就可以使投资收回得快一些,建造速度必然会进入造价公式。换句话说,材料的选择,不仅要考虑造价,同时也要考虑建造速度。钢与混凝土都是既有优点,也有缺点的,因此可以认为,理想的结构体系是一种组合的结构体系,这种结构体系既可以克服两种材料的缺点,又可以发扬二者的优点。

钢结构很适用于无柱的办公空间和商业空间,这是现代高层办公楼所需要的。因为钢结构重量轻,可以减小基础,而且建造速度快。在抗震设计中,材料轻常常是一个考虑的主要因素。钢结构的另一个优点是在输电线路的布线上。若用压型钢板作为楼板,比实心的钢筋混凝土楼板更为灵活。钢框架的修改比较容易,可以满足房屋租用者的改变需要。在钢结构中,要增加楼板承载力,或者为了安装楼梯和中厅等需要在楼板中开洞时,工程开支都很少,这些改变要求都可能在租用时提出,因此,便于建筑物修改和更新的性能,也都是在选择建筑材料过程中的重要因素。同样,混凝土房屋也有其自身的优点,超塑化剂和高强混凝土的出现,使建造无柱钢筋混凝土结构的可能性大大增加;楼盖结构技术水平从平板发展到采用小梁和加肋大梁,能加大混凝土楼板的跨度;又发展了可以与钢结构斜撑竞争的侧向支撑体系。混凝土结构的优点是材料的造价低,成型性、绝缘性以及防火性好,最主要的是混凝土固有的刚度大,但与钢结构相比较,混凝土的建造速度一般要慢一些。

1969 年,SOM 公司(Skidmore,Owings&Merril)的法兹勒·坎恩(Fazlur Khan)博士首先将钢和混凝土结合在一起,做成组合体系,应用在一个相对较矮的 20 层房屋中,其外柱和裙梁做成外包混凝土,使结构具有所需要的侧向刚度,这个体系基本上是钢框架,只是用混凝土增加了该体系的稳定性。现在高强混凝土的出现使我们进入了一个巨型柱和巨型框架的时代。大型混凝土构件的经济性、刚度及阻尼特性和钢框架的质量轻、便于建造的特性相结合,使得现代的高层建筑越来越多的采用钢与混凝土组合结构体系。

近 50 年来,钢与混凝土组合结构的研究和应用得到迅速发展,至今已成为一种新的结构体系,与传统的钢结构、木结构、砌体结构和钢筋混凝土结构并列、已扩展成为五大结构之一。

§1.2 组合结构的主要类型及其特点

钢与混凝土组合结构依据钢材形式与配钢方式不同又有多种类型,并且一些新的结构形式仍在不断出现,目前研究较为成熟与应用较多的主要有以下几种钢与混凝土组合构件。

1.2.1 压型钢板与混凝土组合板

压型钢板与混凝土组合板是在压成各种形式的凹凸肋与各种形式的槽纹钢板上浇筑混凝土而制成的组合板,依靠凹凸肋及不同的槽纹使钢板与混凝土组合在一起。由于槽钢中肋的形式与槽纹图案的不同,钢与混凝土的共同工作性能有很大区别。在与混凝土共同工作性能较差的压型钢板上可以焊接附加钢筋或栓钉,以保证钢材与混凝土的完全组合作用。

压型钢板与混凝土组合板的优点主要有:

(1) 充分利用了混凝土造价低、抗压强度高、刚度大等特点,将其作为板的受压区,而将受拉性能好的钢材置于受拉区,代替板中受拉纵筋。这使得两种材料合理受力,都能发挥各自的优点。

(2) 压型钢板在施工时先行安装,可以作为浇筑混凝土的模板及施工平台。这样不仅节省了昂贵且稀缺的木模板,获得一定的经济效益,而且使施工安装工作可以数个楼层立体作业,大大加快了施工进度,缩短了工期。

(3) 压型钢板非常轻便,易于运输、存储、堆放与装卸。不仅节省大量人力,还减少了现场工作量,改善了施工条件。

1.2.2 组合梁

通过抗剪连接件或粘结作用将钢梁与混凝土板组合在一起就形成组合梁。混凝土板可以是现浇钢筋混凝土板、预制混凝土板、压型钢板混凝土组合板或预应力混凝土板。钢梁可以用轧制钢梁或焊接钢梁。钢梁形式有工字钢、槽钢或箱形钢梁。混凝土板与钢梁之间用剪切连接件连接,使混凝土板作为梁的翼缘与钢梁组合在一起,整体共同工作形成组合 T 形梁。其特点同样是使混凝土受压,钢梁主要是受拉与受剪,受力合理,强度与刚度显著提高,充分利用了混凝土的有利作用。由于侧向刚度大的混凝土板与钢梁组合连接在一起,因此在很大程度上避免了钢结构容易发生整体失稳与局部失稳的弱点。在符合一定的相关条件时,组合梁的整体稳定与局部稳定可以不必验算,而且也省去了相当一部分钢结构为保证稳定所需要的各种加劲肋的钢材。与传统的非组合结构相比较,由于组合梁的强度与刚度的提高,节省了大量钢材(节省钢材25% ~30%),并且组合梁的应用降低了梁的高度以及建筑物的层高与总高。

1.2.3 型钢混凝土结构

型钢混凝土结构(即:钢骨混凝土结构)是在构件的混凝土中主要配置轧制型钢或焊接型钢的结构。在配置实腹型钢的构件中还应配有少量纵筋与箍筋。这些钢筋主要是为了约束混凝土,是构造需要,在计算中亦可以考虑其辅助受力。

型钢混凝土结构不仅强度、刚度明显增加,而且延性获得很大的提高,从而成为一种具有一定抗震性能的结构,所以这种结构的建筑物尤其适用于地震区。型钢混凝土结构的另一优点是:施工安装时,梁柱型钢骨架本身构成了一个强度、刚度较大的结构体系,可以作为浇筑混凝土时挂模、滑模的骨架,不仅大量节省了模板支撑,也可以承担施工荷载。

1.2.4 钢管混凝土结构

在钢管中浇筑混凝土的结构称为钢管混凝土结构。一般在混凝土中不再配纵向钢筋与钢箍,所用钢管一般为薄壁圆钢管,方钢管混凝土结构应用较少。

钢管混凝土柱充分发挥了混凝土和钢材各自的优点,克服了钢材特别是薄壁钢材容易失稳的缺点,受力非常合理,且大大节省了材料。据相关资料分析,钢管混凝土结构与钢结构相比较可以节省钢材50%左右,降低造价40% ~50%;与钢筋混凝土柱相比较,节省水泥70%左右,因而减轻自重70%左右。钢管本身就是浇筑混凝土的模板,故可以省去全部模板,且不需要支模、钢筋制作与安装,简化了施工。比钢筋混凝土柱用钢量仅增加约10%。钢管混凝土柱的另一突出优点是延性较好,这是因为一方面其外壳是延性很好的钢管;另一方面约束混凝土比一般单向受压的混凝土延性提高许多。

由于钢管混凝土主要是利用强度很高的混凝土受压,所以这种构件最适用于做轴心受压与小偏心受压构件。由于该结构是圆形截面,而且断面高度较小,该结构形式的优点不能得到充分体现,甚至是不利的,因此通常将其用做高层建筑中下面几层的柱。在一些本来弯矩较大的结构中,可以利用结构形式的改变,把以受弯为主转变为受压为主,以发挥钢管混凝土结构的优势。例如:单层厂房可以做成双支柱或多支柱;在桥梁工程中可以设计成拱形,利用钢管混凝土作受轴压为主的上弦拱圈,而拉杆仅仅是利用空钢管受拉。钢管混凝土由于受弯性能不好,故一般不用于梁结构。

钢管混凝土结构的最大弱点是圆形截面的柱与矩形截面的梁连接较复杂,节点的施工处理较为复杂。这是影响钢管混凝土结构进一步推广的一大障碍。此外,钢管的外露,使其也具有一般钢结构防锈、防腐蚀及防火性能较差的弱点。

1.2.5 外包钢混凝土结构

从广义上说,外包钢混凝土结构是指外部配筋的钢筋混凝土结构,简称外包钢结构。该结构是在克服装配式钢筋混凝土结构大量采用钢筋剖口焊、接头二次浇筑混凝土等缺点的基础上发展起来的。

由于角钢外露，也带来防锈、防腐蚀、防火性能较差的问题，需要保持日常维护。此外，外包钢混凝土的角钢外露，也对结构外观有一定影响，所以目前一般只局限于工业厂房，在民用建筑、公共建筑工程中尚难推广。

1.2.6 其他新型组合结构

钢纤维混凝土是近几十年出现的有别于钢筋混凝土和型钢混凝土的新型结构形式。该结构具有良好的抗拉、抗弯、抗剪、抗冲击、抗折及耐疲劳的特性。此外，在混凝土中加配玻璃纤维也能改善构件的受力性能。

钢筋混凝土外包钢板构件是近年来研究与应用的一种组合结构形式。可以用于兴建工程也可以用于旧房屋结构加固工程。在构件（梁、柱）端部或跨间包钢板箍后不仅能局部提高构件抗压强度与抗剪强度，而且能改善构件与结构的延性。钢板箍常加于柱端及梁的剪力较大区等。

§1.3 组合结构的发展与应用

1.3.1 组合板

压型钢板与混凝土组合板起初应用于欧美国家。当时仅把压型钢板当做永久性模板及施工操作平台使用。这样既省去了大量木模板及木模板的制作安装，又能若干层、多工种立体施工，大大加快了施工进度。既然要承受施工时混凝土的重量及施工中人员、机具等的施工荷载，就必须使压型钢板具有足够的强度与刚度，便出现了带有凹凸肋的压型钢板。随着压型钢板的应用与推广，人们自然发现，若能保证其上混凝土与压型钢板可靠结合，共同工作，压型钢板则可以代替受拉钢筋，不仅节省了大量钢筋，而且也减少了大量钢筋的制作安装工作。于是，压型钢板的造型不断改进，不仅出现了各种复杂形状的凹凸肋，而且尚能压出不同形式的槽纹与花纹，以保证混凝土与钢板的良好结合。自20世纪80年代中期这种结构引进我国，很快受到投资商与开发商的青睐。现在国际市场上已出现种类繁多的各种型号的压型钢板。在我国，从无到有，也已生产出多种压型钢板。近年来彩色钢板的生产与应用日益广泛。在计算理论方面的关键问题是组合面的剪切计算。美国 Ekberg 教授、Porter 教授等首先在试验的基础上提出了组合面纵向剪切承载能力的计算方法，使得相关计算理论进一步完善与推进，并逐步推广到世界各国。这种新结构在我国所以能得到迅速地推广应用，主要有两方面的原因：其一，节省了大量木材，这对钢产量多年稳居世界第一而木材资源奇缺的中国，具有特别重要的意义；其二，改革开放以来，经济持续迅猛发展，开发商为抢占市场、抢时间，采用这种结构可以明显提高施工速度。尽管组合楼板本身的建筑造价要比钢筋混凝土楼板高，但根据综合经济分析，采用这种结构具有明显的经济效益。因此，在我国许多大型商业建筑、公共建筑及综合建筑中广为采用。其中，典型的有上海锦江饭店、静安饭店、深圳发展中心大厦、北京香格里拉饭店、长富宫中心等高层建筑。采用组合板的工业建筑有东北某大型热电厂等。

经过国内外相关学者的试验研究，组合结构的计算方法日臻完善。在此基础上，各国陆续将其列入了相关规范、规程。美国钢结构学会（AISC）以及国际桥梁和结构工程联合会在

20世纪60年代末相继制定了统一规定。日本建筑学会于1970年出版了《压型钢板结构设计与施工规范及其说明》;欧洲钢结构协会(ECCS)于1981年制定了《组合结构规程及说明》;1985年欧洲建筑与土木工程部制定了《钢与混凝土组合结构》。我国原冶金部北京建筑研究总院、西安建筑科技大学等自20世纪80年代以来也开展了一系列相关的试验研究。

1.3.2 组合梁

钢梁上支承混凝土板,早已在各种结构中应用。但是,传统的钢梁只作为混凝土板的支承梁,梁与板各自发挥其本身的功能。受钢筋混凝土T形梁及钢筋混凝土现浇肋形梁板体系的启发,人们考虑若能将混凝土板与钢梁可靠连接,很好地结合在一起共同工作,混凝土板不仅能作为桥面板、楼板、屋面板或工业平台板,而且混凝土板可以作为梁的翼缘,成为梁的一部分,使梁的承载力、刚度大大提高,因此出现了钢与混凝土组合梁。这种组合梁的关键是混凝土板与钢梁的可靠连接。早期最普通的连接方式是依靠特制的钢栓钉焊接于钢梁之上,浇筑在混凝土板中。栓钉虽然能抵抗纵向剪力,但其本身会产生弯曲变形,属于柔性连接件。随着组合梁的进一步推广应用,连接的形式也不断发展与多样化。根据结构类型的不同,出现了刚性连接件,用方钢、槽钢、T形钢附加U形钢筋等制作而成。随之,用于焊接栓钉的专用栓焊机也研究成功并投入生产。

随着组合梁的出现与推广应用,组合梁的研究首先在欧美等国家展开。在组合梁的设计中的一个关键问题是剪力件的设计与配置。因此,欧美各国进行了大量试验研究,在试验的基础上,英、美等各国学者提出了各种剪力件的强度计算公式。美国、英国及欧洲的相关规范都已将剪力件的计算纳入其中。

组合梁首先在英、美等国应用。由于其有节约大量钢材、资金,施工速度快(与钢筋混凝土结构相比较)等一系列突出的优点,因此很快推广应用于日本、前苏联、印度等国。德国在第二次世界大战以后百废待兴,急需加速恢复建设,因此将组合梁大量用于桥梁建设工程与房屋建筑工程。前苏联饱受第二次世界大战战争创伤,因此第二次世界大战以后的恢复建设中也大量应用组合梁于桥梁工程与建筑工程。

我国自20世纪80年代以后也开始广泛应用组合梁,随之相关研究工作不断深入。较早研究组合梁的有北京钢铁设计总院、原郑州工学院、原武汉工业大学、哈尔滨建筑大学等大专院校与科研设计单位。清华大学等单位的学者仍在将组合梁的研究逐步深入。

目前组合梁的设计计算已经纳入各国相关规范、规程。欧洲相关规范和我国国家标准《钢结构设计规范》(GB 50017—2003)也将组合梁列为专门一章。

1.3.3 型钢混凝土结构

型钢混凝土的应用起初是着眼于其某一突出优点。例如,因为型钢被混凝土包裹,所以对钢结构起到防火防腐蚀的作用。在高层建筑工程、超高层建筑工程中,由于钢结构刚度小,侧移大,采用型钢混凝土结构可以大大提高其刚度、减少其水平荷载下的侧移,因此,在型钢混凝土使用的初期往往仍按钢结构计算,并不考虑型钢与混凝土的组合作用。但是,随着科学技术的发展,人们认识到考虑型钢与混凝土的组合作用,可以进一步减小构件断面、节约大量钢材、提高建筑物抗剪性能等,因此型钢混凝土得到进一步推广、应用,其研究工作也进一步广泛深入。

1908年欧美学者Burr做了空腹式配钢(即配角钢空间骨架)的型钢混凝土柱试验,发现混凝土的外壳能使柱的强度和刚度明显提高。1923年加拿大开始空腹式配钢的型钢混凝土梁的试验。其后,英国的R. Johnson、美国的John P. Cook等学者进行了大量相关试验研究。1928年日本学者齐田时太郎做了中心受压柱试验;1929年洪田稳做了偏心受压柱试验;1932年内藤多仲做了梁柱节点试验;1937年棚桥谅做了梁的试验。近30年来,各国在型钢混凝土结构方面做了大量的试验研究。我国起步较晚,20世纪80年代初西安建筑科技大学及北京冶金建筑研究总院率先开始研究与推广型钢混凝土结构。其后西南交通大学、重庆建筑大学、中国建筑科学院、华南理工大学、东南大学、同济大学和清华大学等许多高校与科研单位广泛开展了相关研究。西安建筑科技大学20年来系统地研究了各种配钢形式的型钢混凝土梁、柱、节点等各种构件的基本性能。进而于20世纪90年代又进行了型钢混凝土框架结构的拟动力试验和模拟地震振动台试验。深入研究了结构的静力性能、动力性能与地震作用下的分析方法。我国在自己试验研究的基础上制定了一套较完整的设计理论,成为国际上研究型钢混凝土最为广泛、深入的国家之一。

关于型钢混凝土结构的计算理论,国际上主要有三种类型:欧美的计算理论基于钢结构的计算方法,考虑混凝土的作用,在试验的基础上对原钢结构试验曲线进行修正,突出反映在组合柱的计算上;前苏联关于型钢混凝土结构的计算理论是基于钢筋混凝土结构的计算方法,认为型钢与混凝土是完全共同工作的,因此试验证明前苏联的计算方法在某些方面偏于不安全;第三类计算方法是日本建立在叠加理论基础上的设计方法,即型钢与混凝土的粘结完全被忽略,型钢混凝土结构的承载能力为型钢与混凝土两者承载能力的叠加,相关试验证明,日本的计算方法过于安全。

我国1997年原冶金工业部颁发的行业标准《钢骨混凝土设计规程》(YB 9082—1997)主要是参考日本规程编制的。其后,更多的高校、设计研究单位结合我国国情,总结我国众多单位的相关试验研究成果,编制并经国家建设部批准颁布了中华人民共和国行业标准《型钢混凝土组合结构技术规程》(JGJ 138—2001)。

型钢混凝土结构最初在欧美、前苏联和日本都是以采用配角钢骨架的空腹式配钢型钢混凝土结构为主。我国在20世纪80年代初在北京王府井建成的高层建筑亦为配角钢骨架的型钢混凝土结构。后来,世界各国随着钢产量和经济实力的增长,更多地采用配实腹钢的型钢混凝土结构。因为后者的用钢量虽稍大,但是其强度、刚度、抗震性能等各方面都明显优于前者。日本在1964年以前,型钢混凝土结构主要用于建造6~10层的建筑物,1964年以后开始应用于高层建筑和超高层建筑工程中。日本是一个多地震国家,按照日本抗震规范的规定,高度在45m以上的建筑物不允许采用纯钢筋混凝土结构。因此,目前日本是世界上采用型钢混凝土结构最多的国家之一。据不完全统计,在日本,6层以上的建筑物采用型钢混凝土结构的占42.5%;10~15层的建筑物中约有90%采用型钢混凝土结构;16层以上的建筑物约50%采用型钢混凝土结构,50%采用钢结构。另外,用型钢混凝土建成的典型建筑物有美国休斯敦第一城市大厦,49层,高207m;休斯敦得克斯商业中心大厦,79层,高305m;达拉斯第一国际大厦,72层,高276m;休斯敦海湾大楼,52层,高221m;日本北海饭店,36层,高121m;新加坡财政部办公大楼,55层,高242m;雅加达中心大厦,21层,高84m;悉尼款特斯中心,高198m。在我国北京、上海等地也相继建成了一批采用型钢混凝土结构的高层建筑,典型的建筑有北京香格里拉饭店,高24层;北京长富宫饭店,地上25层,地下3层；上海瑞金大厦，地上27层，地下1层，高107m。另外，西安信息中心也采用了型钢混凝土结构，广州、重庆等地也先后建成一批采用型钢混凝土的高层建筑。采用配空腹式角钢骨架的型钢混凝土柱的典型建筑物有江苏太仓舜山饭店、北京王府井大街的SRC柱升板建筑。用于工业建筑的有某大型火电厂汽机间主厂房、郑州铝厂蒸发车间等。

1.3.4 圆钢管混凝土结构

在型钢混凝土结构、配螺旋箍筋的混凝土结构及钢管结构的基础上出现与发展了钢管混凝土结构。早在1879年英国赛文铁路桥中采用了钢管桥墩，并在钢管中浇灌了混凝土，但是其目的是防止钢管内部锈蚀。其后发现，在钢管中浇灌混凝土，不仅能防止钢管内部锈蚀，增强钢管的稳定性，而且使其抗压强度大大提高。

前苏联学者罗斯诺夫斯基等在试验研究方面做了大量工作。英国的Neogi P. K.（聂基）等学者研究了钢管内混凝土三向受压强度的提高。近年来英国曼彻斯特大学一直在从事钢管混凝土柱受力性能的试验与研究工作，同时研究钢管混凝土柱与钢梁的连接节点这一关键问题，最近主要集中研究方钢管混凝土柱。美国的费隆、克劳尔和派克等学者自20世纪60—70年代以来对钢管混凝土的研究进行了大量工作。

在我国最早开展钢管混凝土结构研究工作的是原中国科学院哈尔滨土木建筑研究所。1963年以后苏州混凝土与水泥制品研究院（原建筑材料研究院）、原哈尔滨建筑工程学院、北京冶金建筑研究总院、中国建筑科学研究院等单位先后对基本构件的工作性能、设计方法、节点构造和施工工艺等进行了一系列的试验研究。1978年钢管混凝土结构列入国家科学发展规划，在原哈尔滨建筑工程学院（现哈尔滨工业大学）主持下对钢管混凝土结构进行了长期的、全面的、深入的系统研究，一直延续至今。其后，一些设计、施工单位也结合工程进行了一些基本构件，尤其是节点的构造、性能与施工工艺方面的试验研究工作。在各相关单位试验研究的基础上，国家电力部、国家建设部、原国家建材部等先后制定并颁发了有关钢管混凝土结构设计与施工的规程（行业标准）。并在相关研究、设计、施工单位的配合下，大力推广钢管混凝土结构的应用。目前，钢管混凝土已推广应用于桥梁工程、市政工程、高层建筑及工业建筑和构筑物等工程。

钢管混凝土结构用于高层建筑工程中的典型例子有：1989年在西雅图建成的太平洋第一中心大厦，共44层，其核心筒由8根直径为2.3m的钢管混凝土柱组成，周边是直径为760mm的钢管混凝土柱，钢管中均填充圆柱体强度为124 MPa的高强混凝土；与此同时，美国1989年又在西雅图建成58层的双联广场大厦，核心筒是4根直径为3m的粗钢管混凝土柱，周边为较细的钢管混凝土柱，内填混凝土圆柱体强度为133 MPa。这两栋高层建筑物的建造速度都为每周建四层，可见其施工速度惊人，且用钢量与总造价都比钢结构大幅度降低。

我国将钢管混凝土结构用于多层建筑物的典型例子有：1984年在上海建成的基础公司特种基础研究所科研楼，地下2层、地上5层均为双跨钢管混凝土框架结构，边柱与中柱分别为直径299mm与351mm的钢管混凝土柱，可见柱断面及结构占地面积均比钢筋混凝土框架柱小。其后，又继续用于高层建筑全部与部分主体结构中，如1992年建成的泉州市邮电局大厦，高87.5m，采用框架剪力墙结构，底部3层的框架柱采用钢管混凝土柱；厦门信源大厦高100m，地下2层，地上28层，地下至20层的全部框架柱及20～23层的四角柱采用了钢管混凝土柱；厦门埠康大厦，高 65m，地上 25 层，底部 12 层采用了钢管混凝土柱；惠州嘉骏大厦 28 层，全部柱子采用钢管混凝土柱；惠州富绅商住楼 28 层，地下 2 层、地上 3 层，全部柱子采用了钢管混凝土柱。

钢管混凝土柱结构用于公共建筑物的典型例子有：北京地铁车站站台柱，在地铁车站站台中采用钢管混凝土柱，不仅充分发挥了其受力性能好的优越性，也获得了较好的外观，缩短了工期；首都钢铁公司陶楼展览馆，全部柱子也采用了钢管混凝土柱；江西体育馆的屋盖由跨度为 88m 的拱悬挂，拱采用箱形截面，四根钢管置于箱形截面的四角，用角钢做腹杆组成了箱形截面拱，解决了如此高大的拱体现场浇灌的困难，充分体现了钢管可以作为施工时承重骨架的优越性。

钢管混凝土用于市政工程的典型例子为英国 1964 年建成的 Almondsbury 4 层立交桥，其 3 层桥面均为钢与混凝土组合梁板结构，桥墩和支柱由 35 根钢管混凝土柱组成，具有直径小、数量少的优点，获得了最佳视野效果。我国钢管混凝土结构开始推广应用于城市立交桥工程，如河南安阳文峰路立交桥净跨 135m，矢跨比$\frac{1}{5}$，采用中承式钢管混凝土系杆拱桥；内江新龙坳立交桥采用单层式钢管混凝土骨架提篮拱桥，跨径 120m，桥宽 22m。

较早用钢管混凝土建造拱桥的有前苏联 1939 年建成的 HoeTb 河铁路拱桥，跨度 140m，矢高 21.9m，其上、下弦均为钢管混凝土，为在 ϕ820mm × 132mm 钢管中内填立方强度为 35MPa 的混凝土，与钢桥相比较节省钢材 52%，造价降低 20%。近年来在我国陆续建成的钢管混凝土拱桥有：合育新城公路磨子湾大桥，采用中承式钢管混凝土拱肋，净跨 120m，矢跨比$\frac{1}{5.5}$；峨边县大渡河桥采用下承式钢管混凝土拉杆拱，净跨 140m，矢跨比 1；南海市三山西大桥，采用飞燕式钢管混凝土系杆拱，跨径 290m，矢跨比$\frac{1}{4.5}$，全宽 28m；攀枝花金沙江大桥，采用钢管混凝土骨架中承式箱形肋拱，跨径 165m，矢跨比$\frac{1}{4}$；310 国道万县长江大桥，跨度429.2m，矢跨比$\frac{1}{5}$；盐源金河雅磐江大桥，跨径 174.62m，矢跨比$\frac{1}{6}$，采用上承式钢管混凝土拱。

在我国，钢管混凝土用于工业厂房的有：鞍山混凝土制管车间，采用三肢柱；临汾钢铁厂洗煤车间采用了 ϕ219mm ×4mm 钢管混凝土双肢柱；本溪钢铁厂的炼钢轧辊钢锭模车间采用了四肢柱；太原钢铁公司第一轧钢厂第二小型厂 1980 年建成，下柱采用钢管混凝土双肢柱；1985 年太钢三炼钢连铸车间也采用了钢管混凝土结构。此外，还有武昌造船厂船体车间、大连造船厂船体装配车间、芜湖造船厂船体车间、中华造船厂、通化钢厂连铸车间、西宁铝厂、鞍钢第三烧结厂以及沈海热电厂等都采用了钢管混凝土结构。

钢管混凝土结构除用于多层、高层民用建筑工程、公共建筑工程与工业厂房以及桥梁工程中外，也经常用于各种设备支架、塔架、通廊与贮仓支柱等各种构筑物中，因为这些平台或构筑物支柱常为轴心受压或接近轴心受压构件，塔架等构架的杆件也常以承受轴力为主，采用钢管混凝土，受力合理。尤其对于室外高度较高的塔架、贮仓等，用圆形柱减少了受风面积，是承受风力的理想断面形式。采用钢管混凝土结构的构筑物有：江西德兴铜矿矿石贮仓柱，圆筒贮仓高达 42m，包括矿石在内的总重量达 1 600t，采用 16 根钢管混凝土柱支承；荆门热电厂锅炉构架1982年建成,锅炉及其附属结构总重量为4 220t,构架高5m,由6根平腹杆双柱支承,构架跨度22.4m,柱距12m,柱顶标高47.93m,柱采用ϕ800mm×12mm钢管。其他还有首都钢铁公司2号高炉、4号高炉、太原钢铁公司1053高炉构架;辽阳化纤总厂热电厂8号锅炉构架,周口、许昌等电厂锅炉构架等;华北电管局的微波塔于1988年建成,塔顶标高117m,塔身由20根中ϕ273mm×5mm无缝钢管内注C15混凝土的钢管混凝土柱构成空心圆形结构;华东电力设计院1979年设计的500 kV门式变电构架采用钢管混凝土A形柱,构架高27.5m,采用ϕ420mm×6mm的钢管;吉林松胶终端塔,葛洲坝输电线路的变电构架也都采用了钢管混凝土柱。

1.3.5 方钢管混凝土结构

方钢管内填混凝土结构的出现,克服了圆钢管混凝土的某些缺点。首先,因为其外表面为平面,且为矩形或方形断面,因此不仅适用于柱,也可以用于梁及框架结构,连接简单,可以充分发挥其抗弯作用,扩大了结构的适用范围。由于方钢管位于构件外缘,并构成空间结构,所以既能受拉,又能受压,而且最大限度地增大了力臂,因此其本身的承载能力能充分发挥,刚度也大为提高。至于方钢管对混凝土的约束能力,许多学者根据各自的试验,得出一致的结论是能使构件延性显著提高,但混凝土本身的抗压强度是否有提高,结论不一,尚需进一步根据更多的试验来验证。由于方钢管混凝土的一系列优点,因此近年来越来越多地用于高层建筑工程、超高层建筑工程以及大型建筑物工程中。

随着组合结构研究与应用的发展,新的组合结构形式不断出现,例如配方钢管的型钢混凝土结构,既发挥了方钢管混凝土的优点,同时因为方钢管外包了混凝土,克服了钢管外露易燃易腐蚀的缺点,也使钢管不易发生局部屈曲。为了减轻自重,增大力臂,亦有将配方钢管的型钢混凝土构件做成空心的。这种构件既能作为柱,亦能作为梁。此外,还有在混凝土内既配方钢管(在外围),又配圆钢管(核心)。这样既发挥了圆钢管混凝土使构件中核心混凝土抗压强度大为提高的优点,同时亦发挥了方钢管混凝土的优点,这种构件同时具有型钢混凝土强度高、刚度大、防火、防腐蚀、钢板不易屈曲、延性好、抗震性能好等一系列的优点。随着冶金工业钢板轧制技术的提高,压型钢板的类型亦在不断增多、更新与改进。使压型钢板与混凝土更好地结合,充分发挥压型钢板与混凝土的共同组合作用。组合梁中的钢梁不仅可以用实腹梁也可以用蜂窝梁,即在钢梁腹板中设置孔洞,便于各种管线通过。

在高层、超高层及大型建筑物中,根据各构件的受力特点及各种组合构件的优点,往往将不同的组合构件或将组合构件与传统的钢构件、钢筋混凝土构件在同一建筑物中结合使用。这种结构体系更广义地被称为混合结构。例如,在超高层建筑工程中有采用侧向刚度很大的型钢混凝土筒体,外围用钢筋混凝土框架或钢框架,构成框筒体系。还有在型钢混凝土内筒上支承数层巨型钢骨架,在每个骨架上悬挂数层楼层构成悬挂体系。在超高层建筑工程中下部数层用型钢混凝土结构,上部各层用钢结构或钢筋混凝土结构。在相邻楼层刚度相差较大时需要用转换层过渡,转换层也可以采用各种不同的结构形式。钢管混凝土柱,可以与钢梁、组合梁、钢筋混凝土梁以及组合板、叠合板或现浇混凝土板配合使用。现代建筑已从过去单一的结构形式向多种结构形式联合、复杂结构方向发展,达到结构性能、造价、工期及施工技术等方面综合考虑的优化组合。

第2章 组合结构材料

§2.1 建筑钢材的类别及钢材的选用

2.1.1 建筑钢材的类别

1. 碳素结构钢

碳素结构钢的牌号(简称钢号)有 Q195、Q235A、B、C 及 D,Q275。其中的 Q 是屈服强度中"屈"字汉语拼音的字首,后接的阿拉伯字表示以 N/mm^2 为单位屈服强度的大小,A、B、C、D 表示按质量划分的级别。最后还有一个表示脱氧方法的符号如 F、Z 或 b。从 Q195 到 Q275,是按强度由低到高排列的;钢材强度主要由其中碳元素含量的多少来决定,但与其他一些元素的含量也有关系。所以,钢号的由低到高在较大程度上代表了含碳量的由低到高。

2. 低合金高强度结构钢

低合金高强度结构钢是在钢的冶炼过程中添加少量几种合金元素使钢的强度明显提高,故称低合金高强度结构钢。Q345、Q390 和 Q420 是钢结构设计规范规定采用的钢种。其符号的含义和碳素结构钢牌号的含义相同。这三种钢都包括 A、B、C、D、E 五种质量等级,和碳素结构钢一样,不同质量等级是按对冲击韧性(夏比 V 形缺口试验即 Charpy V 冲击试验)的要求区分的。A 级无冲击功要求;B 级要求提供 20℃ 冲击功 $A_{KV}\geqslant 34J$(纵向);C 级要求提供 0℃ 冲击功 $A_{KV}\geqslant 34J$(纵向);D 级要求提供 -20℃ 冲击功 $A_{KV}\geqslant 34J$(纵向);E 级要求提供 -40℃ 冲击功 $A_{KV}\geqslant 27J$(纵向)。不同质量等级对碳、硫、磷、铝等含量的要求也有区别。低合金高强度结构钢的 A、B 级属于镇静钢,C、D、E 级属于特殊镇静钢。

3. 高强钢丝和钢索材料

悬索结构和斜张拉结构的钢索、桅杆结构的钢丝绳等通常都采用由高强钢丝组成的平行钢丝束、钢绞线和钢丝绳。高强钢丝是由优质碳素钢经过多次冷拔而成,分为光面钢丝和镀锌钢丝两种类型。

钢丝强度的主要指标是抗拉强度,其值在 1 570 ~ 1 700N/mm^2 范围内,而屈服强度通常不作要求。高强钢丝的伸长率较小,最低为 4%,但高强钢丝和钢索却有一个不同于一般结构钢材的特点——松弛,即在保持长度不变的情况下所承拉力随时间延长而略有降低。平行钢丝束由 7 根、19 根、37 根或 61 根钢丝组成,其截面如图 2.1.1 所示。钢丝束内各钢丝受力均匀,弹性模量接近一般受力钢材。用来组成钢丝束的钢丝除圆形截面外,还有梯形和异形截面的钢丝。

钢绞线亦称单股钢丝绳,由多根钢丝捻成。钢丝绳多由7股钢绞线捻成,以一股钢绞线为核心,外层的6股钢绞线沿同一方向缠绕。

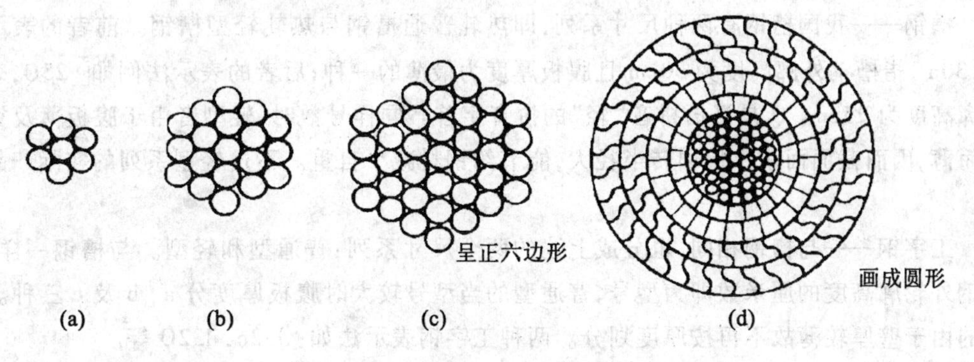

图2.1.1 平行钢丝束的截面图

选择钢材的目的是要做到结构安全可靠,同时用材经济合理。为此,在选择钢材时应考虑下列各因素:

1. 结构或构件的重要性;

2. 荷载性质(静载或动载);

3. 连接方法(焊接、铆接或螺栓连接);

4. 工作条件(温度及腐蚀介质)。

对于重要结构、直接承受动载的结构、处于低温条件下的结构及焊接结构,应选用质量较高的钢材。

235A钢的保证项目中,碳含量、冷弯试验合格和冲击韧性值并未作为必要的保证条件,所以只宜用于不直接承受动力作用的结构中。当用于焊接结构时,其质量证明书中应注明碳含量不超过0.2%。

当选用Q235A、B级钢时,还需要选定钢材的脱氧方法。

连接所用钢材,如焊条、自动焊或半自动焊的焊丝及螺栓的钢材应与主体金属的强度相适应。

2.1.2 型钢的规格

钢骨混凝土结构构件一般宜直接选用型钢,这样可以减少制造工作量,降低造价。型钢尺寸不合适或构件很大时则用钢板制作。型钢有热轧及冷成型两种。

1. 热轧钢板

热轧钢板分厚板及薄板两种,厚板的厚度为4.5~60mm(广泛用来组成焊接构件和连接钢板),薄板厚度为0.35~4mm(冷弯薄壁型钢的原料)。在图纸中钢板用“厚×宽×长(单位为mm)”前面附加钢板横断面的方法表示,如–:12×800×2 100等。

2. 热轧型钢

角钢——有等边和不等边两种。等边角钢,以边宽和厚度表示,如∟100×10 为肢宽 100mm、厚 10mm 的等边角钢。不等边角钢,则以两边宽度和厚度表示,如∟100×80×10 等。

槽钢——我国槽钢有两种尺寸系列,即热轧普通槽钢与热轧轻型槽钢。前者的表示法如[30a,指槽钢外廓高度为 30cm 且腹板厚度为最薄的一种;后者的表示法例如[25Q,表示外廓高度为 25cm,Q 是汉语拼音“轻”的拼音字首。同样号数时,轻型者由于腹板薄及翼缘宽而薄,因而截面面积小但回转半径大,能节约钢材减少自重。不过轻型系列的实际产品较少。

工字钢——与槽钢相同,也分成上述的两个尺寸系列:普通型和轻型。与槽钢一样,工字钢外轮廓高度的厘米数即为型号,普通型的当型号较大时腹板厚度分 a、b 及 c 三种。轻型的由于壁厚较薄故不再按厚度划分。两种工字钢表示法如:I32c,I32Q 等。

H 形钢和剖分 T 形钢——热轧 H 形钢分为三类:宽翼缘 H 形钢(HW)、中翼缘 H 形钢(HM)和窄翼缘 H 形钢(HN)。H 形钢型号的表示方法是先用符号 HW、HM 和 HN 表示 H 形钢的类别,后面加“高度(mm)×宽度(mm)”,例如 HW300×300,即为截面高度为 300mm,翼缘宽度为 300mm 的宽翼缘 H 形钢。剖分 T 形钢也分为三类,即:宽翼缘剖分 T 形钢(TW)、中翼缘剖分 T 形钢(TM)和窄翼缘剖分 T 形钢(TN)。剖分 T 形钢系由对应的 H 形钢沿腹板中部对等剖分而成。其表示方法与 H 形钢类同。

热轧型钢材的截面如图 2.1.2 所示。

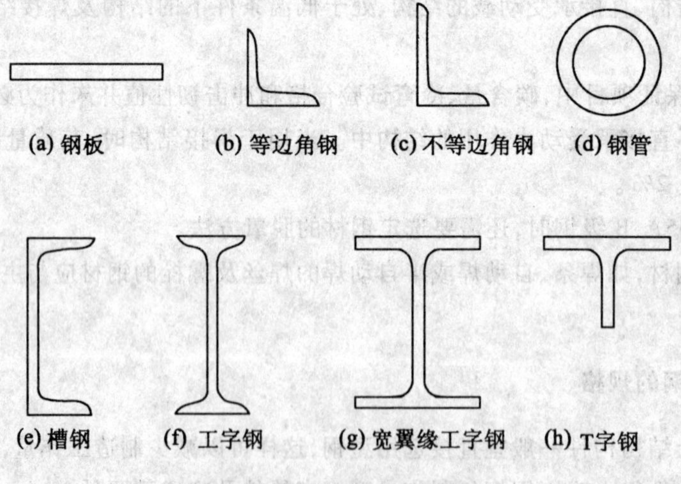

图 2.1.2 热轧型钢材的截面图

3. 冷弯薄壁型钢

冷弯薄壁型钢是用 2~6mm 厚的薄钢板经冷弯或模压而成型的,如图 2.1.3 所示。压型钢板是近年来开始使用的薄壁型钢材,所用钢板厚度为 0.4~2mm,用做轻型屋面等构件。钢管混凝土结构中多采用方管和圆管。

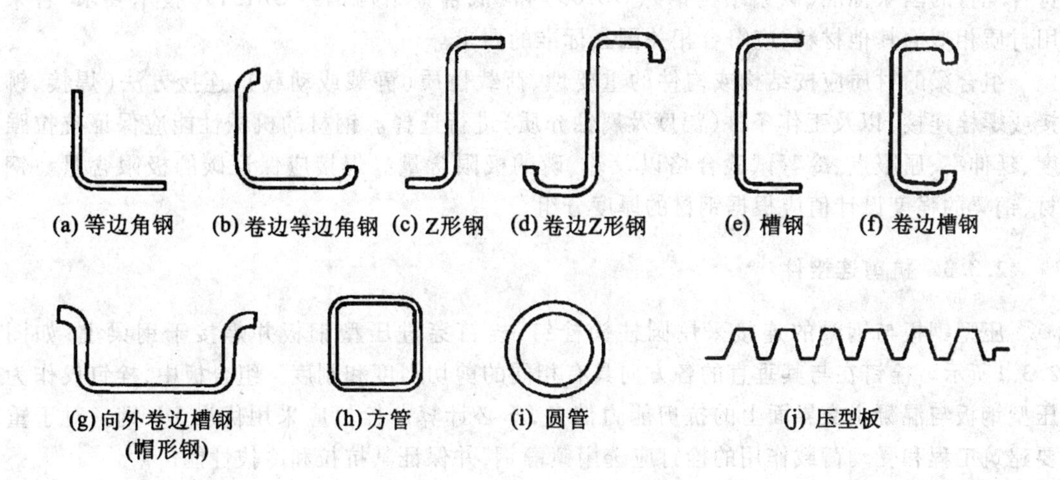

图 2.1.3　冷弯型钢材的截面图

热轧型钢的型号及截面几何特性见书后附表 1 ~ 附表 6。薄壁型钢的常用型号及截面几何特性见《冷弯薄壁型钢结构技术规范》(GB50018—2002)的附录。

§2.2　组合结构用钢材的要求

(1) 较高的强度。即极限强度 f_u 和屈服点 f_y 比较高。

(2) 足够的变形能力。即塑性性能和韧性性能好。

(3) 良好的加工性能。即适合冷、热加工,良好的可焊性。

(4) 适应低温、有害介质侵蚀(包括大气锈蚀)以及重复荷载作用等的性能。

(5) 容易生产,价格便宜。

(6) 国家标准《钢结构设计规范》(GB50017—2002)推荐的普通碳素结构钢 Q235 钢和低合金高强度结构钢 Q345 钢、Q390 钢及 Q420 钢是符合上述要求的。选用 GB50017 规范还未推荐的钢材时,必须有可靠依据。以确保钢结构的质量。

§2.3　组合楼板和组合梁结构材料

2.3.1　压型钢板

压型钢板采用现行的国家标准《碳素结构钢》(GB700)中规定的 Q215、Q235 牌号钢,当具有可靠试验依据或实践经验时,也可以采用具有材质相似的其他材料。组合板用压型钢板,应保证抗拉强度、延伸率、屈服点、冷弯试验合格以及硫、磷的极限含量。焊接应保证碳的极限含量。

2.3.2　组合梁

组合梁中钢梁的材质宜采用 Q235 沸腾钢或镇静钢、16Mn 钢和 15Mn 钢,其质量应分别符合现行的国家标准《碳素结构钢》(GB700)和《低合金结构钢》(GB1519)技术要求,若采用材质相似的其他材料,应符合相关国家标准的要求。

组合梁的材质应按结构或构件的重要性、荷载性质(静载或动载)、连接方法(焊接、铆接或螺栓连接)以及工作条件(温度及腐蚀介质)进行选择。钢材的机械性能应保证抗拉强度、延伸率、屈服点、冷弯试验合格以及硫、磷的极限含量。焊接应保证碳的极限含量。钢材、钢梁的强度设计值应根据钢材的厚度分组。

2.3.3 抗剪连接件

压型钢板与钢梁的连接采用圆柱头栓钉,栓钉穿进压型钢板并焊接于钢梁上,如图2.3.1所示。栓钉在与其垂直的各方向具有相同的剪切强度和刚度。组合板中,栓钉仅作为压型钢板与混凝土交界面上的抗剪能力储备,不必计算。栓钉应采用优质DL钢。对于重要建筑工程和受动荷载作用的栓钉应选用镇静钢,并保证其抗拉和冷拔性能。

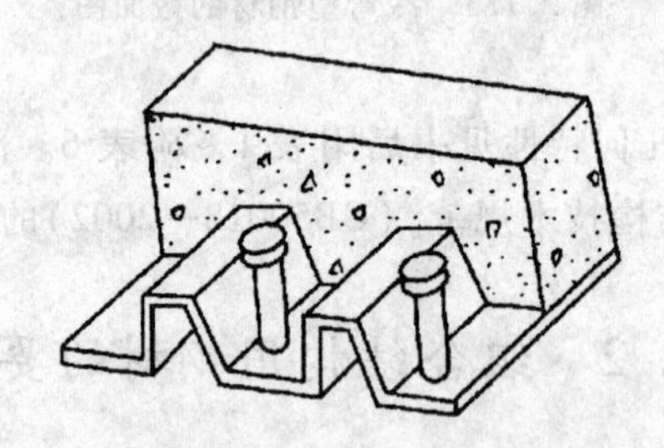

图2.3.1 板端部设置栓钉

组合楼盖常用的抗剪连接件还有槽钢、弯筋以及方钢、T形钢连接件等,如图2.3.2所示。

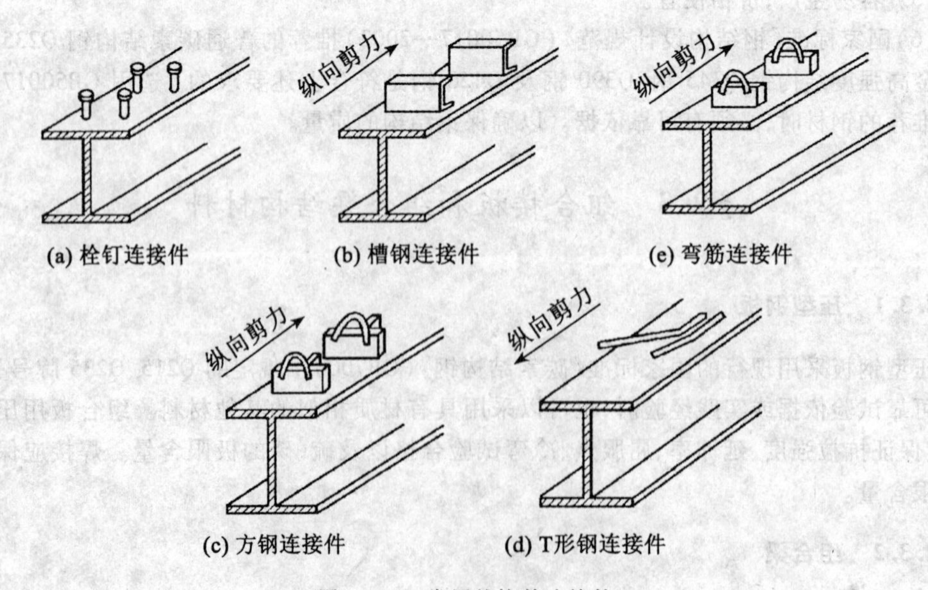

图2.3.2 常用的抗剪连接件

抗剪连接件先焊接在钢梁的上实缘,并浇于混凝土翼板或混凝土板托之中。

抗剪连接件的设置目的是承受翼板和钢梁接触面之间的剪力,因为组合梁交界面上钢与混凝土的粘结作用很小,极易发生粘结破坏。为保证上下层结构有效的共同工作,必须在交界面处设置抗剪连接件。

§2.4　钢　纤　维

2.4.1　钢纤维的分类

钢纤维是当今世界各国普遍采用的混凝土增强材料。钢纤维具有抗裂、抗冲击性能强、耐磨强度高、与水泥亲和性好,可以增加构件强度,延长使用寿命等优点。

钢纤维因其不同的加工生产方法而区分为熔抽型、拉丝切断型、剪切型和切削型等。剪切型钢纤维现在可以生产平直微扭形、波浪形、端勾形、弓形和压痕形五种形状 20 多个规格的产品(如图 2.4.1 所示)。

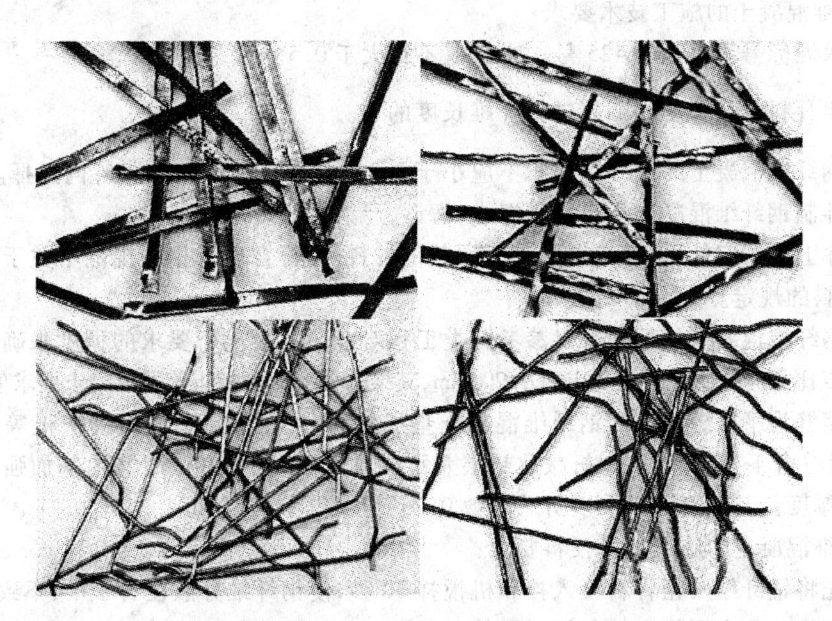

图 2.4.1　常用的钢纤维种类

钢纤维又因其不同的原材料而分为普碳钢纤维和特种钢纤维。普碳钢纤维采用 Q195、Q215、Q235 等冷轧钢带为原材料;特种钢纤维则采用 304#、446#等不锈钢原材料或客户指定的特种钢材料为原料加工成形。

2.4.2　钢纤维的优点

钢纤维在实际工程应用中具有以下优点:

(1)节省施工时间和资金;

(2)完全地除去钢筋,节省材料和劳工费;

(3)减少楼板厚度,节省混凝土和浇筑费用;

(4)更宽的接头间距,节省接头成形费用和接头保养费;

(5)施工简单。简单的接头及不再有错误定位钢筋;

(6)提高施工速度,节省时间和减少成本。

钢纤维混凝土技术可以使建筑结构具有优良的工作性能:

(1)大大减少裂缝的产生;

(2)减少接头侧边的剥落,使接头更坚固;

(3)具有更强的冲击阻力;

(4)更大的疲劳耐久极限;

(5)减少保养费,更长的使用寿命。

钢纤维混凝土在以下土木工程中广泛应用:地下楼板、仓库、工厂、飞机库,公路,桥面板,停车场,飞机跑道,停机坪和滑行道,商住楼板,打桩,喷浆,隧道,水坝等。

2.4.3 钢纤维混凝土的施工技术

钢纤维混凝土的施工技术要求:

(1)水泥标号不得低于425号。水灰比不得大于0.5。

(2)粗骨料粒径长度应不超过钢纤维长度的$\frac{2}{3}$。

(3)钢纤维混凝土的钢纤维体积不应小于0.5%。一般在0.5% ~2%内选择。

(4)拌制钢纤维混凝土不得采用海水,海砂,严禁掺加氯盐。

(5)除上述规定外,钢纤维混凝土所用其他材料,应符合现行相关规范中关于钢筋混凝土所用原料的规定。

(6)钢纤维混凝土的稠度可以参考同类工程对普通混凝土所要求的稠度来确定。其塌落度值可以比相应普通混凝土要求值小200mm,其维勃稠度值与相应普通混凝土要求值相同。

(7)缩缝为平头缝构造的钢纤维混凝土垫层兼面层,在垫层下设有铺灰土等地基加强层,并同时符合下列条件时:①折减前垫层兼面层厚度不大于130mm;②地基加强层的厚度大于垫层厚度。其厚度可以乘以折减系数0.75,但不得小于50mm。

钢纤维混凝土的施工技术投料要求:

(1)先将钢纤维及粗骨料投入拌和机搅拌30秒,使钢纤维分散在石子中,不致结团。

(2)再将砂及水泥投入拌和机干搅拌30秒。

(3)再在转动着的搅拌机器中加水,并使机器再搅拌3分钟左右。

2.4.4 钢纤维混凝土的施工主要事项

1. 钢纤维混凝土浇筑时,随拌随用,连续浇捣,不到分格缝不得甩施工缝。浇捣时应捣振密实。

2. 抹面,压纹。

钢纤维混凝土具有集粗料细,砂率大,纤维乱向分布的特点。采用机械抹平,阻止纤维外露。采用压纹器压纹工艺还可以避免拉毛产生纤维外露现象。经24小时后,应按常规及时养护,夏天应用草包之类覆盖,寒天注意保温。

第 3 章　压型钢板与混凝土组合楼板

§3.1　组合板的定义和分类

在许多高层钢结构或钢筋混凝土混合结构的楼盖、屋盖结构中，可以采用压型钢板与混凝土组合楼板。从广义上讲，可以分为以下三类：

(1) 以压型钢板作为楼板的主要承重构件，混凝土只是作为楼板的面层以形成平整的表面及起到分布荷载的作用。这类压型钢板应选择板厚及高度较大的板型，以保证施工和使用时的强度与刚度。这种压型钢板不考虑其组合作用，混凝土面层只在计算荷载时考虑，因此可以按照国家标准《钢结构设计规范》(GB50017—2002)进行设计计算。

(2) 压型钢板只作为浇筑混凝土的永久性模板，并用做施工时的操作平台。在施工阶段，考虑在混凝土及压型钢板的自重以及施工荷载作用下(同第一类压型钢板)按钢结构计算。在使用阶段只考虑钢筋混凝土的作用，不考虑压型钢板的作用，在结构层与构造层自重以及使用阶段的所有外荷载作用下按钢筋混凝土结构计算，可以完全遵照国家标准《混凝土结构设计规范》(GB50010—2002)进行设计与施工。此时也不考虑压型钢板与混凝土的组合作用。

以上两类均按照非组合板进行计算与设计。

(3) 考虑组合作用的压型钢板与混凝土组合楼板(本章主要叙述这类组合楼板)。施工阶段压型钢板作为模板及浇筑混凝土的作业平台，因此有如第一、二类压型钢板一样按照国家标准《钢结构设计规范》(GB50017—2002)进行施工阶段强度、刚度验算。在使用阶段，压型钢板相当于钢筋混凝土板中的受拉钢筋，在全部静载及活载作用下，考虑二者的组合作用，因此按照组合板进行设计计算。

压型钢板与混凝土组合板如图 3.1.1 所示。

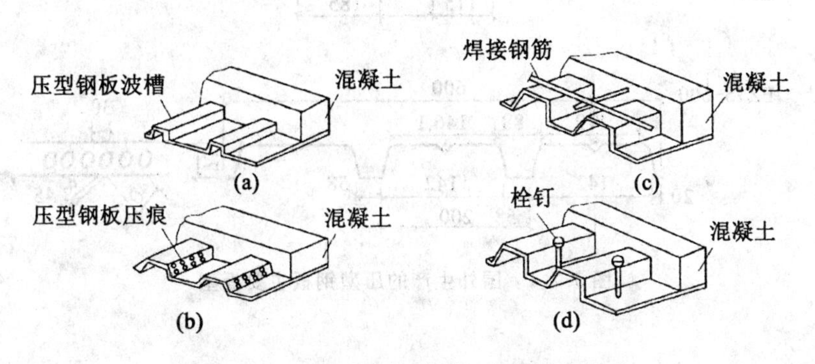

图 3.1.1　压型钢板与混凝土组合板的形式

§3.2 压型钢板的型号及允许偏差

国外生产的几种典型的压型钢板如图 3.2.1 所示,其截面性能指标如表 3.2.1 所示,由于这些压型钢板的表面带有凹凸不平的槽纹和加劲肋,改善了混凝土与压型钢板之间的组合作用,因此可以直接用于组合板。

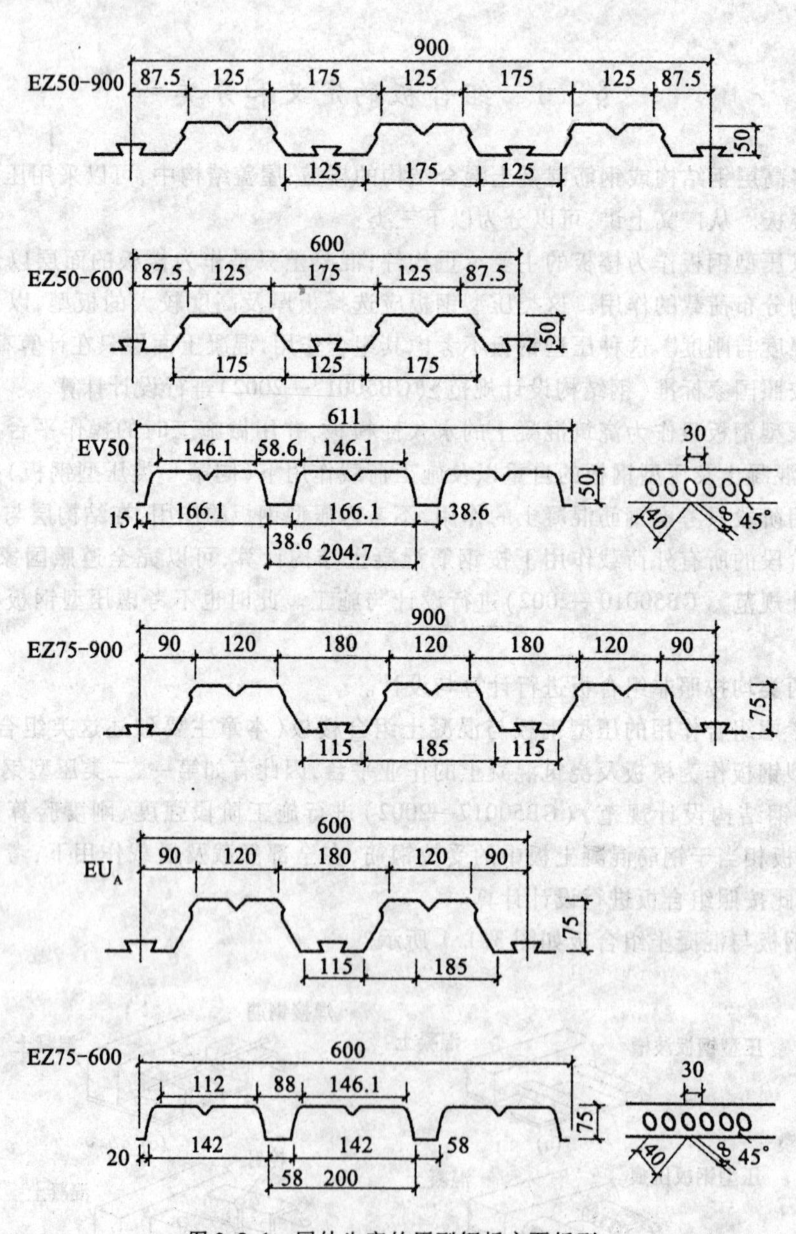

图 3.2.1 国外生产的压型钢板主要板型

表 3.2.1　　国外压型钢板的截面性能指标表

板型	h_s/mm	B/mm	b_t/mm	b/mm	t/mm	全截面惯性矩 /(10^4mm^4/m)	有效截面抵抗矩 /(10^4mm^4/m)	
EZ50	50	300	175	125	1.2	68.5	16.5	26.6
					1.6	89.4	26.0	34.7
C50	50	300	170	125	1.2	68.7	26.7	26,7
					1.6	88.8	34.8	34.8
EV50	50	204.7	58.6	3 806	1.2	60.5	16.0	17.6
					1.6	78.5	21.6	22.9
EZ75	50	300	180	115	1.2	163	28.1	42.3
					1.6	214	43.6	55.5
C75	50	300	180	120	1.2	164	42.3	42.3
					1.6	214	55.4	55.4
EU_A	50	200	88	58	1.2	168	35.9	38.4
					1.6	220	48.9	50.2

国内生产的几种典型的压型钢板如图 3.2.2 所示，其截面性能指标如表 3.2.2 所示，这些钢板的自重轻、承载能力高，保温和隔热效果好。但是，由于这些压型钢板与混凝土之间的粘结作用较差，当用做组合楼板时应在板肋上焊接横向钢筋或栓钉，以提高叠合面的抗剪能力。其他相关指标如表 3.2.3、表 3.2.4 所示。

表 3.2.2　　国产压型钢板的截面性能指标表

板型	板厚 /mm	重量 /(kg/m)		截面力学性能			
				全截面		有效截面	
		未镀锌	镀锌 Z27	惯性矩 I_S /(10^4mm^4/m)	抵抗矩 W_S /(10^4mm^4/m)	惯性矩 I_S /(10^4mm^4/m)	抵抗矩 W_S /(10^4mm^4/m)
YX－75－230－690 (Ⅰ)	0.8	9.96	10.6	117	29.3	82	18.8
	1.0	12.4	13.0	145	36.3	110	26.2
	1.2	14.9	15.5	173	43.2	140	34.5
	1.6	19.7	20.3	226	56.4	204	54.1
	2.3	28.1	28.7	316	79.1	316	79.1

续表

板型	板厚/mm	重量/(kg/m) 未镀锌	重量/(kg/m) 镀锌Z27	截面力学性能 全截面 惯性矩 I_S /(10^4mm^4/m)	全截面 抵抗矩 W_S /(10^4mm^4/m)	有效截面 惯性矩 I_S /(10^4mm^4/m)	有效截面 抵抗矩 W_S /(10^4mm^4/m)
YX-75-230-690(Ⅱ)	0.8	9.96	10.6	117	29.3	82	18.8
	1.0	12.4	13.0	145	36.5	110	26.2
	1.2	14.8	15.4	174	43.4	140	34.5
	1.6	19.7	20.3	228	57.0	204	54.1
	2.3	28.0	28.6	318	79.5	318	79.5
YX-75-200-600(Ⅰ)	1.2	15.7	16.3	168	38.4	137	35.9
	1.6	20.8	21.3	220	50.2	200	48.9
	2.3	29.5	30.2	306	70.1	306	70.1
YX-75-200-600(Ⅱ)	1.2	15.6	16.3	169	38.7	137	35.9
	1.6	20.7	21.3	220	50.7	200	48.9
	2.3	29.5	30.2	309	70.6	309	70.6
YX-70-200-600	0.8	10.5	11.1	110	26.6	76.8	20.5
	1.0	13.1	13.6	137	33.3	96	25.7
	1.2	15.7	16.2	164	40.0	115	30.6
	1.6	20.9	21.5	219	53.3	153	40.8

注：表中镀锌 Z27 是指含锌量为 275g/m。

表 3.2.3 国产压型钢板的强度设计值表 (单位：N/mm²)

强度种类	符号	钢牌号 Q215	钢牌号 Q235	钢牌号 Q345
抗拉、抗压、抗弯	f	190	205	300
抗剪	f_v	110	120	175

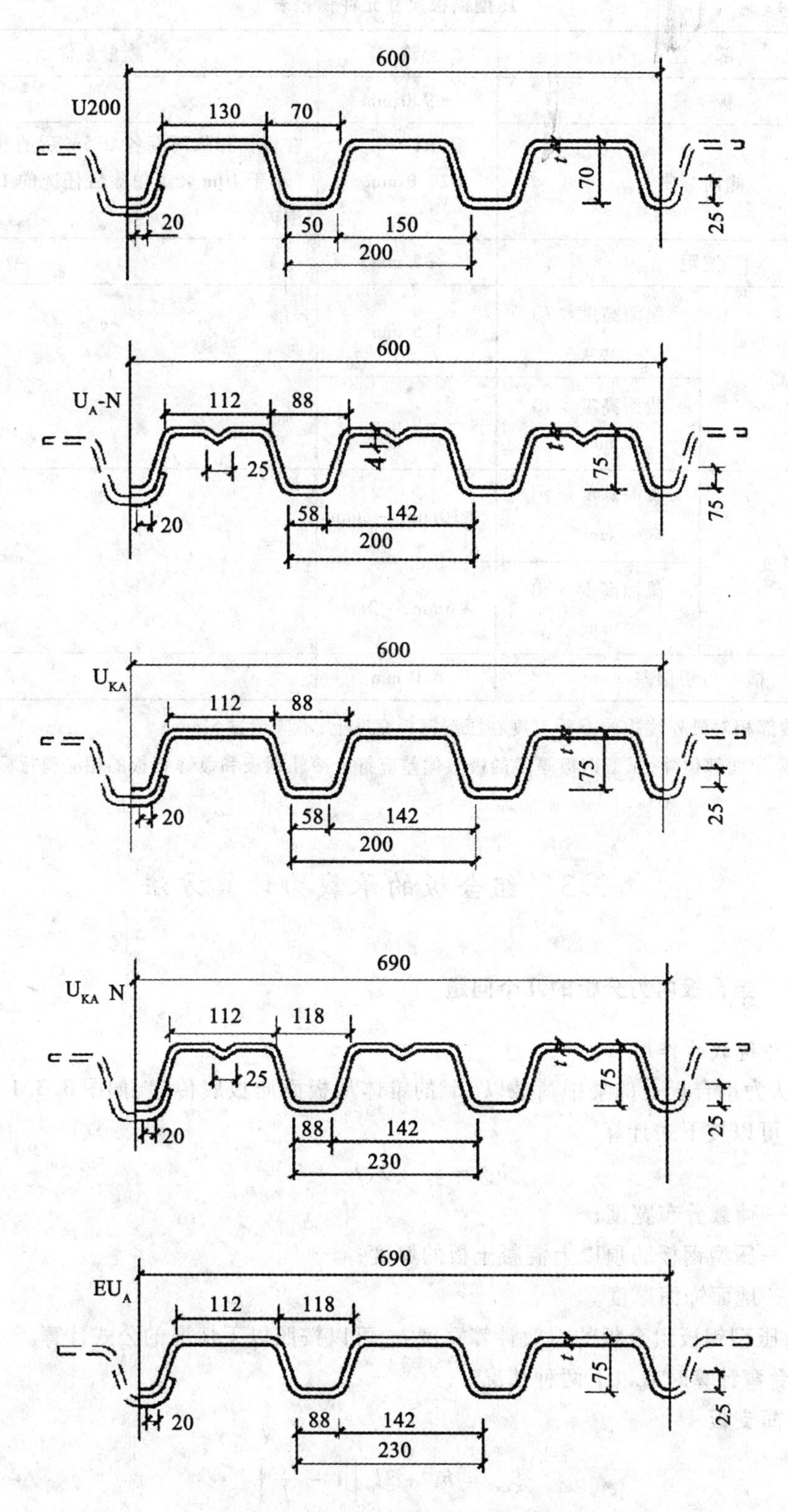

图 3.2.2　国产压型钢板主要板型

表 3.2.4 压型钢板尺寸允许偏差表

部位		允许差	测量条件
板长		±9.0 mm	
侧向弯曲		20.0 mm	在板长扣除两端各 0.5m 后的长度范围内(小于 10m),或扣除后任选的 10m 长度范围内。
波距		±2 mm	
波高	截面高度≤70 mm	1.5 mm	
	截面高度＞70 mm	±2 mm	
覆盖宽度	截面高度≤70 mm	+10mm, -2mm	
	截面高度＞70 mm	+6mm, -2mm	
横向剪切偏差		6.0 mm	

注:1. 端部相对最外棱边的不垂直度在压型钢板宽度上,不应超过 5 mm;

2. 除弯曲部位外,压型钢板厚度的极限偏差应符合冷轧钢板和镀锌钢板的相应现行标准。

§3.3 组合板的承载力计算方法

3.3.1 组合板内力分析的几个问题

1. 局部荷载的作用

可以认为组合板上的集中荷载以 45°的锥体从板面向板底传递,如图 3.3.1 所示,其分布宽度 b_m 可以按下式计算

$$b_m = b_p + 2(h_c + h_f) \tag{3.3.1}$$

式中:b_p——荷载分布宽度;

h_c——压型钢板肋顶以上混凝土板的厚度;

h_f——地面饰面厚度。

此时,压型钢板组合板的有效计算宽度 b_{em} 可以按照以下情况的公式计算。

(1) 受弯计算时有以下两种情况。

① 对简支板

$$b_{em} = b_m + 2l_p\left[1 - \frac{l_p}{l}\right] \tag{3.3.2}$$

② 对连续板

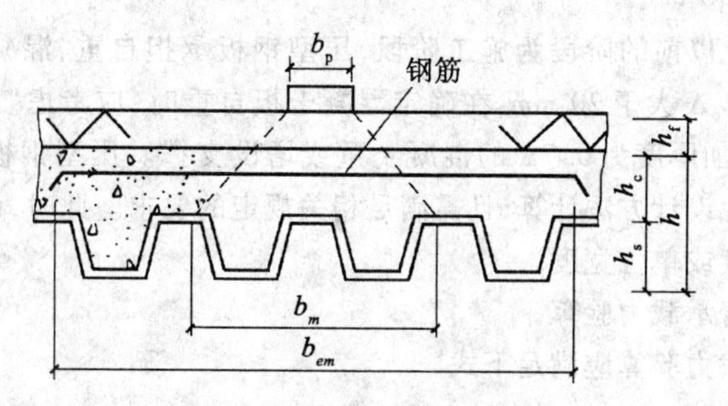

图 3.3.1　集中荷载的有效分布宽度

$$b_{em} = b_m + \frac{4}{3}l_p\left[1 - \frac{l_p}{l}\right] \tag{3.3.3}$$

式中：b_m——集中荷载在组合板上的分布宽度；

l——组合板的跨度；

l_p——荷载作用点至组合板支座的较近距离，当跨内有多个集中荷载作用时，l_p 应取产生较小 b_m 的相应荷载的作用点至较近支承点的距离。

（2）受剪计算时按如下的公式计算

$$b_{em} = b_m + l_p\left[1 - \frac{l_p}{l}\right] \tag{3.3.4}$$

2. 各向异性压型钢板组合板

压型钢板组合板分单向板和双向板，可以用有效边长比判别。当 $0.5 < \lambda_e < 2.0$ 时，按双向板计算内力；当 $\lambda_e \leqslant 0.5$ 或 $\lambda_e \geqslant 2.0$ 时，按单向板计算内力。

有效边长比定义如下

$$\lambda_e = \mu \frac{l_x}{l_y} \tag{3.3.5}$$

式中：μ ——板的各向异性系数，$\mu = \left(\frac{I_x}{I_y}\right)^{\frac{1}{4}}$；

l_x——组合板强边（顺肋方向的跨度）；

l_y——组合板弱边（垂直肋方向的跨度）；

I_x、I_y——分别为组合板强边、弱边方向的截面惯性矩。

（计算时，仅考虑压型钢板肋顶以上的混凝土厚度 h_c）

3. 支承条件

双向板周边的支承条件可以按以下情况确定：当计算的组合板与相邻跨连续、且跨度大致相等时，可以视板的周边为固定边；当组合板上浇筑的混凝土不连续或相邻跨度相差较大时，应将楼板的周边视为简支边。当采用塑性理论计算连续组合板内力时，可以对支座弯矩进行调幅（控制在25%以内）。

3.3.2　承载力和变形计算

对压型钢板—混凝土组合板需进行施工和使用两个阶段的计算。

1. 施工阶段计算

板上混凝土硬化以前的阶段为施工阶段,压型钢板承担自重、混凝土自重以及施工荷载。若跨中弯曲变形 Δ 大于 20 mm,在确定混凝土板自重时,应考虑"坑凹"效应增加的混凝土重量,在全跨增加厚度为 0.7Δ 的混凝土重或增设支撑。压型钢板施工阶段的承载力和弯曲变形采用弹性设计方法计算,且需满足相关规定的要求。此时,计算宽度可以取压型钢板的一个全波宽度或单位宽度。

(1) 正截面受弯承载力验算

正截面受弯承载力验算应满足下式

$$M \leqslant f_{sy} W_s \tag{3.3.6}$$

式中:M——弯矩设计值。均布荷载作用下,连续板边跨跨中截面弯矩可以近似取$\frac{ql2}{11}$,内支座截面取$\frac{ql2}{9}$,内跨跨中截面取$\frac{ql2}{14}$;

f_{sy}——压型钢板的强度设计值(见表 3.2.3);

W_s——压型钢板的截面抵抗矩,取对受拉和受压边抵抗矩的较小值。

(2) 压型钢板的弯曲变形

压型钢板的弯曲变形应满足下式要求

$$f \leqslant f_{\lim} \tag{3.3.7}$$

式中:f——组合板的挠度;

$f_{\lim}$——挠度极限值,取$\frac{l_0}{200}$和 20mm 两者中的较小值(l_0 为板的计算跨度)。

① 均布荷载简支板的挠度为

$$f = \frac{5}{384} \cdot \frac{q_k l_0^4}{E_S I_S} \tag{3.3.8}$$

② 均布荷载双跨连续板的挠度为

$$f = \frac{1}{185} \cdot \frac{q_k l_0^4}{E_S I_S} \tag{3.3.9}$$

式中:q_k——计算宽度均布荷载标准值;

E_s——压型钢板的弹性模量;

I_s——计算宽度压型钢板的惯性矩;

l_0——板的计算跨度。

2. 使用阶段计算

(1) 正截面受弯承载力时,组合板抗弯强度按塑性设计法进行计算,假定截面受拉区及受压区的应力均达到强度设计值。设组合板厚度为 h,压型钢板高度为 h_s,在 h 比 h_s 大得多且含钢率适中的情况下,随弯矩的增大,组合板中压型钢板从受拉边开始屈服,并发展到整个 h_s 高度,然后受压边缘混凝土达到极限压应变而压坏,这种板为适筋板。当板厚相对较小,含钢率较大时受压区混凝土将先于钢板屈服而达到极限压应变,压碎破坏,这种板为超筋板。设计过程中有时超筋板的出现是难以避免的,因此,压型钢板的面积和尺寸选择还取决于施工阶段的受力情况。

根据界限破坏条件可以导出相对界限受压区高度和界限配筋率 $\rho_{\max}$。界限破坏时，压型钢板顶面的拉应变达到屈服应变时，受压边缘混凝土恰好达到极限压应变。则相对界限受压区高度为

$$\xi_b = \frac{0.8}{} \cdot \frac{h - h_s}{h_0} \tag{3.3.10}$$

界限配筋率为

$$\rho_{\max} = \xi_b \frac{f_c}{f_{sy}} \tag{3.3.11}$$

式中：h_0——组合板的有效高度，即从钢板形心轴到受压边缘的距离。

适筋板的受弯承载力按下式计算

$$M \leqslant M_u = 0.8 f_{sy} A_s \left(- \frac{x}{2} \right) \tag{3.3.12}$$

其中，受压区高度

$$x = \frac{A_s f_{sy}}{f_c b} \tag{3.3.13}$$

式中：A_s——压型钢板的截面面积。

b——计算宽度，通常取 1m 宽或压型钢板的波距。

f_{sy}——压型钢板的抗拉强度设计值。

式(3.3.12)中的 0.8 是钢板面积折减系数，考虑了压型钢板的允许制造误差、钢板暴露于空气中没有混凝土保护层以及中和轴附近材料不能充分发挥作用等因素。

超筋板的受弯承载力计算较为复杂，一方面是由于压型钢板中的应力是随截面高度变化的，另一方面还要考虑在施工阶段是否受载。为简化起见，其受弯承载力可以偏于安全地取界限破坏时的受弯承载力

$$M \leqslant M_u = 0.8 f_{sy} A_s h_0 (1 - 0.5\xi_b) \tag{3.3.14}$$

(2) 纵向受剪承载力时，组合板的主要设计要求在于钢板和混凝土交界面上的粘结应力应不致引起二者的相对滑移。在荷载作用下，交界面的破坏形态还可能是纵向剪切和粘结破坏的结合，故称为剪切粘结破坏。因此，组合板纵向受剪承载力也称为交界面剪切粘结承载力。

剪切粘结破坏如图 3.3.2 所示。相关试验研究表明，在加载点附近形成的主斜裂缝，使附近的粘结力丧失，形成交界面水平裂缝并很快向板端发展，最终导致整个剪跨段长度上的粘结破坏，引起钢板与混凝土之间的滑移。

组合板纵向受剪承载力与其剪跨 a 如图 3.3.2 所示、平均肋宽 b_m 如图 3.3.1 所示、截面有效高度 h_0、压型钢板厚度 t 有关，可以按下式计算

$$V \leqslant V_u = \alpha_0 - \alpha_1 a + \alpha_2 b_m h_0 + \alpha_3 t \tag{3.3.15}$$

式中：V——纵向剪力设计值(kN/m)；

V_u——纵向受剪承载力(kN/m)；

a ——组合板剪跨(mm)，一般可以取 $a = \dfrac{M}{V}$，M 为与剪力设计值 V 相应的弯矩。均布

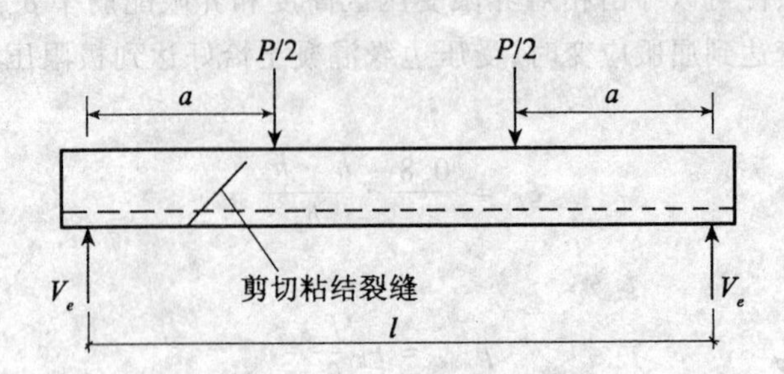

图 3.3.2 剪切粘结破坏

荷载简支板可以取 $a=\frac{1}{4}$；

b_m——组合板平均肋宽(mm)；

h_0——组合板截面的有效高度(mm)；

t——压型钢板厚度(mm)；

$\alpha_0,\alpha_1,\alpha_2,\alpha_3$——剪切粘结系数，由试验研究确定。采用国产压型钢板时，可以取 $\alpha_0=78.142,\alpha_1=0.098,\alpha_2=0.0036,\alpha_3=38.625$。

(3) 斜截面受剪承载力时，按下式计算

$$V \leqslant V_u = 0.7f_t\, bh_0 \tag{3.3.16}$$

式中：V——组合板斜截面剪力设计值；

V_u——组合板斜截面受剪承载力；

f_t——混凝土轴心抗拉强度设计值；

b——计算宽度范围内压型钢板的平均肋宽之和，当计算宽度为一个波宽时取组合板平均肋宽 b_m。

(4) 受冲切承载力。当组合板上作用有较大的局部荷载 F_1 时（如图 3.3.3 所示），应计算其抗冲切承载力是否满足下式要求

$$F_1 \leqslant 0.7\, f_t\, U_{cr} h_c \tag{3.3.17}$$

式中：F_1——组合板冲切力设计值；

f_t——混凝土轴心抗拉强度设计值；

h_c——组合板混凝土层的厚度；

U_{cr}——临界截面的周长，即距离集中荷载作用面积周边 $\frac{h_c}{2}$ 处板垂直截面的周长。

(5) 变形验算。计算组合楼板的挠度时，不论其实际支承情况如何，均按简支单向板采用弹性方法计算沿(顺肋)方向的挠度，并进行变形验算。挠度值应按荷载效应标准组合、准永久组合分别进行计算，其中的较大值不应超过相关规定的挠度限值，即

$$\max(f_k, f_q) \leqslant f_{\lim} \tag{3.3.18}$$

式中：f_k——按荷载效应标准组合值计算的挠度；

f_q——按荷载效应准永久组合值计算的挠度；

$f_{\lim}$——挠度极限值($l_0/360$)，l_0 为板的计算跨度。

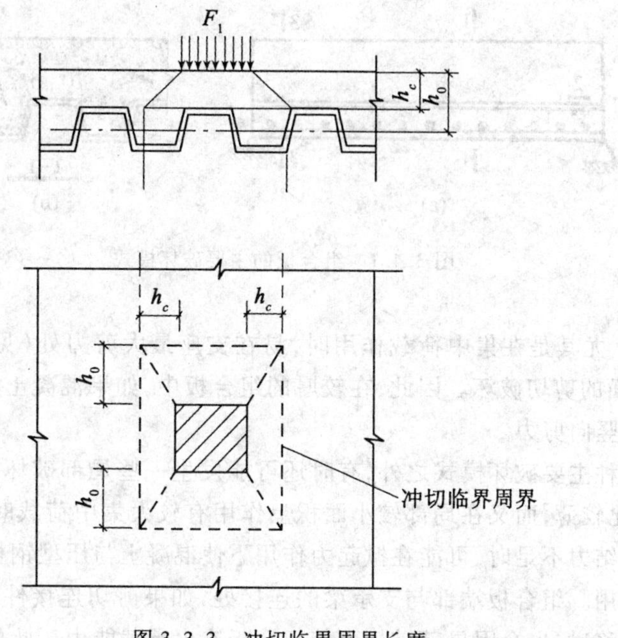

图 3.3.3　冲切临界周界长度

§3.4　组合板的破坏模式

3.4.1　正截面的弯曲破坏

如果压型钢板与混凝土之间有可靠的连接,即在完全剪切连接条件下,组合板最有可能发生沿最大弯矩截面的弯曲破坏,如图 3.4.1 所示的 1—1 截面。破坏时,受拉区大部分压型钢板的应力都能达到抗拉强度设计值,受压区混凝土的应力达到轴心抗压强度设计值。如果压型钢板有部分截面位于受压区,则其应力基本上也能达到钢材的抗压强度设计值。

3.4.2　纵向水平剪切粘结破坏

沿图 3.4.1 所示 2—2 截面发生的纵向水平剪切粘结破坏也是组合板的主要破坏模式之一。这种破坏主要是由于混凝土与压型钢板的交界面剪切粘结强度不足,在组合板尚未达到极限弯矩之前,二者的交界面产生较大的粘结滑移,使得混凝土与压型钢板失去组合作用。其破坏特征为,首先在靠近支座位置处的混凝土出现斜裂缝,混凝土与压型钢板开始发生垂直分离,随即压型钢板与混凝土丧失剪切粘结承载力,产生较大的纵向滑移。一般滑移常在端部出现,其值可以达 15 ~ 20 mm。由于产生很大的滑移,组合板变形呈非线性地增加。因为失去或基本丧失组合作用,组合板的混凝土与压型钢板很快崩溃。

3.4.3　斜截面的剪切破坏

斜载面的剪切破坏模式在板中一般不常见,只有当组合板的截面高度与板跨之比很大、

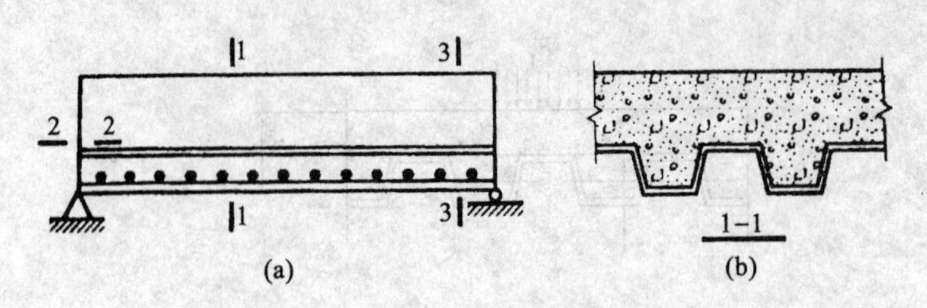

图 3.4.1 组合板的主要破坏模式

且荷载也比较大，尤其是在集中荷载作用时，易在支座最大剪力处（见图 3.4.1 中 3—3 截面）发生沿斜截面的剪切破坏。因此，在较厚的组合板中，如果混凝土的抗剪能力不足也应设置箍筋以抵抗竖向剪力。

除了以上几种主要破坏模式之外，有时还可能发生一些局部破坏使组合板丧失承载能力。例如，当板比较薄，而又在局部较小面积上作用有较大集中荷载时，使组合板发生冲切破坏。当竖向粘结力不足时，可能在掀起力作用下使混凝土与压型钢板发生局部竖向分离，从而丧失组合作用。组合板端部与支承梁的连接处，如果剪切连接件的抗剪强度不足以抵抗较大的剪切滑移时，也会因局部破坏而使组合板丧失承载能力。此外，处于受压区的压型钢板，如连续组合板的中间支座，以及因含钢率过大而使压型钢板上翼缘及部分腹板处于受压区时，尚会发生因压型钢板的局部受压屈曲引起组合板丧失承载能力。

§3.5 组合楼板的构造要求

3.5.1 压型钢板和混凝土强度

组合板用的压型钢板应采用镀锌铁皮，所有镀锌层都应通过铬酸盐钝化处理，以减少潮湿引起自锈，并降低混凝土与锌之间的化学反应。压型钢板净厚度（不包括镀锌层）不应小于 0.75mm，常用的钢板厚度为 0.75 ~ 2.5mm。为便于浇灌混凝土，压型钢板凹槽的平均宽度不应小于 50 mm，压型钢板的高度 h 不应大于 80 mm。混凝土强度等级不宜低于 C20，骨料尺寸不应大于 $0.4h_c$、压型钢板肋平均宽度的$\frac{1}{3}$和 30 mm 三者中的较小值。

3.5.2 配筋要求

组合板中应设置分布钢筋网，以承受收缩和温度应力，提高火灾时的安全性，并起到分布集中荷载的作用。分布钢筋两个方向的配筋率$\left(\rho_s=\frac{A_s}{bh_c}\right)$均不宜小于 0.002。在有较大集中荷载区段和开洞周围应配置附加钢筋。当防火等级较高时，可以配置附加纵向受拉钢筋。

3.5.3 组合板厚度和防火保护层

组合板的总高度 h 不应小于 90 mm，压型钢板翼缘以上混凝土的厚度 h_c 不应小于 50

mm。当压型钢板作为混凝土板底部的受力钢筋时，需进行防火保护。这时，组合板的厚度和防火保护层的厚度应符合表 3.5.1 中的规定。

表 3.5.1　组合板的厚度和防火保护层的厚度

类别	无防火保护层的组合板		有防火保护层的组合板	
简图	h_1	h	h，a	h_1，a
组合板厚度 h_1 或 h/mm	≥80	≥110	≥50	
防火保护层厚度 a/mm	—	—	≥15	

3.5.4　组合板的支承长度

组合板在钢梁上的支承长度不应小于 75 mm，其中压型钢板的支承长度不小于 50 mm（如图 3.5.1(a)和图 3.5.1(c)所示）。支承于混凝土构件上时，组合板的支承长度不应小于 100 mm，压型钢板的支承长度不应小于 75 mm（如图 3.5.1(b)和图 3.5.1(d)所示），连续板或搭接板在钢梁上的最小支承长度为 75 mm，支承于混凝土构件上时则为 100 mm（如图 3.5.1(e)和图 3.5.1(f)所示）。

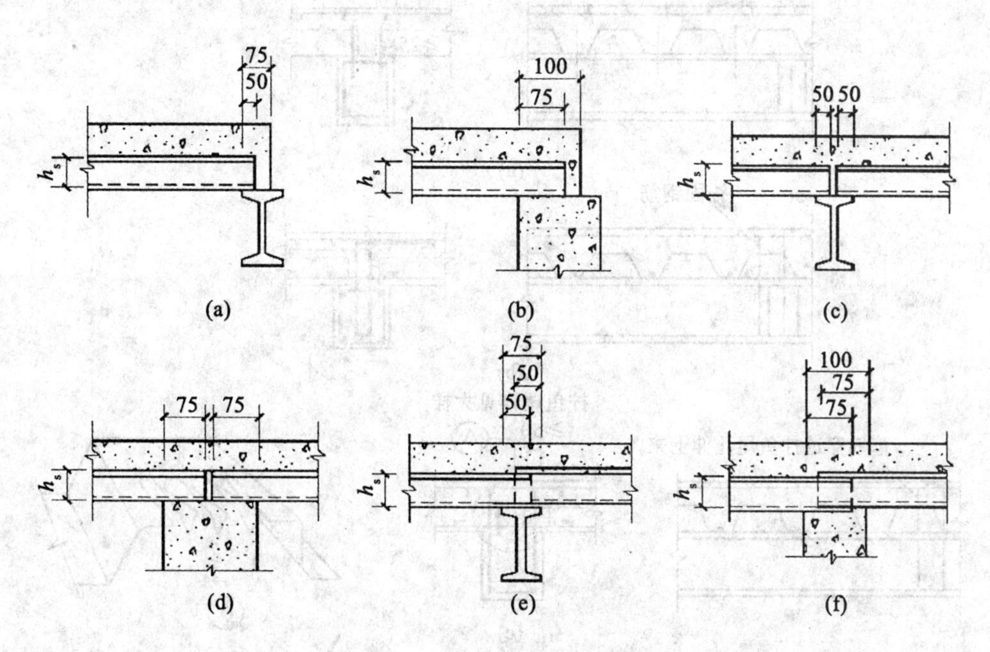

图 3.5.1　组合板的支承长度要求

3.5.5 连接件

为阻止压型钢板与混凝土之间的滑移，在组合楼板的端部（包括简支板端部及连续板的各跨端部）均应设置栓钉。压型钢板与钢梁的连接采用圆柱头栓钉，栓钉穿进压型钢板并焊接于钢梁上，如图 3.5.2 所示。栓钉的直径不宜过大，一般为：当板跨度 $l<3\text{m}$ 时，取 13 ~ 16 mm；当板跨度为 3 ~ 6 m 时，取 16 ~ 19 mm；当板跨度超过 6 m 时，取 19 ~ 25 mm，但是此时会增加焊接的困难和费用。栓钉应高出压型钢板上翼缘 35 mm 以上。组合板中，栓钉仅作为压型钢板与混凝土交界面上的抗剪能力储备，不必计算。

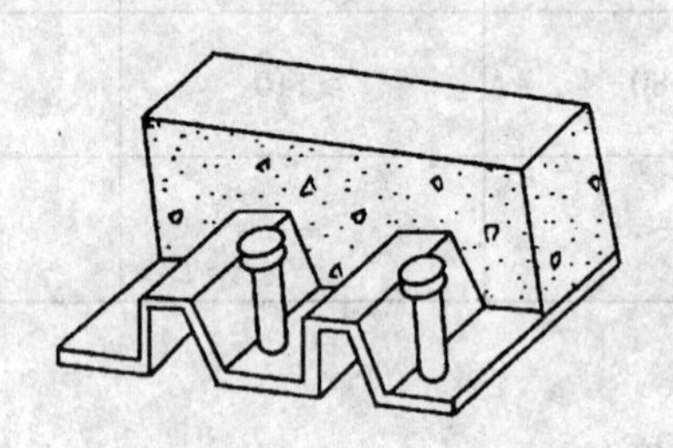

图 3.5.2 板端部设置栓钉

压型钢板与混凝土梁的连接如图 3.5.3 所示。其中，图 3.5.3(a) 为在压型钢板端部钻孔，把钢筋插入预留孔水泥浆中，或在压型钢板上用栓钉连接件将其固定在梁上。也可以

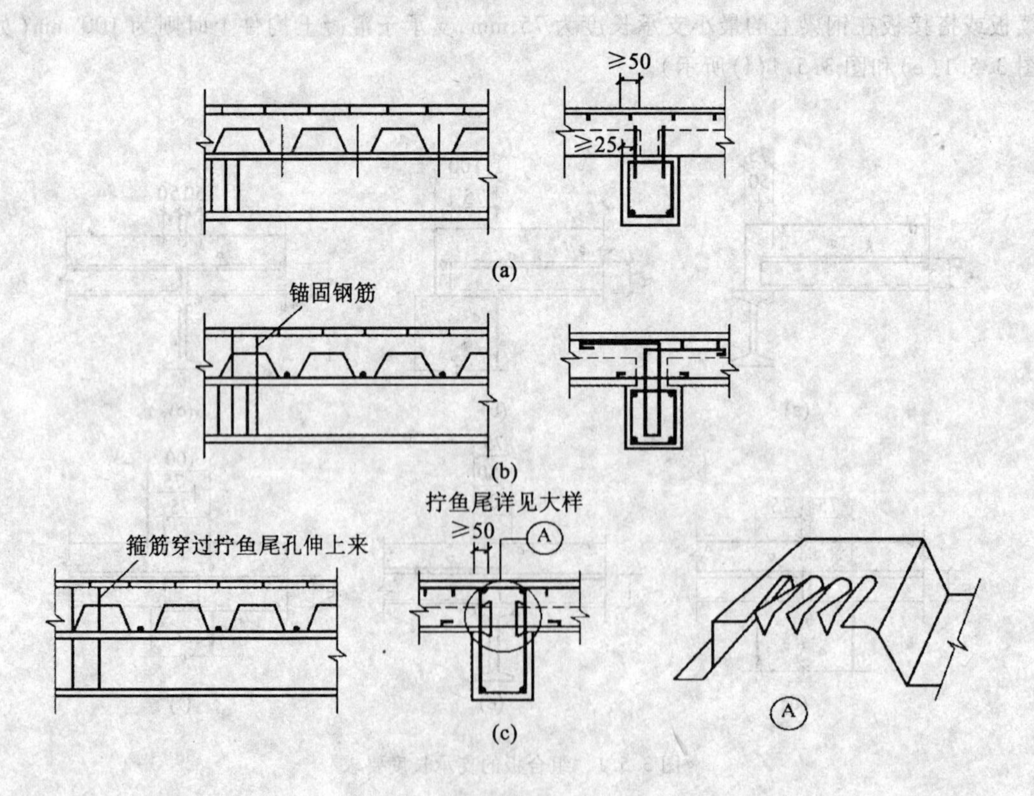

图 3.5.3 压型钢板与混凝土梁的连接

从梁内伸出锚固钢筋与现浇混凝土结合在一起，如图 3.5.3(b)所示。图 3.5.3(c)所示为在压型钢板端部冲出许多鱼尾状条纹并拧成麻花状，浇筑在混凝土中。以上做法都能增强组合板的组合效果。

本章小结

(1)压型钢板与混凝土组合板应按施工阶段和使用阶段分别进行承载力计算和挠度验算，在使用阶段还应满足自振频率的控制要求。

(2)使用阶段组合板可能发生正截面弯曲破坏、正截面剪切破坏和沿压型钢板与混凝土交界面的纵向水平剪切粘结破坏。当组合板上作用有较大集中荷载而组合板的厚度较小时，还有可能发生冲切破坏。

(3)组合板的正截面受弯承载力计算采用塑性设计方法，假设截面受拉区和受压区的材料都能达到强度设计值，并忽略受拉混凝土的作用。计算时，塑性中和轴可能在压型钢板以上的混凝土内，也可能在压型钢板范围内。如果计算受压区高度大于 $0.55h_0$，则钢材的强度不能充分发挥，应取 $\chi=0.55h_0$ 进行计算。

(4)压型钢板与混凝土交界面上的纵向水平剪切粘结力是组合板共同工作的前提，一旦这种粘结作用丧失，压型钢板与混凝土之间就会产生较大滑移，导致组合板的承载力急剧下降，乃至崩溃。

(5)施工阶段组合板的变形计算，不能考虑压型钢板与混凝土的组合效应，应取压型钢板有效截面的抗弯刚度，按弹性力学的方法计算。使用阶段组合板的变形计算，可以采用换算截面方法，分别按荷载效应的标准组合和准永久组合进行计算，其较大值应满足变形控制的要求。

习　题　3

1. 为了提高压型钢板与混凝土的组合作用，通常采用哪些方法和措施？
2. 什么是压型钢板受压翼缘的有效计算宽度？该计算宽度是如何取值的？
3. 压型钢板与混凝土组合板一般有哪些破坏形式？通常在什么情况下发生？
4. 简述组合板正截面受弯承载力和挠度计算的一般原则。
5 组合板正截面承载力计算时采用哪些计算假定？
6. 简述组合板在使用阶段挠度计算时换算截面方法的一般概念。

第4章 钢与混凝土组合梁

§4.1 组合梁的特点及类型

4.1.1 概述

钢与混凝土组合梁是在钢结构和混凝土结构基础上发展起来的一种新型结构形式。这种结构形式主要通过在钢梁和混凝土翼缘板之间设置剪力连接件(栓钉、槽钢等),抵抗两者在交界面处的剪力及相对滑移,并使之成为一个整体而共同受力,协调变形。

组合梁截面如图4.1.1所示,其中图4.1.1(b)为最常用的组合梁截面,在钢梁上直接设置混凝土板。由于中和轴位于钢梁上翼缘附近,因而上翼缘的内力不大,可以采用较小的截面。

最经济合理的截面是使截面的中和轴正好位于混凝土板与钢梁上翼缘的交界面处。因此常在钢梁上翼缘上设置板托,如图4.1.1(a)所示。这种带板托的组合梁增加了支模板的复杂性,实际工程中应用不多。

当跨度较大时,也可以把钢梁做成蜂窝梁,如图4.1.1(c)所示,既可以节省钢材,又便于设备管线通过腹板上的孔。

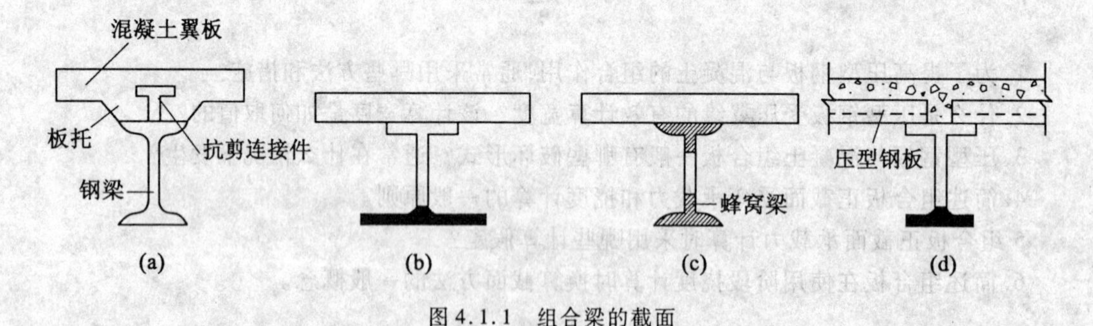

图4.1.1 组合梁的截面

1. 钢梁

根据组合梁的受力特点,采用上翼缘窄而下翼缘宽的不对称工字形截面较为合理。对于跨度与荷载均较小的组合梁,常采用小型工字钢,如果承受的荷载较大而采用大型工字钢截面,则由于型钢的上翼缘强度不能得到充分利用而造成浪费,因此实际工程中应用时往往是在小型工字钢的下翼缘加焊一块钢板,以增加受拉区型钢的面积。

2. 混凝土翼板

根据混凝土板的跨度、荷载大小以及使用要求，混凝土板可以是普通钢筋混凝土板、容重不小于1400kg/m^{3}的轻骨料混凝土板、压型钢板混凝土组合板或预应力混凝土叠合板。混凝土叠合板由预制板和现浇混凝土层构成，在混凝土预制板表面采取拉毛及设置抗剪钢筋等措施，以保证预制板和现浇混凝土层形成整体。

在组合梁的正弯矩部位，混凝土板起着受压翼缘的作用，与钢梁共同工作。在负弯矩部位，板内必须配置纵向钢筋并承受拉力，由钢梁承受压力。

3. 剪切连接件

剪切连接件是保证钢梁与混凝土板共同工作的关键受力构件。一方面，该构件承受钢梁与混凝土叠合面之间的纵向水平剪力，限制二者的相对滑移。同时，该构件还抵抗竖向使混凝土板与钢梁产生分离趋势的“掀起力”。

4. 板托

钢筋混凝土板与钢梁接触处，经常设置板托，扩大板与梁接触处的承压面积，增加板在梁支承处的截面高度，以提高板的抗剪能力与抗冲击能力。同时，因为梁的截面高度增加了，因此组合梁的承载能力与刚度进一步提高，这对工程结构极为有利。在组合梁的设计中，在可能情况下应考虑设置板托，是否设置板托应由组合梁的承载力、刚度和节省材料用量、建筑要求等条件确定。相对而言，不带板托的组合梁施工较方便，带板托的组合梁材料比较省。组合结构公路桥梁中，可以利用混凝土板托高度的变化适应路面纵向坡度的需要，但整个桥面混凝土板的厚度不变，以便于施工。

在组合梁的承载力、挠度和裂缝计算中，为简化计算并保证一定的可靠度，一般不考虑板托的影响。

4.1.2 组合梁的特点

组合梁由于能按各组成部件所处的受力位置和特点，较大限度地发挥出钢与混凝土各自材料的特性，不但满足了工程结构的功能要求，而且还有较好的经济效益。概括起来，组合梁有以下的优点：

(1)充分利用混凝土抗压和钢材抗拉的优点，充分发挥两种材料的强度承载力；

(2)钢梁位于受拉区，腹板不会发生局部屈曲；若上翼缘受压，压应力也很小，有混凝土板的约束，也消除了局部屈曲的可能，避免了钢梁的整体失稳。

(3)组合梁抗弯能力高，截面刚度大，可以减少结构高度。

(4)组合梁方案与钢筋混凝土梁方案相比较，除可以省去梁身混凝土外，还可以自由地用焊接固定管线装置。电站厂房结构中采用组合梁方案时，可以节省大量埋件用钢。

(5)可以利用钢梁作混凝土楼板的模板支承，节省材料，简化施工工艺。

组合梁不足之处主要表现为：

(1)耐火等级差，对耐火要求高的结构，需对钢梁涂耐火涂料，或做其他防护措施。

(2)在钢梁制作过程中需要增加一道焊接连接件的工序，有的连接件需用专门的焊接工艺；有的连接件在钢梁吊装就位后还需进行现场校正。此外，在钢梁上焊上连接件后，吊装时就不便在其上行走。

4.1.3 组合梁的类型

根据不同的分类标准,钢与混凝土组合梁类型存在下列两种情况:

1. 按受力性质

按受力性质,钢与混凝土组合梁可以分为简支组合梁与连续组合梁。

2. 按剪切连接件数量

按剪切连接件数量,钢与混凝土组合梁可以分为完全剪切连接组合梁与部分剪切连接组合梁。

完全剪切连接组合梁配有足够数量的剪切连接件,在组合梁截面的极限弯矩作用下所产生的纵向剪力,完全可以由所配的剪力连接件承担。组合梁交界面上抗剪连接件的纵向水平受剪承载力若能保证梁的最大受弯承载力得以充分发挥,其连接称为完全抗剪连接。

部分剪切连接组合梁中剪力连接件所能承担的剪力小于在截面极限弯矩下所产生的纵向剪力。抗剪连接件数量少于完全抗剪连接需要的数量时,称为部分抗剪连接。实际工程中,在满足设计要求的情况下,采用部分抗剪连接可以取得较好的经济效益。

§4.2 组合梁的基本设计原则

4.2.1 组合梁的极限状态

结构能够满足功能要求而良好地工作,则称结构为"可靠"或"有效"。反之,则称结构为"不可靠"或"失效"。区分结构"可靠"与"失效"的临界工作状态称为"极限状态",即整个结构或结构的一部分超过某一特定状态就不能满足设计规定的某一功能要求,这个特定状态即为该功能的极限状态。如表 4.2.1 所示。

表 4.2.1 组合简支梁的可靠、失效和极限状态概念

结构的功能		可 靠	极限状态	失 效
安全性	受弯承载力	$M < M_u$	$M = M_u$	$M > M_u$
适用性	挠度变形	$f < [f]$	$f = [f]$	$f > [f]$
耐久性	裂缝宽度	$w_{max} < [w_{max}]$	$w_{max} = [w_{max}]$	$w_{max} > [w_{max}]$

对任何类别的结构构件截面设计,都要满足两类极限状态的要求,对于梁这种受弯构件而言,应计算其强度、刚度(挠度)和稳定性是否满足要求。

4.2.2 组合梁的计算理论

组合梁截面的应力计算理论有两种,一种是按弹性理论进行分析计算,另一种是考虑截面塑性发展的塑性计算理论。

组合梁承载力(强度及连接)极限状态设计一般采用塑性设计方法,对于承受直接动力

荷载的组合梁及其钢梁截面受压板件不符合塑件设计要求的组合梁，仍应采用弹性设计方法，此时，其荷载作用可以简化仅按短期效应组合计算，并对钢梁的抗力 f 乘以 0.9 的折减系数；当有必要时，亦可以按长期效应（考虑徐变影响）进行计算。

对组合梁的正常使用极限状态（挠度、裂缝）计算，均按弹性设计方法进行，并分别按荷载（标准值）短期效应及长期效应验算。

组合梁的施工过程都是先安装钢梁，再支模板浇筑混凝土翼板，因此，施工时混凝土翼板的全部重量由钢梁承担。基于组合梁的施工工艺，钢与混凝土组合梁的计算应分为施工阶段和使用阶段分别计算；在施工阶段，要利用弹性设计方法计算钢梁强度、刚度（挠度）和稳定性；在使用阶段，由于组合截面的整体作用，应利用塑性设计核算其承载力和稳定性（由于该阶段稳定性一般均能满足，故可以不计算），而该阶段的挠度控制仍采用弹性方法计算。

组合梁的受力状态与施工条件有关，因此不论按弹性理论计算还是按塑性理论计算，一般都需考虑混凝土硬化前和硬化后两个受力阶段，以及施工时钢梁下有、无临时支撑等情况。如果在钢梁下不设临时支撑，则应按下面两个受力阶段进行计算。

第一阶段：楼板混凝土的强度达到设计强度75%之前的阶段。这时荷载应包括钢梁自重和现浇混凝土的重量等永久荷载，以及模板重量和其他施工活荷载。这些荷载全部由钢梁单独承担，按一般钢梁计算其强度、挠度和稳定性。

第二阶段：楼板混凝土达到设计强度75%之后的阶段。此时荷载应包括增加的结构层及构造层（如防水层、饰面层、找平层、吊顶）等永久荷载以及使用阶段活荷载，这些续加荷载全部由组合梁承担。在验算组合梁的挠度以及按弹性分析方法计算组合梁的承载力时，应将第一阶段由永久荷载产生的挠度或应力与第二阶段计算所得的挠度或应力相叠加。在第二阶段计算中，可以不考虑钢梁的整体稳定性。而组合梁按塑性分析法计算承载力时，则不必考虑应力叠加，可以不分阶段按照组合梁一次承担全部荷载进行计算。

如果钢梁下设有临时支撑，则应按实际支撑情况验算钢梁的强度、稳定性和挠度，并且在计算使用阶段组合梁承担的续加荷载产生的变形时，应把临时支撑点反力（由永久荷载产生的）反向作为续加荷载。如果组合梁的设计是变形控制，可以考虑采取将钢梁预先起拱等措施。不论是按弹性分析方法还是塑性分析方法，有无临时支撑对组合梁的受弯极限承载力均无影响，故在计算受弯承载力时，可以不分阶段，按照组合梁一次承担全部荷载进行计算。

4.2.3　组合梁的计算内容

组合梁的混凝土翼板应按国家标准《混凝土结构设计规范》（GB50010—2002）进行设计，本章将不作介绍。为了增加梁的高度，翼板下可以设混凝土板托，在强度和变形计算中，可以不考虑板托截面。

组合梁的计算内容包括：

（1）施工阶段钢梁的计算：包括强度、整体稳定（若为钢板梁，尚须验算局部稳定）、挠度等。若不满足要求，则可以用改变钢梁截面或增设临时支承等方法予以解决，按弹性方法计算。

（2）使用阶段组合梁截面的承载力计算：计算时考虑全截面发展塑性变形，因而使用阶段钢梁的强度设计值应按钢结构的塑件设计一样乘以折减系数 0.9，而且钢梁受压板件的宽厚比亦应符合国家标准《钢结构设计规范》(GB50017—2002)关于塑件设计的要求。

(3)使用阶段组合梁的变形按弹性工作阶段计算。

(4)连接件的计算及布置。

§4.3 组合梁受弯和竖向受剪承载能力计算

4.3.1 组合梁承载力按弹性理论的计算

1. 翼板的有效宽度

组合梁受弯时，混凝土翼板内的应力分布是不均匀的，在梁的 y 轴线上的应力最大，向两侧逐渐减小，如图 4.3.1 所示。为了计算方便，取在某一宽度范围内为均匀的应力分布，这个宽度称为有效宽度，如图 4.3.2 所示。混凝土翼缘板的有效宽度按下式进行计算

$$b_e = b_0 + b_1 + b_2 \tag{4.3.1}$$

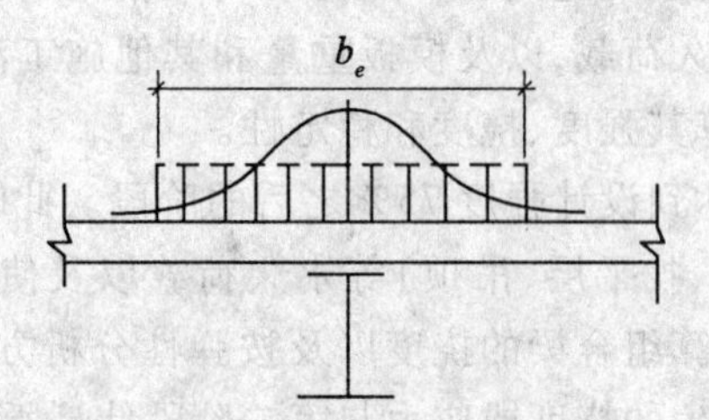

图 4.3.1 混凝土翼板的应力分布

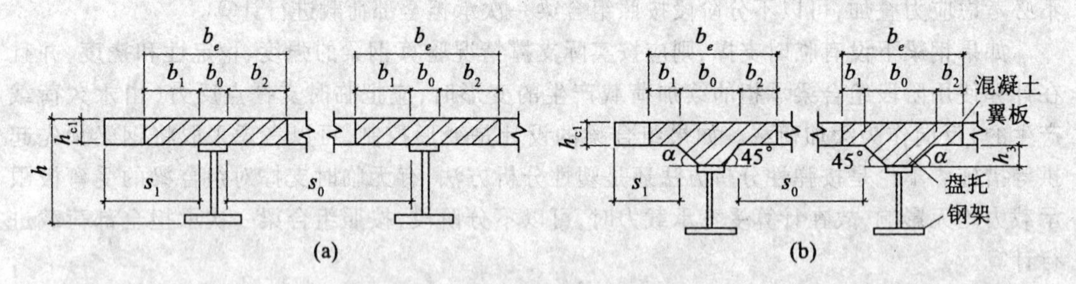

图 4.3.2 混凝土翼板的有效宽度

式中：b_0——板托顶部的宽度。当板托倾角 $\alpha < 45°$时，应按 $\alpha = 45°$计算板托顶部的宽度，当无板托时，则取钢梁上翼缘的宽度；

b_1、b_2——梁外侧和梁内侧的翼板计算宽度，各取梁跨度 l 的$\frac{1}{6}$和翼板厚度 h_{c_1} 的 6 倍中的较小值。此外，b_1 尚不应超过翼板实际外伸宽度 S_1，b_2 不应超过相邻钢梁上翼缘或板托间净距 s_0 的$\frac{1}{2}$。当为中间梁时，$b_1 = b_2$。

当采用压型钢板与混凝土组合板时，翼板厚度 h_{c_1} 等于组合板的总厚度减去压型钢板的

肋高。但在计算混凝土翼板的有效宽度 b_e 时,压型钢板与混凝土组合板的翼板厚度 h_{c_1} 可以取有肋处板的总厚度;h_{c_2} 为板托高度,当无板托时,$h_{c_2}=0$。

2. 施工阶段的承载力计算

施工阶段由于混凝土尚未浇筑,或虽已浇筑但尚未硬化达到设计强度,因此荷载仅由钢梁承担。施工阶段是指混凝土板浇筑后尚未达到设计强度以前的阶段。

(1) 钢梁的受弯承载力

钢梁本身的强度、刚度比组合后的整体组合梁强度、刚度小得多,因此,当施工时无支撑时,必须验算施工阶段的钢梁的受弯承载能力

$$\frac{M_x}{\gamma_x W_{nx}}+\frac{M_y}{\gamma_y W_{ny}}\leqslant f \tag{4.3.2}$$

式中:M_x、M_y——分别为绕 x 轴和 y 轴的弯矩(对工字形截面,x 轴为强轴,y 轴为弱轴);

W_{nx}、W_{ny}——分别为对 x 轴和 y 轴的净截面抵抗矩;

γ_x、γ_y——分别为对 x 轴和 y 轴的净截面抵抗矩,截面塑性发展系数,对工字形截面,$\gamma_x=1.05$,$\gamma_y=1.20$;对箱形截面,$\gamma_x=1.05$,$\gamma_y=1.05$;

f——钢材抗弯强度设计值。

当钢梁受压翼缘的自由外伸宽度与其厚度之比大于 $13\sqrt{\frac{235}{f_y}}$ 而不超过 $15\sqrt{\frac{235}{f_y}}$ 时,应取 $r_x=1.0$。其中,f_y 为钢材牌号所指的屈服点。

(2) 钢梁的受剪承载力

在主平面内受弯的实腹构件,其剪应力应满足

$$\tau=\frac{VS}{It_w}\leqslant f_v \tag{4.3.3}$$

式中:V——施工荷载作用下,钢梁中产生的剪力设计值;

S——计算剪应力处以上毛截面对中和轴的面积矩;

I——钢梁毛截面惯性矩;

t_w——钢梁腹板厚度;

f_v——钢梁的抗剪强度设计值。

3. 使用阶段的承载力计算

(1)受弯承载力

基本假定:

①截面应变符合平截面假定;

②将钢材和混凝土认为是理想弹性材料;

③钢梁与混凝土板之间的连接是可靠的,虽有微小的滑移,但可以忽略不计;

④当混凝土板带有板托时,板托可以不计入截面计算中;

⑤不考虑混凝土开裂及板内钢筋的影响。

在静力荷载或间接动力荷载作用下,组合梁按两个阶段受力设计时,可以按下列公式校核正应力(以拉为正,正、负号的确定应根据中和轴的位置来判断)

$$\sigma_0^t=-\frac{M_{1g}}{W_1}\pm\frac{M_2}{W_0^t}\leqslant f \tag{4.3.4}$$

$$\sigma_0^b = \frac{M_{1g}}{W_2} + \frac{M_2}{W_0^b} \leqslant f \tag{4.3.5}$$

$$\sigma_{0c}^t = -\frac{M_2}{W_{0c}^t} \leqslant f_c \tag{4.3.6}$$

$$\sigma_{0c}^b = \pm\frac{M_2}{W_{0c}^b} \leqslant f_c \tag{4.3.7}$$

式中：σ_0^t、σ_0^b——组合梁的钢梁上、下翼缘产生的正应力；

σ_0^t、σ_{0c}^b——组合梁的混凝土板顶面、底面产生的正应力；

W_1、W_2——组合梁的钢梁上、下翼缘的弹性抵抗矩；

M_{1g}——第一受力阶段的恒载对组合梁产生的弯矩；

M_2——第二受力阶段的荷载对组合梁产生的弯矩；

W_0^t、W_0^b——换算成钢的组合截面对钢梁上、下翼缘的抵抗矩；

W_{0c}^t、W_{0c}^b——换算成混凝土的组合截面对混凝土板顶面、底面的抵抗矩；

f——钢材抗弯强度设计值；

f_c——混凝土的轴心抗压强度设计值。

当组合梁按一个阶段（仅按第二阶段）受力设计时，梁上全部荷载都由组合截面承担，这时应按下列公式校核钢梁的正应力

$$\sigma_0^t = \pm\frac{M}{W_0^t} \leqslant f \tag{4.3.8}$$

$$\sigma_0^b = \frac{M}{W_0^b} \leqslant f \tag{4.3.9}$$

式中：M——一个受力阶段梁上全部荷载对组合梁产生的弯矩。

在永久荷载的长期作用下考虑混凝土徐变的影响，组合梁按两个阶段受力设计时，可以按下列公式校核截面正应力

$$\sigma_0^{tc} = -\frac{M_{1g}}{W_1} \pm \left(\frac{M_{2g}}{W_0^{tc}} + \frac{M_{2p}}{W_0^t}\right) \leqslant f \tag{4.3.10}$$

$$\sigma_0^{bc} = \frac{M_{1g}}{W_2} + \left(\frac{M_{2g}}{W_0^{bc}} + \frac{M_{2p}}{W_0^b}\right) \leqslant f \tag{4.3.11}$$

$$\sigma_{0c}^{tc} = -\left(\frac{M_{2g}}{W_{0c}^{tc}} + \frac{M_{2p}}{W_{0c}^t}\right) \leqslant f_c \tag{4.3.12}$$

$$\sigma_{0c}^{bc} = \pm\left(\frac{M_{2g}}{W_{0c}^{bc}} + \frac{M_{2p}}{W_{0c}^b}\right) \leqslant f_c \tag{4.3.13}$$

式中：M_{1g}、M_{2g}——第一、第二受力阶段的恒载对组合梁产生的弯矩；

M_{2p}——第二受力阶段的活荷载对组合梁产生的弯矩；

σ_0^{tc}、σ_0^{bc}——考虑混凝土徐变的钢梁上、下翼缘产生的弯曲正应力；

σ_{0c}^{tc}、σ_{0c}^{bc}——考虑混凝土徐变的混凝土板顶面、底面产生的弯曲正应力；

W_0^{tc}、W_0^{bc}——换算成钢的组合截面对钢梁上、下翼缘的抵抗矩；

W_{0c}^{tc}、W_{0c}^{bc}——换算成混凝土的组合截面对混凝土板顶面、底面的抵抗矩；

W_{0c}^t、W_{0c}^b——换算成混凝土的组合截面对混凝土板顶面、底面的抵抗矩。

组合梁按整个受力阶段计算时,考虑混凝土徐变影响的钢梁截面正应力,应符合下列条件

$$\sigma_0^{tc} = \pm\left(\frac{M_g}{W_0^{tc}} + \frac{M_{2p}}{W_0^t}\right) \leqslant f \tag{4.3.14}$$

$$\sigma_0^{bc} = \frac{M_g}{W_0^{bc}} + \frac{M_{2p}}{W_0^b} \leqslant f \tag{4.3.15}$$

式中:M_g、M_{2p}——分别为全部恒载和第二受力阶段活荷载对组合梁产生的弯矩。

(2) 剪应力及主应力计算

当验算剪应力时,也应考虑组合梁两个受力阶段的工作特点。第一受力阶段结束之后,施工活荷载卸去,仅由恒载在钢梁上产生剪应力,这时仍假定截面上剪应力全由钢梁承担,则

$$\tau_1 = \frac{V_{1g}S_1}{It_w} \tag{4.3.16}$$

式中:V_{1g}——第一受力阶段的恒载在钢梁上产生的剪力;

S_1——计算剪应力处以外钢梁截面对中和轴的面积矩;

I——钢梁毛截面惯性矩;

t_w——钢梁腹板厚度。

梁在第二受力阶段时,组合截面中的剪应力为

$$\tau_2 = \frac{V_2S_0}{I_0t_w} \tag{4.3.17}$$

式中:V_2——第二受力阶段的附加恒载和活荷载在组合梁中产生的剪力;

S_0——计算剪应力处以外组合截面对换算截面中和轴的面积矩;

I_0——换算成钢截面的组合截面惯性矩。

剪应力的分布如图 4.3.3 所示。当换算截面中和轴 $O—O$ 在钢梁内时,将 τ_1 图和 τ_2 图叠加,即得钢梁中总的剪应力值,叠加后的钢梁剪应力最大值,不得超过钢材的抗剪强度设计值。当中和轴 $O—O$ 位于混凝土板或板托内时,钢梁的剪应力验算点应取钢梁腹板计算高度的顶面,因为此处的钢梁剪应力达到最大值。

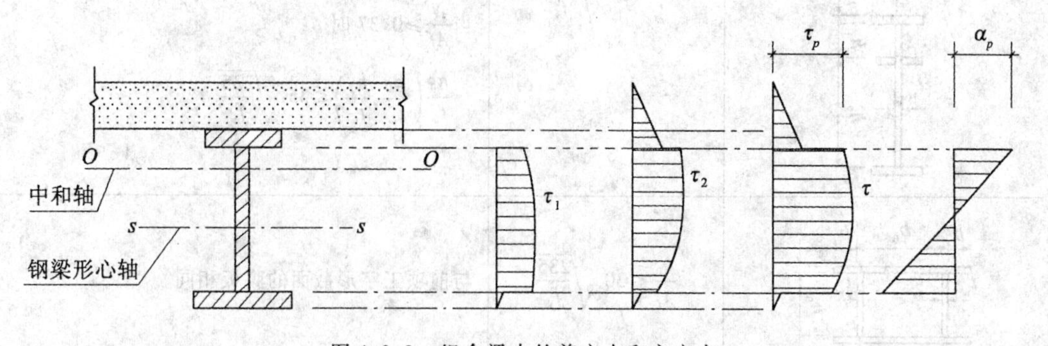

图 4.3.3　组合梁中的剪应力和主应力

如果计算截面中同时作用有较大的剪力和弯矩时,必须验算钢梁的主应力

$$\sigma_{\max} = \frac{\sigma_p}{2} + \sqrt{\left(\frac{\sigma_p}{2}\right)^2 + \tau_p^2} \leqslant f \tag{4.3.18}$$

$$\tau_{\max} = \sqrt{\left(\frac{\sigma_p}{2}\right)^2 + \tau_p^2} \leqslant f_v \tag{4.3.19}$$

式中：σ_p、τ_p——腹板边缘的最大法向应力和剪应力；

$\sigma_{\max}$、$\tau_{\max}$——钢梁上的主压应力和主剪应力；

f——钢材的抗拉强度设计值；

f_v——钢材的抗剪强度设计值。

4.3.2 组合梁承载力按塑性理论的计算

组合梁达到构件承载能力极限状态时，型钢基本可以达到全部屈服。即假设钢梁全截面应力均达到其抗拉强度设计值，混凝土受压区均达到其抗压强度设计值，因此组合梁使用阶段截面抗弯承载能力（强度）的计算可以按照塑性方法计算。截面抗弯承载能力按照塑性方法计算时必须满足两个条件：

（1）型钢各板件在达到极限状态前不发生局部屈曲；

（2）截面屈服以后必须有足够的转动能力。即在截面尚未达到全部屈服前，不发生因混凝土板压碎而破坏。

为了保证钢板不发生局部失稳并因此降低构件承载能力，板件的宽厚比、钢梁截面板件的宽厚比应满足表 4.3.1 中的要求。

表 4.3.1　组合梁板件宽厚比限值

截面形式	翼　缘	腹　板
工字形截面（图示：b、t、t_w、h_{c1}；b、t、h_1、t_w、h_2）	$\frac{b}{t_f} \leqslant 9\sqrt{\frac{235}{f_y}}$	当 $\frac{N}{Af} < 0.37$ 时 $\frac{h_0}{t_w}\left(\frac{h_1}{t_w}, \frac{h_2}{t_w}\right) \leqslant \left(72 - 100\frac{N}{Af}\right)\sqrt{\frac{235}{f_y}}$ 当 $\frac{N}{Af} \geqslant 0.37$ 时 $\frac{h_0}{t_w}\left(\frac{h_1}{t_w}, \frac{h_2}{t_w}\right) \leqslant 35\sqrt{\frac{235}{f_y}}$
箱形截面（图示：b、b_0、b、t、t_w、t_w、h_0）	$\frac{b_0}{t_f} \leqslant 30\sqrt{\frac{235}{f_y}}$	与前项工字形截面的腹板相同

注：1. 钢梁截面轴心压力 N 可以取为混凝土翼缘有效宽度内钢筋的拉力设计值；

2. h_0 为腹板的计算高度。

1. 基本假定

对于完全剪切连接的组合梁，基本假定如下：

(1) 钢梁截面无论处于受拉区还是受压区，其应力均达到钢材的抗拉强度设计值或抗压强度设计值；

(2) 混凝土受压区为均匀受压，其应力达到轴心抗压强度设计值；

(3) 不考虑塑性中和轴一侧受拉区混凝土的作用；

(4) 不考虑剪力对组合梁受弯承载力的影响；

(5) 当混凝土板上设有板托时，在计算截面特征和承载力时均不考虑板托的影响；

(6) 不考虑施工过程中有无支撑及混凝土徐变、收缩与温度作用的影响。

2. 受弯承载力

组合梁达到正截面受弯承载力极限状态时，可能有两类受力情况，即塑性中和轴在混凝土板内与塑性中和轴在钢梁中通过。这两种受力情况的界限为塑性中和轴刚好从混凝土板底通过。此时根据力的平衡有

$$Af = b_e h_{c_1} f_c \tag{4.3.20}$$

式中：A——钢梁全截面的面积；

f——塑性设计时的型钢抗拉强度设计值；

b_e——钢筋混凝土翼缘板的有效宽度；

h_{c_1}——混凝土翼缘板厚度，不包括板托高度。

显然，如果

$$Af \leqslant b_e h_{c_1} f_c \tag{4.3.21}$$

则塑性中和轴在混凝土翼板中通过。如果

$$Af > b_e h_{c_1} f_c \tag{4.3.22}$$

则塑性中和轴在钢梁截面内通过。

下面分别根据以上两种受力情况来讲述组合梁的正截面承载力计算方法。

(1) 当塑性中和轴在混凝土翼板内，即 $Af \leqslant b_e h_{c_1} f_c$ 时，截面的计算应力分布图如图 4.3.4 所示。

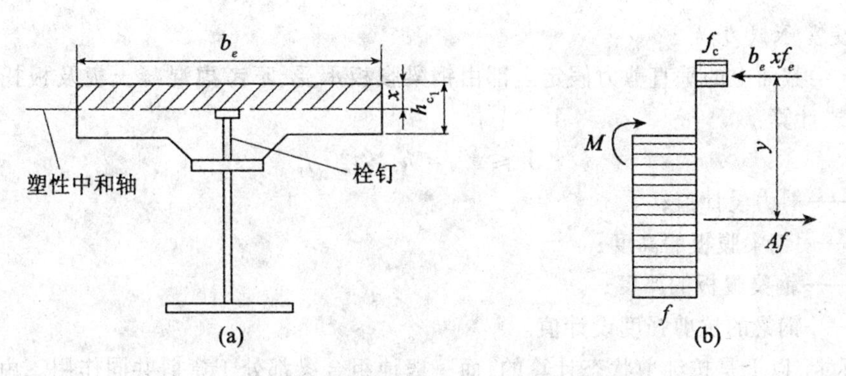

图 4.3.4　塑性中和轴在混凝土翼板内通过

根据内力平衡条件，得

$$b_e x f_c = Af \tag{4.3.23}$$

$$M \leqslant M_u = b_e x f_c y \tag{4.3.24}$$

式中：y——钢梁截面应力合力至混凝土受压区截面应力合力间的距离；

x——塑性中和轴至混凝土翼缘板顶面的距离；

M——弯矩设计值。

(2)当塑性中和轴在钢梁截面内，即 $Af > b_e h_{c_1} f_c$ 时，截面的计算应力分布图如图4.3.5所示。这时有

$$b_e h_{c_1} f_c + A_c f = (A - A_c) f \tag{4.3.25}$$

$$M_u = b_e h_{c_1} f_c y_1 + A_c f y_2 \tag{4.3.26}$$

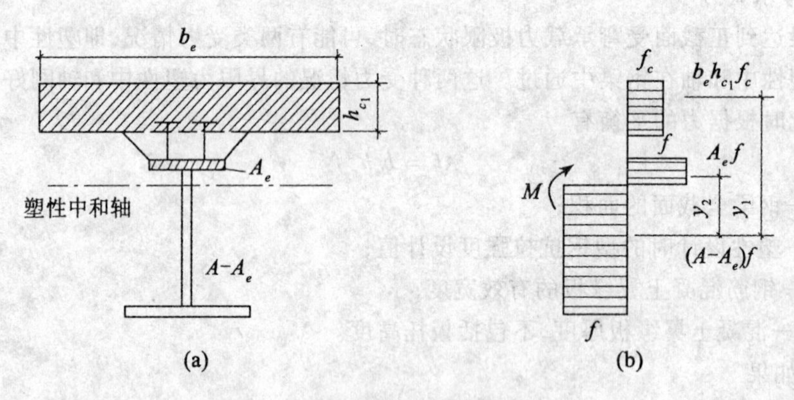

图4.3.5 塑性中和轴在钢梁内

式中：A_c——钢梁受压区截面面积；

y_1——钢梁受拉区截面应力合力至混凝土翼缘板受压区截面应力合力间的距离；

y_2——钢梁受拉区截面应力合力至钢梁受压区截面应力合力间的距离。

由式(4.3.25)可得

$$A_c = 0.5\left(A - \frac{b_e h_{c_1} f_c}{f}\right) \tag{4.3.27}$$

3. 受剪承载力

组合梁截面上的垂直剪力假定全部由钢梁腹板承受，不考虑混凝土板及板托的抗剪作用，按下式计算

$$V \leqslant V_u = h_w \cdot t_w \cdot f_v \tag{3.3.28}$$

式中：V——剪力设计值；

h_w——钢梁腹板的高度；

t_w——钢梁腹板的厚度；

f_v——钢梁的抗剪强度设计值。

实际上，以上是按纯剪状态计算的，而一般地组合梁都处于弯剪共同作用。由于剪力的影响，梁的抗弯强度有所降低；由于弯矩的存在，梁的抗剪能力下降。但是国内外相关实验证明，当实际剪力较小时(一般如此)，或者混凝土板中配筋不是很少时，当满足 $A_s f_y \geqslant 0.15 A f_p$ 时，按纯弯、纯剪分别计算梁的抗弯强度和抗剪强度与实验结果基本符合，何况在计

算中忽略了混凝土的抗剪作用,因此分别验算弯曲强度和剪切强度是安全的。

4.3.3　连续组合梁的承载力计算

1. 连续组合梁与简支梁的特点

(1)连续组合梁在中间支座截面往往有负弯矩作用,而且负弯矩一般比跨中正弯矩还大,这时混凝土板处于受拉区,因此应当在靠近板面的混凝土中配置纵向受拉钢筋,在钢梁与混凝土板之间设置剪切连接件,使纵向钢筋与部分钢梁共同承担拉力。当支座截面形成塑性铰时,混凝土板沿全高已基本出现通裂缝而退出工作,因此中间支座截面的抗弯能力远小于跨中的组合截面,这与连续梁的弯矩分布不相适应。

(2)简支组合梁的混凝土板,能有效地阻止钢梁受压翼缘的侧向位移,因此在简支组合梁的使用阶段,可以不考虑其整体稳定问题。而对连续组合梁,负弯矩作用下钢梁下部受压翼缘是否会发生整体失稳,尚需加以验算。

(3)在荷载作用下,简支组合梁的支座截面承担的剪力大而弯矩为零,跨中截面承担的弯矩大而剪力小,故可以分别按纯弯和纯剪条件进行截面承载力计算。而连续组合梁的中间支座截面上作用的弯矩和剪力同时达到最大,受力比较复杂,有时应考虑弯矩和剪力之间的相互关系。

(4)连续组合梁负弯矩区剪切连接件的承载和受力状况比较复杂,一般应采用完全剪切连接。

2. 内力分析

连续组合梁的内力分析,可以采用弹性分析法和塑性分析法。

(1)弹性分析法

弹性分析法就是按结构力学的分析方法,但不考虑负弯矩区段内受拉开裂的混凝土板对刚度的影响。中间支座的截面刚度较小,与跨中截面刚度相差较大,因此整个梁就相当于一个变截面梁,在确定变截面梁的刚度时,可以作如下处理:在距中间支座 $0.15l$ 范围内(l 为梁的跨度),忽略拉区混凝土对刚度的影响,但应计入混凝土板有效宽度内配置的纵向钢筋。在跨中区段,应考虑混凝土板与钢梁的共同工作,采用折减刚度。

连续组合梁中间支座的截面特征可以按下述方法计算:

将板有效宽度内的纵向钢筋按弹性模量之比换算成与钢梁同一种钢材的截面,即

$$A_{r0} = \alpha_1 A_r \tag{4.3.29}$$

式中:A_r、A_{r0}——分别为纵向钢筋的截面面积和换算截面面积;

α_1——纵向钢筋与钢梁的弹性模量比,即

$$\alpha_1 = \frac{E_s}{E_{ss}} \tag{4.3.30}$$

其中 E_s 和 E_{ss} 分别为纵向钢筋和钢梁的弹性模量。因二者大致相等,故近似计算时可以取 $\alpha_1 = 1$。组合截面中和轴到纵向钢筋合力点的距离(见图 4.3.6)为

$$x_0 = \frac{Ax_1}{A_0} \tag{4.3.31}$$

式中:A——钢梁的截面面积;

A_0——组合梁的换算截面面积,按下式计算

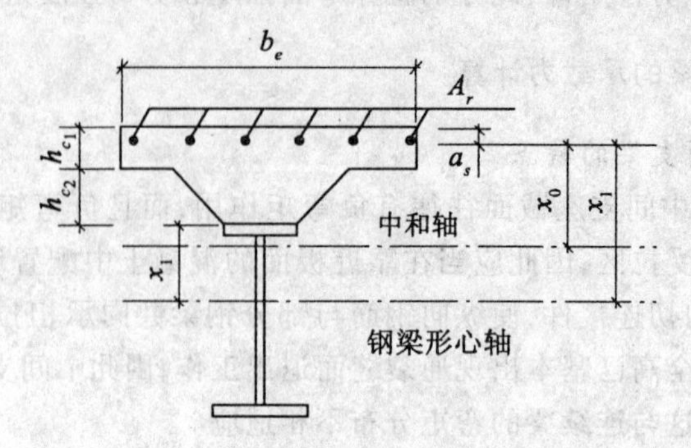

图 4.3.6 负弯矩区换算截面刚度的计算图形

$$A_0 = A + A_{r0} = A + \alpha_1 A_r \tag{4.3.32}$$

x_1——钢梁截面形心轴到纵向钢筋合力点的距离，按下式计算

$$x_1 = x_t + h_{c_1} - a_s \tag{4.3.33}$$

式中：x_t——钢梁截面形心轴到其上翼缘顶面的距离；

h_{c_1}——混凝土翼板的厚度；有板托时，还应包括板托的高度；

a_s——纵向钢筋的保护层厚度。

换算成钢梁的组合截面对中和轴的惯性矩为

$$I_{01} = \alpha_1 A_r x_0^2 + I + A(x_1 - x_0)^2 \tag{4.3.34}$$

式中：I——钢梁对自身截面形心轴的惯性矩。

(2)塑性分析法

与钢筋混凝土结构相似，连续组合梁中也存在着塑性内力重分布，因此可以调低按弹性分析法求出的支座截面负弯矩，但应符合下列要求：

①板件宽厚比满足表 4.3.1 中的规定。即在产生塑性铰并发生足够的转动前，钢梁板件不致失稳；

②两支座与跨中截面所能承担的弯矩必须与考虑可变荷载最不利组合产生的最大弯矩相平衡。即相邻两支座截面弯矩的平均值与跨中弯矩绝对值之和不小于最不利荷载时简支梁跨中弯矩的 1.02 倍，即

$$\frac{M_B + M_C}{2} + M_2 \geqslant 1.02 M_0 \tag{4.3.35}$$

③相邻跨的跨度差不大于小跨跨度的 45%；

④边跨跨度不小于相邻跨跨度的 70%，且不大于相邻跨跨度的 115%，即

$$l_1 \leqslant 1.15 l_2, \quad l_1 \geqslant 0.7 l_2 \tag{4.3.36}$$

⑤没有过于集中的荷载，即任意$\frac{l}{5}$范围内的荷载不大于该跨总荷载的$\frac{1}{2}$；

⑥中间支座的弯矩调幅系数不超过 15%；

⑦中间支座截面的材料总强度比 $\gamma = \frac{A_r f_r}{Af}$小于 0.5 且大于 0.15。其中 A_r 和 f_r 分别为混凝土板有效宽度内纵向钢筋截面面积和其抗拉强度设计值。

但是连续梁施工阶段承载力与变形验算以及使用阶段变形验算仍应按弹性分析法进行。

3. 负弯矩截面的受弯承载力计算

翼缘板的有效宽度可以仍如受压翼缘的有效宽度同样取值，即为 b_e。假定钢梁与钢筋混凝土翼板之间有可靠的连接，忽略混凝土的作用，仍考虑纵向钢筋的作用，其应力图如图 4.3.7所示。

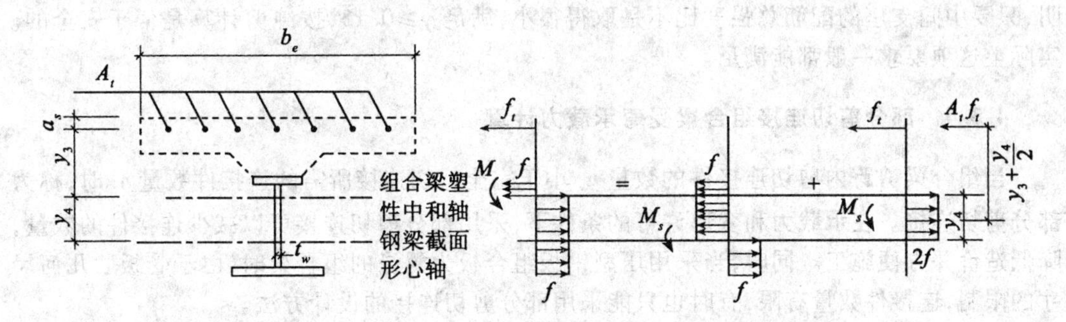

图 4.3.7　负弯矩截面计算应力分布图

可以将负弯矩截面的应力状态(b)，视为应力状态(c)和(d)之和。应力状态(c)为钢梁本身的塑性抵抗弯矩。应力状态(d)为纵向钢筋的抵抗弯矩。

$$M_S = (S_1 + S_2)f \tag{4.3.37}$$

$$M_r = A_s f_r\left(y_3 + \frac{y_4}{2}\right) \tag{4.3.38}$$

这时需满足条件

$$A_r f_r \leqslant (A_w + A_b + A_t)f \tag{4.3.39}$$

式中：f——钢梁抗拉强度设计值；

f_r——纵向钢筋抗拉强度设计值；

S_1、S_2——分别为钢梁塑性中和轴(平分钢梁截面面积的轴线)以上和以下截面对该轴的面积矩；

A_r——负弯矩区混凝土翼缘有效宽度范围内纵向钢筋的截面面积；

A_w、A_b、A_t——分别为钢梁腹板、下翼缘和上翼缘的净截面面积；

y_3——纵向钢筋截面形心至组合截面塑性中和轴的距离；

y_4——组合截面塑性中和轴至钢梁形心轴的距离，按下式计算

$$y_4 = \frac{A_s f_r}{2t_w f} \tag{4.3.40}$$

当塑性中和轴位于钢梁上翼缘内时，则可以取 y_4 等于钢梁形心轴至腹板上边缘的距离。在实际应用中，钢筋截面面积均小于钢梁的截面面积，同时考虑到钢梁全部受压时的屈曲问题使全截面塑性很难完全发展，所以塑性中和轴不可能位于钢梁截面以外，组合梁全截面的受弯承载力应按下式计算

$$M' \leqslant M_u = M_s + M_r \tag{4.3.41}$$

式中：M'——负弯矩设计值。

4. 连续梁中间支座的受剪承载力计算

仍只考虑型钢腹板抗剪,则有

$$V \leqslant h_w t_w f_v \tag{4.3.42}$$

式中:V——支座最大剪力;

h_w, t_w——钢梁腹板的高度和厚度。

实际连续组合梁的受力是弯剪复合受力,它们之间存在相关关系,即随着型钢腹板抗剪承载力的提高,受弯承载力降低。但是由于计算中没有考虑翼缘与钢筋的作用,相关试验证明,只要中间支座的配筋总强度比不是取得很小,满足 $\gamma \geqslant 0.15$,按纯剪计算是偏于安全的。实际上这项要求一般都能满足。

4.3.4 部分剪切连接组合梁受弯承载力计算

当组合梁剪跨内剪切连接件的数量 n_r 小于完全剪切连接所需的连接件数量 n_f 时,称为部分剪切连接。在承载力和变形许可的条件下,采用部分剪切连接可以减少连接件的数量,降低造价并方便施工。同时,当采用压型钢板组合板为翼缘的组合梁时,由于受板肋几何尺寸的限制,连接件数量有限,有时也只能采用部分剪切连接的设计方法。

计算中采用以下基本假定:

(1)在所计算截面左右两个剪跨内,取剪切连接件承载力设计值之和 $n_r N_v^c$ 中的较小值,作为混凝土翼板中的剪力;

(2)剪切连接件必须具有一定的柔性,即能够达到理想的塑性状态(如栓钉直径 $d \leqslant$ 22mm,杆长 $l \geqslant 4d$)。并且混凝土强度等级不能高于 C40,栓钉工作时全截面进入塑性状态;

(3)钢梁与混凝土翼板之间产生相对滑移,使得截面的应变图中混凝土翼板与钢梁有各自的中和轴。

随剪切连接件数量的减少,钢梁与混凝土板的共同工作能力会不断降低,导致二者交界面产生过大的滑移,从而影响钢梁性能的充分发挥,并使组合梁在承载力极限状态时的延性降低。因此,采用部分剪切连接的组合梁,其剪切连接件的实际数目 n 不得小于 $50\% n_f$。如图 4.3.8 所示。

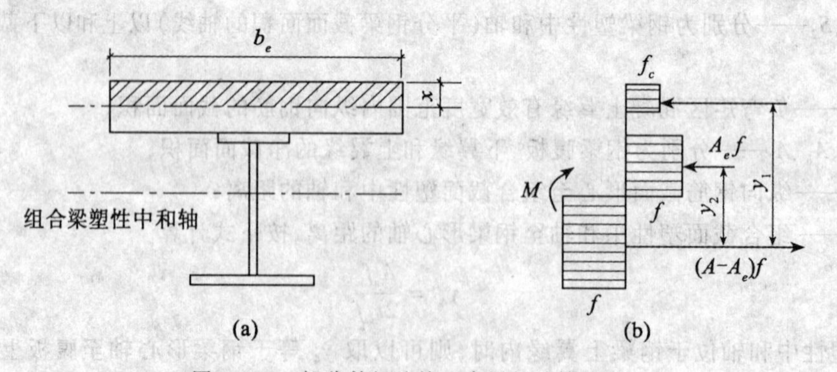

图 4.3.8 部分剪切连接组合梁的计算简图

根据极限平衡法,得到截面受弯承载力的计算公式

$$x = \frac{n_r N_v^c}{b_e f_c} \tag{4.3.43}$$

$$A_c = 0.5\left(A - \frac{n_r N_v^c}{f}\right) \tag{4.3.44}$$

$$M \leqslant M_{u,r} = n_r N_v^c y_1 + 0.5(Af - n_r N_v^c) y_2 \tag{4.3.45}$$

式中：M——弯矩设计值；

x——混凝土翼板受压区高度；

A_c——钢梁受压区面积；

A——钢梁的截面面积；

n_r——部分剪切连接时剪跨内的剪切连接件数量；

N_v^c——每个剪切连接件的纵向抗剪承载力设计值；

y_1——混凝土翼板受压区截面形心至钢梁受拉区截面形心的距离；

y_2——钢梁受压区截面形心至钢梁受拉区截面形心的距离。

例 4.1　一简支组合梁，混凝土板的高度为 130mm，一侧挑出钢梁的宽度为 800mm，混凝土板的有效宽度为 2 000mm，钢梁采用 16Mn 钢，混凝土强度等级为 C30，$f_c = 14.3\text{N/mm}^2$，混凝土板顶部和底部均采用 HPB235 级钢筋，$f_y = 210\text{N/mm}^2$，在每米板顶配置横向钢筋 $A_t = 402\text{mm}^2$，在每米板底配置横向钢筋 $A_b = 1140\text{mm}^2$，栓钉成对设置，纵向间距 $S_1 = 230\text{mm}$，栓钉的 $N_v^s = 56.1\text{kN}$，试验算该组合梁的纵向竖界面 a—a 的受剪承载力。

解　纵向界面单位长度的剪力设计值为

$$v_{ll} = \frac{n_t N_v^s A_{c1}}{u_l A_c} = \frac{2 \times 56100 \times 130 \times 800}{230 \times 2000 \times 130} = 195.1\text{N/mm}$$

纵向界面上单位长度的受剪承载力为

$v_{ull} = 0.9\xi u + 0.7 f_{st} A_e = 0.9 \times 1 \times 130 + 0.7 \times 210 \times (0.402 + 1.14) = 343.6\text{N/mm} > v_{ll}$

所以纵向界面 a—a 的受剪承载力满足要求。

§4.4　组合梁的挠度和裂缝宽度的验算

4.4.1　组合梁挠度计算

1. 施工阶段的变形计算

施工阶段，钢梁应处于弹性阶段，不产生过大变形，因此施工阶段变形验算即可以按弹性理论计算，应有

$$\Delta_1 = \alpha \frac{M_{1k} l^2}{E_{ss} I} \leqslant \Delta_{\lim} \tag{4.4.1}$$

式中：α——与支承条件和荷载形式有关的系数，如简支梁在均布荷载作用下求跨中挠度时，$\alpha = \frac{5}{48}$；

M_{1k}——由施工阶段荷载标准值产生的弯矩；

l——钢梁的跨度；

E_{ss}——钢材的弹性模量；

I——钢梁的毛截面惯性矩；

$\Delta_{\lim}$——钢梁的挠度限值，取$\frac{1}{250}$。

跨中挠度 Δ_1 尚不应超过 25mm，以防止梁下凹段增加过多混凝土的用量和自重。

2. 使用阶段的变形计算

组合梁的变形计算属于正常使用极限状态的计算，因此计算时应采用荷载的标准值，分别按荷载效应的标准组合和准永久组合计算组合梁的变形。

(1)荷载效应标准组合时的刚度计算

如图 4.4.1 所示，钢与混凝土之间不能完全协同工作，产生相对滑移，二者交界面上的应变分布不连续。因此不能再采用简单的换算截面法，而应采用折减刚度，按下式确定

$$B_s = \frac{E_{ss} I_{eq}}{1 + \zeta} \tag{4.4.2}$$

式中：E_{ss}——钢梁的弹性模量；

I_{eq}——组合梁的换算截面惯性矩；可以将截面中的混凝土翼板有效宽度除以钢材与混凝土弹性模量的比值 α_E 换算为钢截面宽度后，计算整个截面的惯性矩。对于钢梁与压型钢板混凝土组合板构成的组合梁，取其较弱截面的换算截面进行计算，且不考虑压型钢板的作用；

ζ——刚度折减系数，按下列公式进行计算

$$\zeta = \eta \left[0.4 - \frac{3}{(jl)^2} \right] \tag{4.4.3}$$

$$\eta = \frac{36 E_{ss} d_c p A_n}{n_s k_0 N_v^c h l^2} \tag{4.4.4}$$

$$j = 0.81 \sqrt{\frac{n_s k_0 N_v^c A_1}{E_{ss} I_{0e} p}} \tag{4.4.5}$$

$$A_1 = \frac{I_{0e} + A_n d_c^2}{A_n} \tag{4.4.6}$$

$$A_n = \frac{A_{cf} A}{\alpha_E A + A_{cf}} \tag{4.4.7}$$

$$I_{0e} = I + \frac{I_{cf}}{\alpha_E} \tag{4.4.8}$$

式中：l——组合梁的跨度(mm)；

h——组合梁截面高度；

d_c——钢梁截面形心轴到混凝土翼板截面(对压型钢板混凝土组合板为其较弱截面)形心轴的距离；

A_{cf}——混凝土翼板的截面面积；对压型钢板混凝土组合板的翼板，取其较弱截面的面积，且不考虑压型钢板；

A——钢梁的截面面积；

I——钢梁截面的惯性矩；

I_{cf}——混凝土翼板的截面惯性矩；对压型钢板混凝土组合板的翼板，取其较弱截面的惯性矩，且不考虑压型钢板；

α_E——钢材与混凝土的弹性模量比；

n_s——组合梁上剪切连接件的列数，即一个横截面上剪切连接件个数；

p ——剪切连接件的纵向平均间距(mm)；

k_0——系数，$k_0 = 1/\text{mm}$ ；

N_v^c——一个剪切连接件的受剪承载力设计值，对钢梁与压型钢板混凝土组合板构成的组合梁，应取折减后的 N_v^c 值。

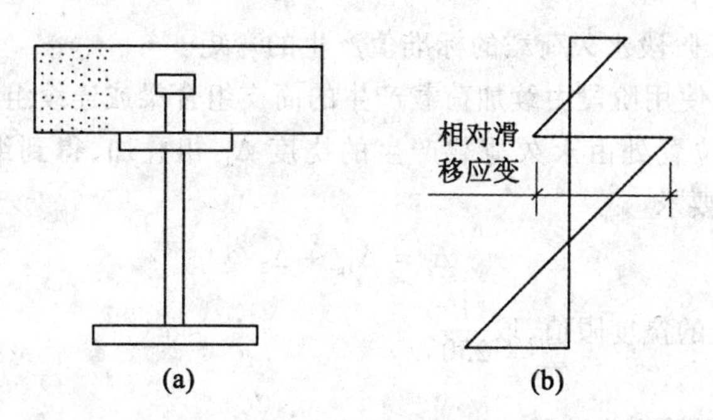

图 4.4.1　钢梁和混凝土翼板交界面上的应变分布

如果算出的 $\zeta \leqslant 0$，取 $\zeta = 0$。

(2)荷载效应准永久组合作用时的截面参数和折减刚度计算

在荷载的长期作用下，考虑混凝土徐变的影响，用折减刚度法计算组合梁变形时，应以 $2\alpha_E$ 代替 α_E 计算截面的特征参数和刚度 B_l。

(3)简支组合梁的变形计算

简支组合梁在使用阶段续加荷载标准组合下产生的挠度可以按下式计算

$$\Delta_2 = \alpha \frac{M_{2k} l^2}{B_s} \tag{4.4.9}$$

简支组合梁在使用阶段续加荷载准永久组合下产生的挠度可以按下式计算

$$\Delta_2 = \alpha \frac{M_{2q} l^2}{B_l} \tag{4.4.10}$$

式中：α——挠度系数，对简支组合梁，$\alpha = \dfrac{5}{48}$；

M_{2k}——按使用阶段续加荷载的标准组合计算的弯矩；

M_{2q}——按使用阶段续加荷载的准永久组合计算的弯矩；

B_s——荷载效应标准组合下的截面折减刚度；

B_l——荷载效应准永久组合下的截面折减刚度；

l ——组合梁的计算跨度。

取式(4.4.9)和式(4.4.10)计算出的挠度较大值，作为使用阶段变形验算的依据。

(4)连续组合梁的变形计算

在使用荷载作用下，连续组合梁中间支座的负弯矩区段，混凝土翼板因受拉而开裂，因此连续组合梁沿长度方向刚度不均匀，相当于变截面杆件的梁。相对简单且准确的方法是在距中间支座两侧各 0.15l 的范围内(l 为一个跨间的跨度)确定梁的截面刚度时，不考虑混凝土板而只计入钢梁和负弯矩钢筋对截面刚度的贡献,在其余区段取考虑滑移效应的折减刚度,按变截面杆件来计算连续组合梁的变形。连续梁可以化为多个单跨梁,即简支梁两端作用有支座弯矩。

(5)变形验算

施工阶段由永久荷载产生的挠度 Δ_{1g} 按下式计算

$$\Delta_{1g} = \alpha \frac{M_{1gk} l^2}{E_{ss} I} \tag{4.4.11}$$

式中:M_{1gk}——由施工阶段永久荷载的标准值产生的弯矩。

按前述方法求出使用阶段由续加荷载产生的简支组合梁或连续组合梁的跨中最大挠度 Δ_2,与施工阶段相应位置处由永久荷载产生的挠度 Δ_{1g} 相叠加,得到组合梁的最大挠度值 $\Delta \leqslant \Delta_{\lim}$,应满足下式要求

$$\Delta = \Delta_{1g} + \Delta_2 \tag{4.4.12}$$

式中:$\Delta_{\lim}$——组合梁的挠度限值,取$\frac{1}{250}$。

4.4.2 组合梁裂缝宽度验算

对于简支梁以及连续组合梁的正弯矩区,由于混凝土板处于受压区,因此不存在裂缝问题,所以裂缝宽度验算是指连续梁负弯矩区混凝土的最大裂缝宽度计算。在组合梁负弯矩区,一般情况下,截面中和轴在钢梁中通过,即混凝土板全部处于受拉区,所以可以近似按钢筋混凝土轴心受拉构件计算中间支座处板面的裂缝宽度,其计算公式为

$$\omega_{\max} = 2.7\varphi \frac{\sigma_{rk}}{E_s}\left(1.9c + 0.08\frac{d_{eq}}{\rho_{te}}\right) \tag{4.4.13}$$

$$\varphi = 1.1 - \frac{0.65 f_{tk}}{\rho_{te}\sigma_{rk}} \tag{4.4.14}$$

$$\sigma_{rk} = \frac{M_k y_r}{I_e} \tag{4.4.15}$$

式中:φ——裂缝间纵向受拉钢筋应变不均匀系数,当 $\varphi < 0.2$ 时,取 $\varphi = 0.2$;当 $\varphi > 1.0$ 时,取 $\varphi = 1.0$;对直接承受重复荷载的组合梁,取 $\varphi = 1.0$;

c——纵向钢筋保护层厚度,当 $c < 20$mm 时,取 $c = 20$mm,当 $c > 65$mm 时,取 $c = 65$mm;

d_{eq}——纵向钢筋等效直径;

ρ_{te}——按有效混凝土截面计算的纵向钢筋配筋率,即 $\rho_{te} = \frac{A_r}{A_{ce}}$,其中 A_r 为混凝土板有效宽度内的纵向钢筋截面面积,$A_{ce} = b_e h_{c_1}$,b_e 和 h_{c_1} 分别为混凝土板的有效宽度和厚度,当 $\rho_{te} < 0.01$时,取 $\rho_{te} = 0.01$;

f_{tk}——混凝土轴心抗拉强度标准值;

σ_{rk}——在荷载标准值作用下,纵向钢筋的拉应力;

M_k——按荷载效应的标准组合计算的弯矩;

I_e——由纵向钢筋与钢梁形成的换算截面惯性矩;

y_r——纵向钢筋截面形心至钢筋与钢梁形成的组合截面中和轴的距离。

负弯矩区的最大裂缝宽度 ω_{max}，应当满足下式要求

$$\omega_{max} \leqslant \omega_{lim} \tag{4.4.16}$$

式中：ω_{lim}——规定的允许裂缝宽度，在一类环境下，$\omega_{lim}=0.3\text{mm}$，在二、三类环境下，$\omega_{lim}=0.2\text{mm}$。如图 4.4.2 所示。

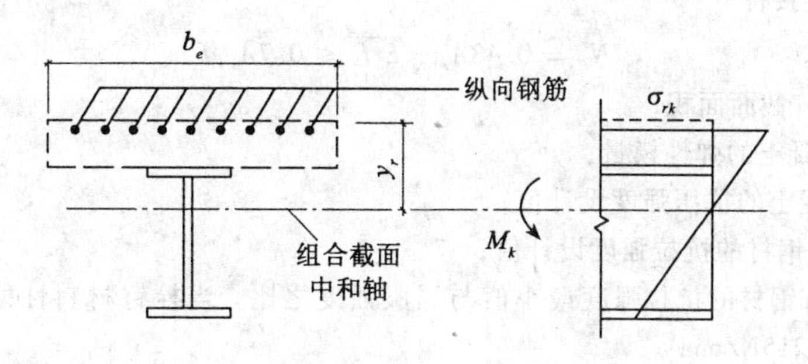

图 4.4.2　由负弯矩产生的纵向钢筋拉应力

§4.5　组合梁剪力连接件设计及一般构造要求

4.5.1　组合梁剪力连接件设计

钢与混凝土组合梁中，剪力连接件对组合梁的承载力和变形发展起着重要作用，采用剪力连接件是保证钢梁和混凝土形成整体而共同受力和协调变形的重要手段，抗剪连接件的主要作用有：

（1）抵抗混凝土板与钢梁叠合面上的纵向剪力，防止混凝土板与钢梁之间自由滑移；

（2）抗剪连接件应能抵抗竖向荷载作用下组合梁弯曲之后混凝土板与钢梁之间"掀起力"引起的分离趋势。

常用的抗剪连接件有栓钉、槽钢、弯筋等，工程中一般采用栓钉连接件，因其施工方便（有专门的焊接机具和栓钉焊机、栓钉焊枪及焊接瓷环等配件，可以实现半自动化施焊，焊接每个栓钉只需 0.5～15s），受力性能好，单位承载力用钢量最少，如图 4.5.1 所示。

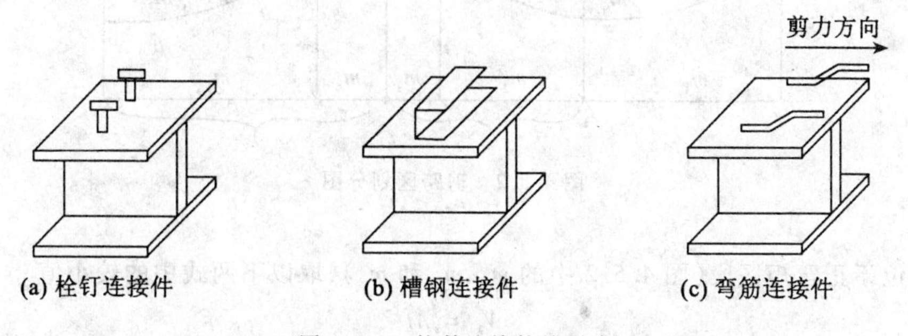

图 4.5.1　抗剪连接件的形式

1. 抗剪连接件的承载力计算

图 4.5.1 中给出了工程中常见的 3 种抗剪连接件,除弯筋连接件在剪力作用下受拉外,栓钉连接件和槽钢连接件在纵向剪力作用下,由于混凝土的弹性反力作用,受力都很复杂。因此,连接件的强度承载力都根据试验结果来确定,每一个抗剪连接件的设计承载力的计算公式如下:

(1) 栓钉连接件

$$N_c^v = 0.43A_s\sqrt{E_c f_c} \leqslant 0.7A_s\gamma f \tag{4.5.1}$$

式中:A_s——栓钉截面面积;

E_c——混凝土的弹性模量;

f_c——混凝土的抗压强度设计值;

f——栓钉钢材的抗拉强度设计值;

γ——栓钉钢材的抗拉强度最小值与屈服强度之比。当栓钉材料性能等级为 4.6 级时,$\gamma = 1.67$,$f = 215\text{N/mm}^2$。

(2) 槽钢连接件

$$N_c^v = 0.26(t_f + 0.5t_w)\sqrt{E_c f_c}L_c \tag{4.5.2}$$

式中:t_f——槽钢翼缘的平均厚度;

t_w——槽钢腹板的厚度;

L_c——槽钢的长度。

(3) 弯筋连接件

$$N_c^v = A_{st}f_{st} \tag{4.5.3}$$

式中:A_{st}——弯筋截面面积;

f_{st}——弯筋抗拉强度设计值。

2. 抗剪连接件的设计方法

抗剪连接件的计算,应以弯矩绝对值最大点及零弯矩点为界限,把梁分成若干个剪跨区段(如图 4.5.2 所示,分成 5 个区段),逐个区段进行。每个区段内钢梁与混凝土翼板交界面上的纵向剪力 V_s 按以下各式确定:

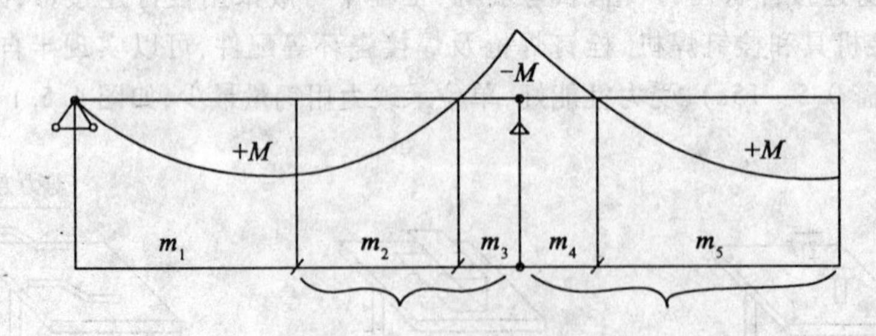

图 4.5.2 剪跨区划分图

(1)位于正弯矩区段(图 4.5.2 中的 m_1、m_2 和 m_5),取以下两式中的较小值

$$V_s = Af \tag{4.5.4}$$

$$V_s = b_e h_{c1} f_c \tag{4.5.5}$$

式中:A——钢梁的截面面积;

f——钢材抗拉强度设计值。

(2)位于负弯矩区段(图4.5.2中的m_3和m_4),按下式计算

$$V_s = A_{st} f_{st} \tag{4.5.6}$$

式中:A_{st}——负弯矩区翼板有效宽度范围内纵向钢筋的截面面积;

f_{st}——纵向钢筋抗拉强度设计值。

按照完全抗剪连接设计时,每个剪跨区段内需要的连接件总数n_f为

$$n_f = \frac{V_s}{N_v^c} \tag{4.5.7}$$

部分抗剪连接组合梁,其连接件的实用个数不得少于n_f的50%。

按式4.5.7算得的连接件数n_f,可以在相应的剪跨区段内均匀布置。当在此剪跨区段内有较大的集中荷载作用时,应将连接件个数n_f按剪力图面积比例分配后再各自均匀布置。

4.5.2　组合梁剪力连接件构造要求

抗剪连接件是保证钢梁和混凝土组合作用的关键部件,为了充分发挥连接件的作用,除了保证其强度外,应合理地选择连接件的形式、规格以及连接件的设置位置等。以下为常用的栓钉、槽钢和弯筋等抗剪连接件的构造要求。

1. 一般要求

(1)连接件的抗掀起力作用面(如栓钉头部的底面)高出翼缘板底部钢筋顶面不小于30mm;

(2)连接件的纵向间距不应大于混凝土翼缘板(包括板托)厚度的4倍,且不大于400mm;

(3)连接件外侧边缘至钢梁翼缘边缘之间的距离不应小于20mm;

(4)连接件的外侧边缘至混凝土翼板边缘间的距离不应小于100mm;

(5)连接件上部混凝土保护层厚度不小于15mm。

2. 各种抗剪连接件的构造要求

(1)栓钉连接件

栓钉是采用自动栓钉焊接机焊接于钢梁翼缘上的,各个方向具有相同的强度和刚度,不影响混凝土板中钢筋的布置。栓钉连接件的公称直径有8mm,10mm,13mm,16mm,19mm及22mm,常用的为后四种。如图4.5.3所示。

①当焊接在钢梁翼缘上的栓钉位置不正对钢梁腹板时,如果钢梁翼缘承受拉应力,则栓钉杆身直径应不大于钢梁翼缘厚度的1.5倍,如果钢梁冀缘不承受拉力,则栓钉杆身直径应不大于钢梁冀缘的2.5倍;

②栓钉长度不应小于其杆径的4倍;

③沿梁跨度方向的间距应不小于栓钉杆身直径的6倍,垂直于梁轴线方向的间距不应小于杆径的4倍;

④采用压型钢板的组合楼盖中,栓钉直径不宜大于19mm,混凝土凸肋宽度不应小于栓钉杆直径的2.5倍,以保证栓钉焊穿压型钢板(板厚度在1.6mm以下),安装后栓钉高度h_d

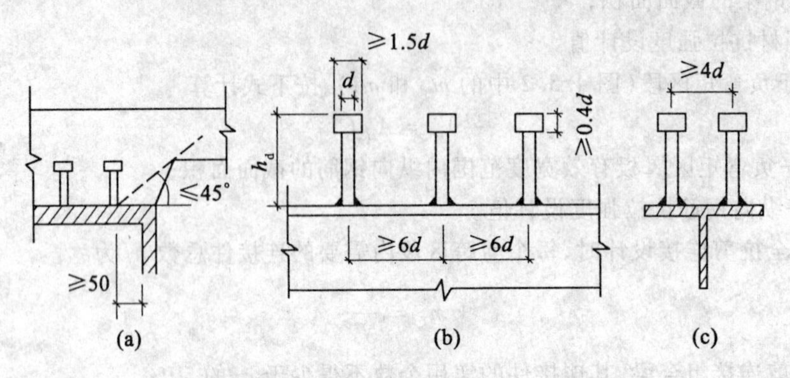

图 4.5.3 剪跨区划分图

应符合$(h_s+30)\leqslant h_d\leqslant(h_s+75)$的要求。

(2)槽钢连接件

当栓钉的抗剪能力不满足要求或者不具备栓钉焊接设备时,可以采用槽钢连接件,如图 4.5.4 所示。槽钢连接件一般采用 Q235 钢轧制的[8、[10、[12 等小型槽钢,其长度不能超过钢梁翼缘宽度减去 50mm 后的值。槽钢连接件翼缘肢尖方向应与混凝土板中水平剪应力的方向一致,并仅在槽钢下翼缘根部和趾部(即垂直于钢梁的方向)与钢梁焊接,角焊尺寸根据相关计算确定,但不小于 5mm。为减少钢梁上翼缘的焊接变形,平行于钢梁的方向不需施焊。

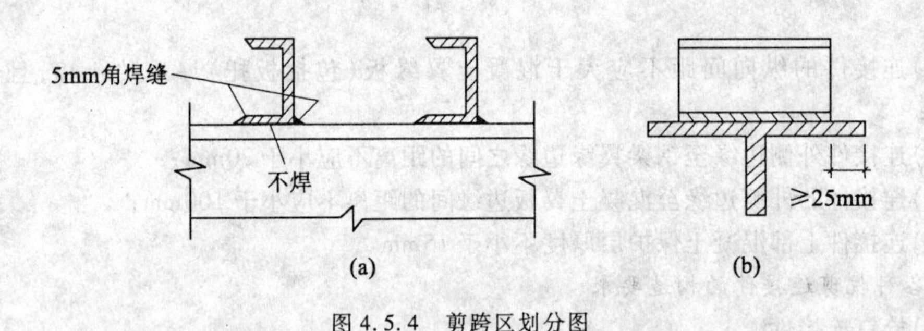

图 4.5.4 剪跨区划分图

(3)弯筋连接件

弯筋连接件一般采用直径不小于 12mm 的 HPB235 级钢筋,弯起角度宜为 45°,弯折方向应与板中纵向水平剪应力的方向一致,并成对设置。沿梁轴线方向的间距不小于 $0.7h_{c_1}$(h_{c_1}为混凝土板厚度),且不大于 2 倍的板厚;弯筋连接件的长度不小于其直径的 30 倍,从弯起点算起的长度不小于其直径的 25 倍,其中,水平段的长度不小于其直径的 10 倍(光面钢筋应加弯钩),如图 4.5.5 所示。弯筋连接件与钢梁连接的双侧焊缝长度为 $4d$(HRB335 级钢筋)或 $5d$(HPB235 级钢筋)。

例 4.2 某简支组合梁跨度为 6m,混凝土板的高度为 90mm,有效宽度为 1300mm,钢梁采用 I22a,Q235 号钢,截面面积 $A_s=4500\text{mm}^2$,塑性抗拉强度 $f_p=193.5\text{N/mm}^2$,混凝土强度等级为 C30,其抗压强度设计值 $f_c=14.3\text{N/ mm}^2$,弹性模量 $E_c=3.0\times10^4\text{N/ mm}^2$,现采用

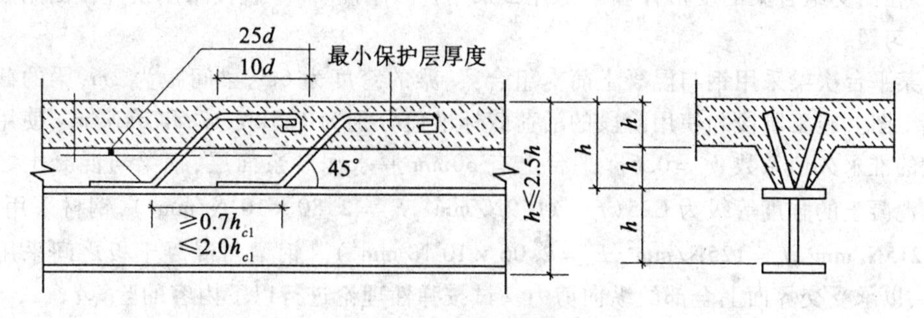

图 4.5.5　剪跨区划分图

$\phi16$ 栓钉连接件,其极限抗拉强度的最小值 $f_u = 410\text{N/mm}^2$。试按照塑性设计方法,确定保证最大弯矩截面抗弯能力能充分发挥整根梁所需要的剪力连接件数目及间距。

解　零弯距截面和最大弯距截面的纵向剪力差 V_l 为

$$V_l = f_p \cdot A_s = 4500 \times 193.5 = 870750\text{N} = 870.75\text{kN}$$

$$\alpha_1 f_c b_e h_c = 1.0 \times 14.3 \times 1300 \times 90 = 1673100\text{N} = 1673.1\text{kN}$$

取较小值,可得该梁零弯距截面和最大弯距截面的纵向剪力差为 870.75kN

栓钉连接件的受剪承载力为

$$A_d = \frac{\pi d^2}{4} = \pi \times \frac{16^2}{4} = 201\text{mm}^2$$

$$N_v^s = 0.43 A_d \sqrt{f_c E_c} = 0.43 \times 201 \times \sqrt{14.3 \times 30000} = 56610\text{N}$$

$$0.7 A_d f_u = 0.7 \times 201 \times 410 = 57687\text{N}$$

取 $N_v^s = 56610\text{N}$

半跨所需的连接件数目为 $n_f = \frac{V_l}{N_v^s} = \frac{870750}{56610} = 15.4$ 个

选用 16 个,全跨 32 个,$s = \frac{6000}{32} = 187.5\text{mm}$

习　题　4

一、思考题

1. 组合梁是由哪几部分组成的?钢梁与混凝土板之间能够共同工作的条件是什么?
2. 组合梁的设计计算理论有哪两种?一般各在什么情况下应用?
3. 组合梁按塑性理论计算时,钢梁截面应满足哪些要求?为什么?
4. 完全剪切连接组合梁按塑性理论计算时采用了哪些基本假定?
5. 连续组合梁在受力性能和设计计算方面有什么特点?
6. 连续组合梁按照弹性理论计算的原则和方法是什么?
7. 连续组合梁按塑性理论计算时应满足哪些要求?
8. 组合梁中的钢梁在哪些情况下可以不进行整体稳定性验算?
9. 什么是部分剪切连接?一般在什么条件下,采用部分剪切连接的设计方法?

10. 在简支组合梁的变形计算中为什么采用折减刚度,而不直接采用换算截面刚度?

二、习题

1. 某平台次梁采用钢与混凝土简支组合梁,梁的跨度为6m,梁间距为2m,梁的截面尺寸见题1图。施工阶段和使用阶段的活荷载标准值分别为1.5kN/m^{2}和6kN/m^2,使用阶段活荷载的准永久值系数$\psi_q=0.5$。平台上有30mm厚水泥砂浆面层,钢梁与混凝土之间无温差。混凝土的强度等级为C25($f_c=11.9\text{N/mm}^2$,$E_c=2.80\times10^4\text{N/mm}^2$),钢材采用Q235钢($f=215\text{N/mm}^2$,$f_v=125\text{N/mm}^2$,$E_s=2.06\times10^5\text{N/mm}^2$)。钢梁与混凝土板之间采用栓钉连接件,以承受交界面上全部的纵向剪力。试按弹性理论进行以下内容的验算:

施工阶段:(1) 钢梁的受弯承载力;(2) 钢梁的受剪承载力;(3) 钢梁的挠度;

使用阶段:(1)组合梁的受弯承载力;(2) 组合梁的受剪承载力;(3) 组合梁的挠度;(4) 钢梁腹板的局部稳定性;(5) 剪切连接件设计。

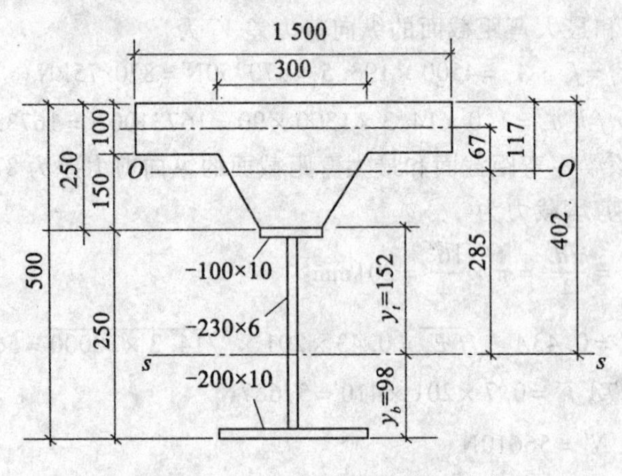

题1图 组合平台次梁的截面尺寸

2. 某钢与混凝土简支组合梁构件,梁的跨度为6.5m,梁间距为2.25m,梁的截面尺寸如题2图所示。施工时在钢梁的跨度中点设一道侧向支撑,施工阶段和使用阶段梁上作用的活荷载标准值分别为2.5kN/m^{2}和13kN/m^2,使用阶段活荷载的准永久值系数$\psi_q=0.5$。

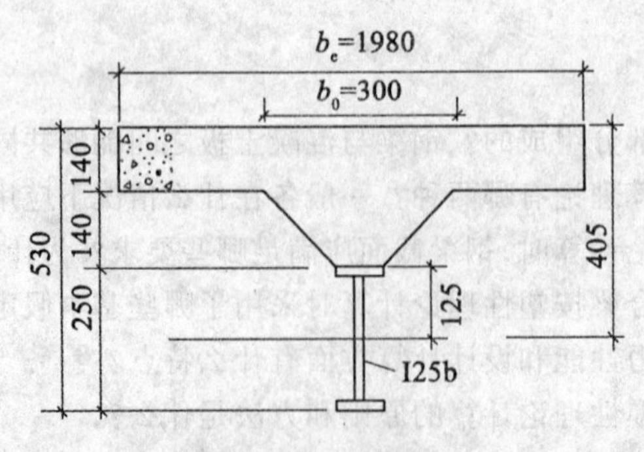

题2图 组合梁的截面尺寸

混凝土板上有 40mm 厚水泥砂浆面层。混凝土的强度等级为 C30($f_c=14.3\mathrm{N/mm^2}$, $E_c=3.0\times10^4\mathrm{N/mm^2}$),钢材采用 Q235 钢($f=215\mathrm{N/mm^2}$, $f_v=125\mathrm{N/mm^2}$, $E_s=2.06\times10^5\mathrm{N/mm^2}$)。试按塑性理论验算以下内容:

施工阶段:(1) 钢梁的受弯承载力;(2) 钢梁的受剪承载力;(3) 钢梁的整体稳定性;(4) 钢梁的挠度。

使用阶段:(1) 组合梁的受弯承载力;(2) 组合梁的受剪承载力;(3) 组合梁的挠度;(4) 完全剪切连接设计。

第5章 钢骨混凝土结构

§5.1 钢骨混凝土构件的特点及基本计算原则

5.1.1 钢骨混凝土结构的特点

钢骨混凝土结构(Steel Reinforced Concrete Structures,简称SRC结构)是指在混凝土中主要配置钢骨架(轧制或焊接成型),并且配有一定受力钢筋及构造钢筋的结构,是钢与混凝土组合结构的一种主要形式。

钢骨混凝土结构基本构件的截面形式随着钢骨的变化而丰富多彩,钢骨既可以是轧制的也可以是焊接的。另外,根据配钢形式的不同钢骨混凝土结构又可以分为实腹式和空腹式两大类,实腹式钢骨主要有工字钢、槽钢及H形钢骨等,空腹式钢骨则是由角钢构成的空间桁架式的骨架。实腹式钢骨混凝土结构具有较好的抗震性能,而空腹式钢骨混凝土构件的抗震性能与钢筋混凝土结构基本相同。因此,目前在抗震结构中多采用实腹式钢骨混凝土构件,尤其是充满型实腹式钢骨混凝土构件。本书仅对实腹式钢骨混凝土构件进行介绍,图5.1.1~图5.1.3为常用的钢骨混凝土柱、梁、剪力墙和节点等构件截面形式。

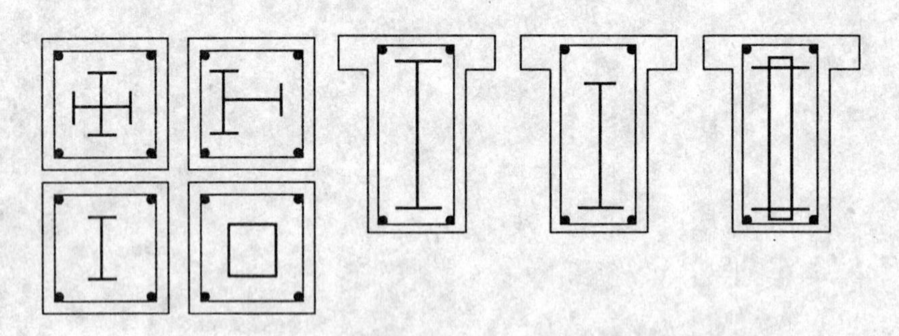

图5.1.1 钢骨混凝土梁、柱截面形式

钢骨混凝土结构中钢骨和其外包钢筋混凝土作为整体共同工作,具有良好的受力性能,与钢筋混凝土结构和钢结构相比较,钢骨混凝土结构具有如下一些特点:

1. 受力合理,承载力大,充分利用材料特点

钢骨混凝土构件充分利用了混凝土的抗压性能和钢材的抗拉性能,避免了单一材料的弱点;同时钢筋混凝土与钢骨形成整体,共同受力,其受力性能优于这两种结构的简单叠加;外包混凝土对钢骨有较强的约束作用,可以防止钢骨的局部屈曲,提高结构的整体刚度与抗扭能力,显著改善钢构件易屈曲失稳和出平面扭转屈曲性能,使钢材的强度和变形能力得以

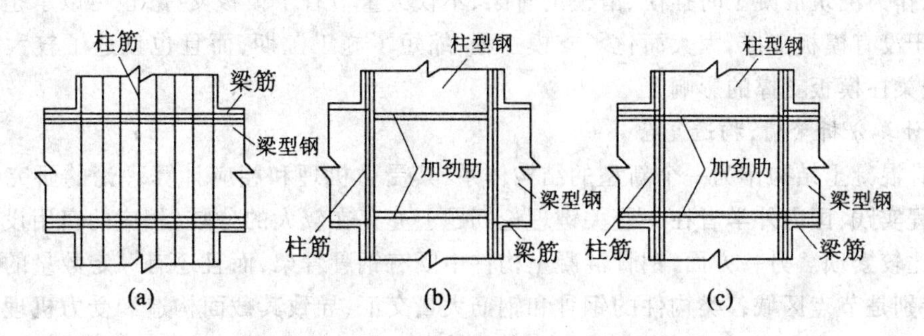

图5.1.2 钢骨混凝土梁柱节点形式

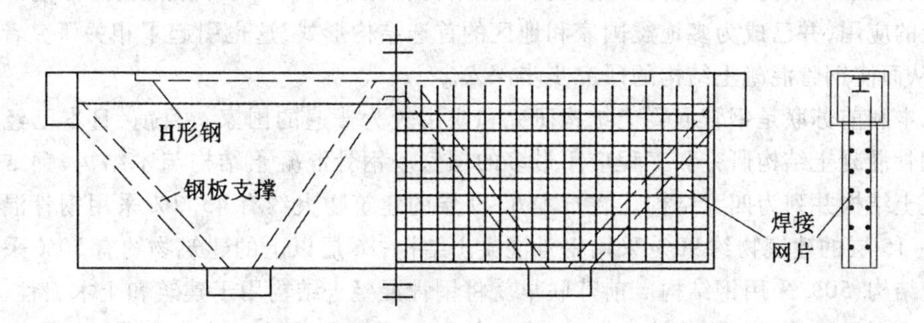

图5.1.3 钢骨混凝土剪力墙形式

发挥;钢骨及周边箍筋对混凝土起到约束作用,使其处于不同程度的三向受压状态,混凝土极限压缩变形能力有所改善;钢骨混凝土中配置的钢骨可以不受含钢率的限制,钢骨混凝土构件的承载能力可以高出同样外形钢筋混凝土构件承载能力的一倍以上,在同样的承载力下钢骨混凝土结构构件的截面尺寸可以大大减小,有效地避免了钢筋混凝土结构中的“肥梁胖柱”现象,增加建筑结构的使用面积和空间并减少工程造价,产生较好的经济效益。

2. 刚度大、抗震性能好

钢骨混凝土结构构件由于截面中配置了钢骨,使得构件的刚度大大提高,并且具有比钢筋混凝土结构构件更好的延性和耗能性能,尤其是配置实腹钢骨的钢骨混凝土组合结构更呈现出优良的抗震性能,使之成为一种抗震性能很好的结构体系,尤其适用于地震区及重要的工程结构。同时钢骨混凝土结构比钢结构具有更大的侧向刚度和阻尼,使得结构侧向位移较小,有利于控制结构的变形和振动。此外较小的结构自重也有利于高层建筑的减震设计,能够达到明显的抗风、抗震效果。

3. 经济效益好

与全钢结构相比较,钢骨混凝土结构可以节约$\frac{1}{3}$左右的钢材,降低了造价,同时避免了钢结构耐锈蚀性以及防火性差,需定期维护等缺陷。与传统的钢筋混凝土相比较,构件的截面尺寸小,结构自重轻,可以增加使用面积和空间,便于建筑灵活布置,从而降低整个房屋造价,具有可观的经济效益。

4. 施工方便,施工周期较短

钢骨混凝土结构在施工安装时梁柱钢骨骨架本身形成了一个高强度、大刚度的结构体系,可以作为浇筑混凝土时挂模、滑模的骨架,不仅大量节省了模板支撑,也可以承担施工荷载。由于没有模板支撑,大大简化了支模工程,缩短了施工工期,而且也创造了较大的工作面,不受梁柱模板支撑的影响。

5. 计算分析繁琐,构造复杂

钢骨混凝土结构作为一个新型的结构体系,其受力机理和相应计算理论的研究明显滞后于工程实践,国内外学者在一些关键理论问题上亦存在较大的分歧,相应的实用设计计算方法也比较繁琐。另一方面,钢骨混凝土构件中既有钢骨骨架,而且还有一定数量的纵筋和箍筋,特别是节点区域各类构件的钢骨和钢筋大量交汇,导致其截面构造和受力机理较为复杂。

钢骨混凝土结构与钢结构和钢筋混凝土结构相比较具有许多优点,在世界范围内得到了广泛的应用,并已成为多地震国家和地区的首选结构形式,这也引起了相关研究者极大的关注,从而使钢骨混凝土结构的研究步步深入。

日本和前苏联是钢骨混凝土结构研究和应用较为普遍的国家。目前,日本已经成为世界上钢骨混凝土结构研究和工程应用最多的国家。钢骨混凝土结构与木结构、钢结构及钢筋混凝土结构并列为四大结构。在日本6~9层的建筑物大约有45.2%采用钢骨混凝土结构;10~15层的建筑物约90%采用钢骨混凝土结构;16层以上的建筑物约有50%采用钢骨混凝土结构,50%采用钢结构。前苏联早就将钢骨混凝土结构用于建筑和土木工程,尤其是在第二次世界大战后的恢复建设期间,大量的工业厂房和桥梁在设计中采用钢骨混凝土结构。

我国于20世纪50年代从前苏联引进了钢骨混凝土结构技术。进入20世纪80年代后,随着经济的发展,我国开始系统地研究钢骨混凝土结构,进行了一系列试验与理论研究,并于1989年编写了《劲性钢筋混凝土结构设计建议与条文说明》。20世纪80年代末期以来先后进行了钢骨混凝土梁的抗裂、受弯、受剪性能及刚度等研究;进行了钢骨混凝土构件的轴心受压、偏心受压性能研究;进行了钢骨混凝土节点的受力机理、受剪能力、抗震性能研究;进行了钢骨混凝土剪力墙的工作机理、受剪强度及抗震性能研究,探讨了各类构件的设计方法。进而于20世纪90年代又进行了钢骨混凝土框架结构的模拟地震振动台试验,深入研究了结构的静力特性、动力特性与分析方法,在我国自己的试验研究基础上制定了一套较完整的设计计算理论,分别于1998年和2001年颁布执行了行业标准《钢骨混凝土结构设计规程》(YB9082—97)和《型钢混凝土组合结构技术规程》(JGJ138—2001)。

5.1.2 钢骨混凝土结构的基本计算原则

对于钢骨混凝土构件受力性能的大规模研究是从20世纪50年代开始的,各国学者在计算模型、分析方法及简化计算等方面做了大量工作,形成了多种风格各异的理论和方法,主要不同之处体现在对于钢骨与混凝土共同作用问题的处理上,以下对其作简要介绍:

对于钢骨混凝土结构来说,钢骨与混凝土之间良好的粘结作用是保证钢骨混凝土构件中钢骨与混凝土协同工作的基础,钢骨、钢筋和混凝土三种材料元素协同工作,以抵抗各种外部作用效应,才能够充分发挥钢骨混凝土组合结构的优点。钢骨与混凝土之间的粘结作用直接影响着钢骨混凝土结构和构件的受力性能、破坏形态、计算假定,粘结作用的合理考虑,是构件承载能力、裂缝和变形计算理论合理建立以及分析方法合理选用的前提。然而钢骨与混凝土之间的粘结作用远小于钢筋（尤其是变钢骨筋）与混凝土之间的粘结作用，国内外相关试验研究表明，在钢筋混凝土构件中可以假定钢筋与混凝土共同工作直至构件破坏，而在钢骨混凝土结构中，钢骨与混凝土的粘结作用大约仅为光圆钢筋与混凝土粘结作用的45%，由于粘结作用小以及粘结滑移现象的存在，导致钢骨混凝土构件的受力性能、破坏形态、计算假定、构件承载能力、裂缝和变形计算等均与钢筋混凝土构件有很大差别。因此，如何在设计计算理论中有效地考虑钢骨与混凝土之间的粘结滑移现象成为钢骨混凝土结构研究的重点。

以下对国内外钢骨混凝土规范所采用的计算方法进行简要的介绍：

1. 基于钢筋混凝土的方法

前苏联相关规范按照平截面假定，采用与钢筋混凝土结构完全相同的方法进行计算。这种计算方法将钢骨离散为钢筋，认为由钢骨骨架构成的劲性钢筋能与混凝土共同工作直到构件破坏为止，忽略了钢骨混凝土结构在受力后期表现相当明显的粘结滑移现象，而按完全协同工作考虑。该方法在承载力计算时对构件截面中钢筋作用考虑显得粗糙，经与国内相关试验结果核校后，按该方法计算时有少数构件不够安全。

2. 基于试验与数值计算的经验方法

欧美的相关设计规范主要是以试验与数值分析为基础的经验公式，这种计算方法可以分为两种，一种是以钢结构计算方法为基础，以允许应力强度理论为设计依据的设计方法。根据钢骨混凝土结构的试验结果，经过数值计算，引入协调参数以调整的经验公式。英国CP110规范、美国钢结构学会（AISC）1986年荷载和抗力系数法（LRFD）设计规范中关于组合柱计算就是采用这种方法。另一种是在对钢骨混凝土构件试验研究的基础上，通过大量的数值计算，直接拟合试验结果的近似经验公式，欧洲共同体标准草案（Eurocode 4）中关于组合柱简易设计方法的 $N_u - M_u$ 相关曲线的近似经验公式，就是这样建立的。由于可靠度水准、材料基准强度取值不同，有些公式仅适用于对称截面，以及精度较低、计算体系的差别等原因，其规范成果难以为我国直接应用。同时，欧美国家目前钢骨钢筋混凝土构件的配钢率都较高，与我国实际应用有差别，其构件性能也必然不同。

3. 累加计算方法

日本AIJ的规范是基于累加强度的设计方法，即假定钢骨不发生局部屈曲，分别计算钢骨和钢筋混凝土的承载力或刚度，然后叠加，即为构件的承载力或刚度。这种计算方法完全忽略混凝土与钢骨共同工作的有利影响及钢骨骨架与混凝土间的约束与支撑作用，计算结果偏于保守，且当钢骨不对称时其精度不高。

我国国内原国家冶金工业部于1997年发布了行业标准《钢骨混凝土结构设计规程》（YB9082—97），并于2007年发布了其修订本（YB 9082—2006），该规程的特点是以日本相关规范模式为基础，包括其名称（钢骨混凝土结构）也是基于日本规范《铁骨铁筋コンクリート计算规准·同解说》。该规程忽略了钢骨和混凝土之间的粘结作用，按叠加原理建立承载能力和刚度的计算公式，工程实际应用比较方便，计算简单、可操作性强，但设计结果偏于保守，容易造成不经济。我国国家建设部于2001年编制了《钢骨混凝土组合结构技术规程》（JGJ138—2001）。该规程的特点是以钢筋混凝土理论为基础、以相关试验研究成果为依据建立的，在这套规程中引入了平截面假定，采用极限状态设计法设计，基本上反映了我国目前对钢骨混凝土结构研究的最新成果，并且其设计思路基本上与我国钢筋混凝土结构的设计方法相一致。该规程理论依据较为充分、考虑因素全面、计算结果比较准确,但其计算公式比较复杂。

§5.2 钢骨混凝土梁

5.2.1 钢骨混凝土梁的正截面承载力计算

1. 试验研究

(1)受力过程及破坏形态

采用如图 5.2.1 所示的对称两点加载装置研究钢骨混凝土梁纯弯段的受力性能,加载方式采用逐级加载。钢骨混凝土梁的典型破坏形态如图 5.2.2 所示。由其弯矩与挠度曲线实测结果可以看出,配有工字钢骨、纵筋和箍筋的实腹式钢骨混凝土,发生弯曲破坏的受力过程大致可以分为以下几个阶段。

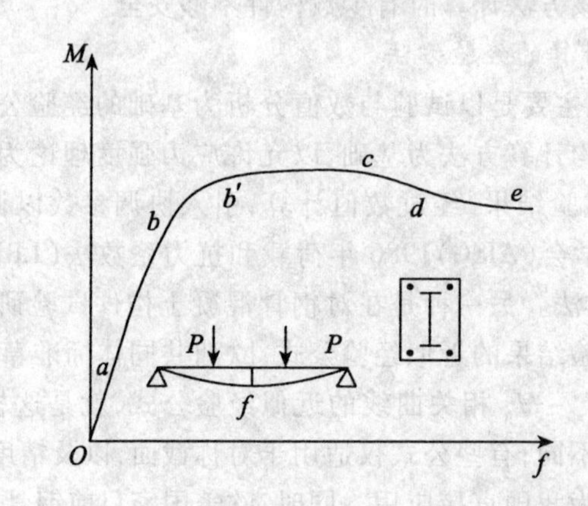

图 5.2.1 实腹式钢骨混凝土梁弯矩—挠度曲线

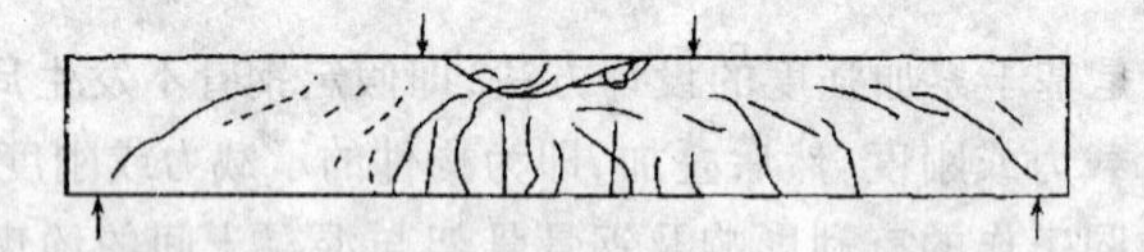

图 5.2.2 实腹式钢骨混凝土梁受弯的破坏形态

加载初期,钢骨混凝土梁受力比较均匀,其弯矩—挠度曲线接近线性变化,整个截面处于弹性受力阶段。随着外荷载的增加,截面应变随之增大,由于受拉区混凝土塑性变形的发展,受拉区混凝土应力—应变图呈曲线形分布。加载至图 5.2.1 中的 a 点时,钢骨混凝土梁首先在纯弯段出现裂缝,开裂荷载约为(20% ~25%)P_u(P_u 为极限荷载),此时的弯矩称为开裂弯矩 M_{cr}。随着荷载继续增加,新的裂缝不断出现发展,但是裂缝发展至钢骨下翼缘后即受到钢骨的阻止,加载至大约 50% P_u 时,梁纯弯段裂缝基本出齐。随着裂缝的开展,其弯矩—挠度曲线出现转折,但由于内置的钢骨在梁宽与梁高方向均较好地约束着混凝土的变形,钢骨混凝土梁截面刚度的退化程度比钢筋混凝土梁小得多,所以其弯矩—挠度曲线大致上仍保持直线,钢骨和纵筋的受力仍处于弹性阶段。

随着荷载的增大,钢骨受拉翼缘开始屈服,并沿高度方向向钢骨腹板发展,受拉钢筋也进入屈服状态,即图5.2.1中的b'点和b点(何者先屈服与各自的屈服应变和在截面中所处的位置有关)。此时截面刚度大幅下降,弯矩—挠度曲线上出现明显的转折点。加载至约80%P_u时,钢骨受压翼缘出现水平粘结裂缝,此时梁的截面刚度已很小,受压区混凝土的应力发展显著加快,弯矩—挠度曲线接近水平。

当荷载增加至极限荷载P_u时,即图5.2.1中的c点,钢骨与混凝土粘结力遭到了破坏,梁端出现了明显的滑移,梁裂缝宽度也相应增大,并迅速向梁顶发展,中和轴急剧上升,混凝土受压高度减小很快。混凝土受压边缘的应变显著增大,最大应变可达$(3000\sim4200)\times10^{-6}$,混凝土压碎,试件宣告破坏,这时的弯矩称为钢骨混凝土梁的极限弯矩。其后继续加载,在d_e受力段,钢骨混凝土梁仍可以继续承受变形,但其承受的弯矩有所降低,其延性较钢筋混凝土梁则有较大的提高。

总之,钢骨混凝土梁的破坏过程是:首先在梁底部出现裂缝,钢骨下翼缘屈服,腹板屈服(或部分屈服),上翼缘屈服或处于弹性状态,混凝土压碎。但根据钢骨在组合截面中的位置不同,破坏形态会出现两种情况:①沿梁的全高配置钢骨,中和轴通过钢骨腹板,极限状态时钢骨下翼缘受拉屈服,上翼缘受压屈服(或接近屈服),这种情况粘结劈裂裂缝严重,最后因保护层剥落,混凝土压碎而破坏;②钢骨布置在截面受拉区,中和轴不通过钢骨,在极限状态时,钢骨有可能全截面屈服也有可能是受拉翼缘及部分受拉腹板屈服,而上翼缘及部分受压腹板处于弹性工作状态。这种状态的混凝土无明显的劈裂裂缝,混凝土的压碎类似于钢筋混凝土梁的破坏形态。将破坏的试验试件砸开发现,虽然有不同程度的粘结力破坏,但混凝土仍能对钢骨提供可靠的约束,并没有发生局部屈曲现象。

(2)共同工作性能

相关试验表明,设置剪力连接件的钢骨混凝土梁,在整个受力过程中,钢骨上翼缘与混凝土交接处均无纵向裂缝产生,钢骨与混凝土的变形是一致的。交接面相对滑移很小,说明剪力连接件能够保证钢骨混凝土梁中的钢骨与混凝土共同工作。对未设剪力连接件的钢骨混凝土梁,当荷载增加到一定值时,钢骨上翼缘与混凝土交界面处形成明显的相对滑移,钢骨与混凝土的变形是不一致的,说明钢骨与混凝土共同工作会遭到不同程度的破坏。对未设置剪力连接件的钢骨混凝土梁,在荷载达到极限荷载的80%以前,钢骨与混凝土能够共同工作,之后,随着荷载的增加,梁的弯矩裂缝发展迅速,并有剪切裂缝出现,混凝土保护层劈裂,钢骨与混凝土交接面产生相对滑移,这种滑移会使梁的承载力降低5%左右。

(3)变形分析

由相关试验得到的钢骨混凝土梁弯矩—挠度曲线可以看出,在梁开裂以后,曲线并无明显转折。这是因为梁中配置了刚度较大的钢骨,钢骨对混凝土的裂缝开展起着较好的约束作用,因此,开裂后梁的刚度没有明显的降低。梁在屈服以前弯矩—挠度曲线基本保持线性关系。根据含钢率的不同,加荷到$(70\%\sim80\%)P_u$时,弯矩—挠度曲线出现了明显的转折,此时钢骨已进入屈服状态。随后曲线即进入平稳的塑性段,并且变形能够发展得很大,表现出极好的延性。

另外,由梁弯矩—挠度曲线可以看出,梁屈服以后曲线有一相当长的平稳阶段,表现了钢骨混凝土梁具有相当大的变形能力,这是钢筋混凝土梁所不能及的。由于钢骨本身具有较大的刚度(与钢筋相比较)和较好的塑性性能,同时钢骨对混凝土的约束作用使混凝土变形能力得到提高,并且,混凝土对钢骨的约束作用避免了钢骨板件的局部屈曲现象的发生。

相关试验表明,在钢骨下翼缘受拉屈服前,钢骨应变沿截面高度呈线性变化,钢骨下翼缘屈服以后,中和轴略有上升,由于钢骨腹板存在弹性区,能够抑制部分下翼缘屈服后的流塑变形,为此,钢骨下翼缘的流塑变形并不明显;荷载继续增加,钢骨腹板逐渐屈服,此时,钢骨混凝土梁的应变沿截面高度不再呈线性变化,其明显特点是表面混凝土应变发生滞后现象,主要原因是钢骨与混凝土粘结力较差,在荷载作用后期,钢骨与混凝土粘结遭到完全破坏,钢骨与混凝土产生了明显滑移,使混凝土内力发生了重分布,而对于钢骨完全处于受拉区时,应变平面符合程度更好一些,说明钢骨完全处于受拉区时,相对滑移对梁截面应变分布影响较小,但在某区段内平均应变沿梁截面高度按线性分布。

(4)滑移性能

相关试验表明,在荷载作用初期,钢骨与混凝土的变形是一致的,钢骨与混凝土的交接面没有产生滑移,说明粘结力能够保证钢骨与混凝土共同工作。当荷载增加到极限荷载的70%~80%时,钢骨下翼缘受拉屈服,受压区混凝土压应力增大,并且很快达到钢骨与混凝土的粘结强度,在钢骨上、下翼缘出处产生了相对滑移。荷载继续增加,梁端部荷载—滑移曲线出现了明显的转折点;荷载继续增加,滑移增加速度缓慢,并趋于平稳,如图5.2.3所示。在接近极限荷载时,钢骨上翼缘处应变梯度的产生使钢骨上翼缘的应变增加,对处于受压区的混凝土产生了直接影响,其接触面的混凝土压应变减少,从而导致接触面的压应力减少,对钢骨混凝土梁的极限承载力及刚度等产生了不利影响。在钢骨下翼缘处,由于钢骨和混凝土均处于受拉区,相对滑移主要影响钢骨的抗拉强度,对受拉混凝土反而有利。为此,钢骨混凝土梁的交接面相对滑移对梁的刚度和受力性能的不利影响主要体现在钢骨上翼缘交接面滑移,而钢骨下翼缘交接面滑移对梁的受力性能的影响可以忽略不计。

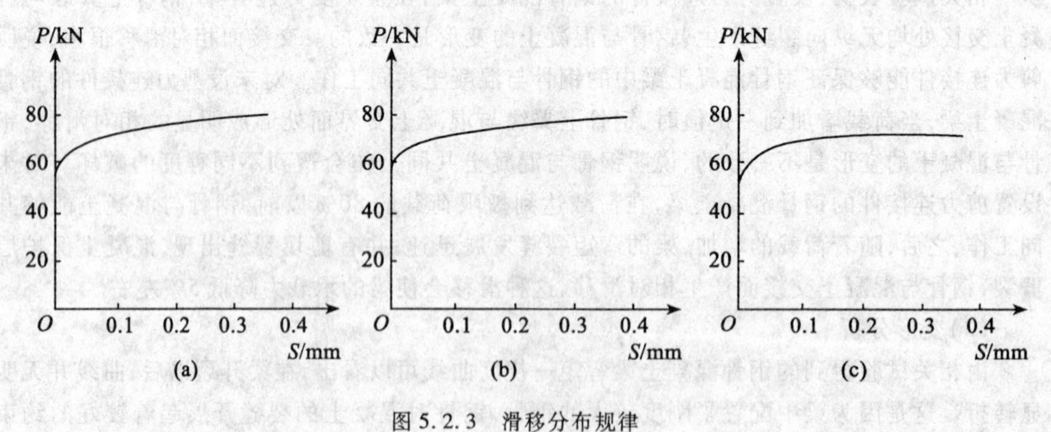

图5.2.3 滑移分布规律

2. 正截面承载能力计算

(1)第一种方法

西安建筑科技大学组合结构课题组提出的钢骨混凝土梁正截面承载能力计算方法如下,该方法考虑了中和轴在不同位置时的情况。

1)基本假定

为了实际工程设计计算的方便，对于配置实腹钢骨的钢骨混凝土梁受弯承载力的分析仍然建立在平均应变平截面假定的基础上，但是钢骨混凝土梁在加荷后期，由于发生了较大的粘结滑移，显然截面应变已明显不符合平截面假定。在钢骨上、下翼缘处发生了应变突变，如图5.2.4所示。为了计算方便，将多折线的截面应变用一修正平截面代替。修正的原则是截面受压区高度不变；同时保持实际承载能力不变。

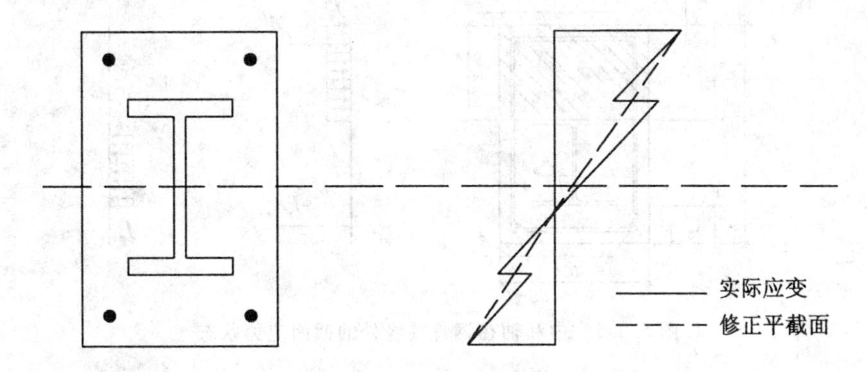

图5.2.4 钢骨混凝土梁截面应变图

根据实测，钢骨混凝土受弯构件在破坏时混凝土的极限压应变略比钢筋混凝土受弯构件小。实测的混凝土极限压应变在0.00277～0.0031之间，这是因为粘结滑移裂缝的影响，混凝土的压坏比在钢筋混凝土构件中更早一些。因此，在钢骨混凝土构件计算中，建议取混凝土极限压应变 $\varepsilon_{cu}=0.003$，受压区高度的折算高度 x 仍取真实受压区高度 x_0 的0.8倍，即取 $x=0.8x_0$。由于粘结滑移的影响，粘结裂缝的发展与受压区混凝土保护层的剥落，使得破坏前混凝土的塑性性能不如在钢筋混凝土构件中那样发挥得充分。因此在将混凝土受压区抛物线应力图折算成矩形应力图时，混凝土的折算强度，即弯曲抗压强度亦比在钢筋混凝土构件计算中取值为小。根据实测的 $X_0(X)$、M_u、f_y 等值和平截面假定计算，可以反算得混凝土弯曲抗压强度的值。经过计算，取一偏小的值，建议在钢骨混凝土受弯构件及偏心受压构件计算中混凝土的弯曲抗压强度为 $f_{cm}=f_c$，其中 f_c 为混凝土的轴心抗压强度。在钢骨的受拉翼缘屈服的前提下，钢骨的应力可以近似简化为矩形应力图形，这是因为腹板厚度较小且力臂较小，其对承载能力的贡献较小。而且即使钢骨腹板局部不屈服，在极限状态时由于塑性的发展导致未屈服的区域亦很小，且在中和轴附近。

因此，对于配实腹钢骨的钢骨混凝土梁承载能力计算时，可以作如下基本假定：

①截面应变符合平截面假定（即通过修正平截面来考虑钢骨）。

②达到极限状态时，钢骨的应力为矩形应力图形，混凝土受压区的应力为抛物线分布，计算时采用矩形分布图形，其中 $f_{cm}=f_c$，受压区高度为 $x=0.8x_0$，x_0 为实际受压区高度。梁受压区边缘的混凝土极限压应变为 $\varepsilon_{cu}=0.003$。

③达到极限状态时，不考虑混凝土受拉区参加工作。

④由于钢骨受到周围混凝土的约束，一般不会发生屈曲，计算时不考虑钢骨的屈曲。

2）计算公式

根据前面的试验结果分析可知，钢骨混凝土梁受弯时的破坏形态根据中和轴与钢骨的截面位置可以分为三种情况:①中和轴经过钢骨腹板;②中和轴不经过钢骨;③中和轴恰好通过钢骨上翼缘。

①第三种情况(判定界限)

第三种情况可以作为其他两种情况的判定界限,其应力图形如图5.2.5所示。

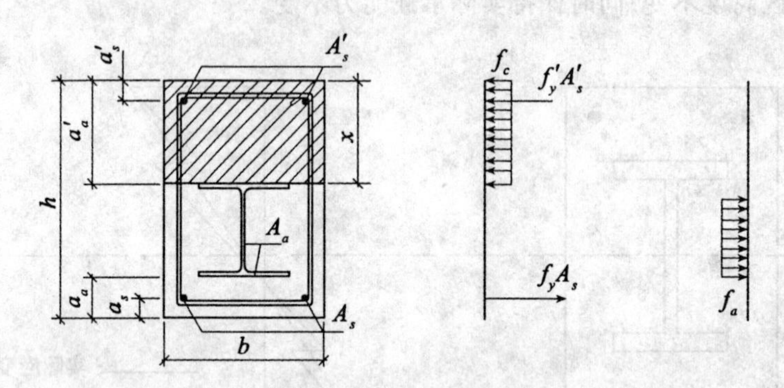

图5.2.5　中和轴在钢骨翼缘处的截面应力状态

根据力的平衡可得受压区高度为

$$x = \frac{f_yA_s + f_aA_{af} + f_at_wh_a - f'_yA'_s}{f_cb} \tag{5.2.1}$$

如果求得的 x 在 $0.8a'_a \sim a'_a$ 之间,即按这种情况考虑,此时不考虑钢骨受压翼缘的作用,对钢骨上翼缘取矩可得极限弯矩

$$M_u = f_cbx\left(a'_a - \frac{x}{2}\right) + f_yA_s(h - a'_a - a_s) + f'_yA'_s(a'_a - a'_s) + f_aA_{sf}h_a + f_at_w\frac{h_a^2}{2} \tag{5.2.2}$$

如果上、下翼缘面积相等,即 $A_{sf} = A'_{sf}$,则有

$$M_u = f_cbx\left(a'_a - \frac{x}{2}\right) + f_yA_s(h - a'_a - a_s) + f'_yA'_s(a'_a - a'_s) + f_aA_a\frac{h_a}{2} \tag{5.2.3}$$

式中:h——梁截面高度;

h_a, A_a——钢骨的截面高度和面积;

b——梁宽;

a_s, a'_s——受拉钢筋重心至受拉区截面边缘和受压钢筋重心至受压区截面边缘的距离;

a_a, a'_a——钢骨下翼缘至受拉区截面边缘及钢骨上翼缘至受压区截面边缘的距离;

t_w——钢骨腹板厚度;

A_s, A'_s——受拉钢筋与受压钢筋的截面积;

A_{sf}, A'_{sf}——钢骨下翼缘与上翼缘截面积;

f_y, f'_y——钢筋的受拉和受压强度设计值;

f_a——钢骨强度设计值。

为了保证钢骨受拉翼缘屈服,还必须保证

$$x \leqslant \frac{0.8(h - a_a)}{1 + \frac{f_a}{0.003E_a}} \tag{5.2.4}$$

②第一种情况

如果按式(5.2.1)计算得到的 $x > a_a'$,则属于第一种情况,即中和轴在钢骨腹板中通过,其截面应力图形如图 5.2.6 所示。

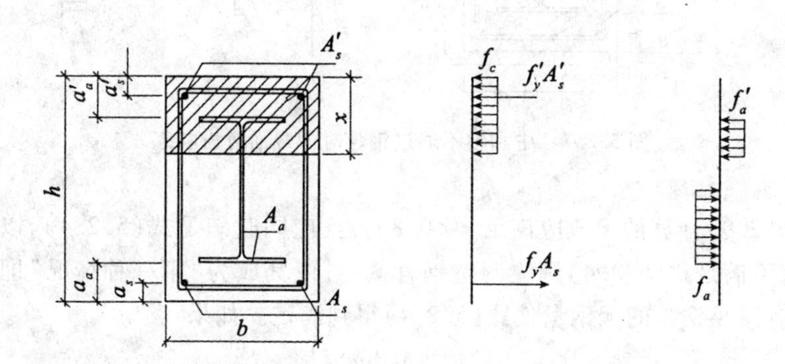

图 5.2.6　中和轴位于钢骨腹板时的截面应力状态

此时应根据力的平衡重新计算受压区高度,一般情况下 $f_a = f_a'$,则有

$$x = \frac{f_a(A_{sf} - A_{sf}') + f_a t_w(h - a_a + a_a') + f_y A_s - f_y' A_s' + f_c(A_s' + A_{sf}' - a_a' t_w)}{f_c(b - 1.25t_w) + 2.5 f_a t_w} \tag{5.2.5}$$

如果 $f_y = f_y'$, $a_a = a_a'$,则式(5.2.5)可以简化为

$$x = \frac{f_a(A_{sf} - A_{sf}') + f_y(A_s - A_s') + f_a t_w h_a + f_c(A_s' + A_{sf}' - a_a' t_w)}{f_c(b - 1.25t_w) + 2.5 f_a t_w} \tag{5.2.6}$$

当钢骨上、下翼缘相等时,即 $A_{sf} = A_{sf}'$,则有

$$x = \frac{f_y(A_s - A_s') + f_a t_w h_a + f_c(A_s' + A_{sf}' - a_a' t_w)}{f_c(b - 1.25t_w) + 2.5 f_a t_w} \tag{5.2.7}$$

对中和轴取矩可以得极限弯矩

$$M_u = 0.5 f_c b x^2 + f_y' A_s'(x - a_s') + f_y A_s(h - a_s - x) + f_a A_{sf}(h - a_a - a_a') + 0.5 f_a t_w(h - a_a - x)^2 \tag{5.2.8}$$

利用式(5.2.8)计算弯矩时,必须保证按式(5.2.5)求得的 x 满足 $x > a_a'$,否则仍按中和轴恰好在钢骨受压翼缘中通过情况处理,即按式(5.2.2)计算。在第一种情况中,如果上、下翼缘相等,即 $A_{sf} = A_{sf}'$,这个条件一般情况下均能满足。如果上、下翼缘面积不等,式(5.2.2)不能满足时则应加大受压翼缘 A_{sf}'的截面积。

③第二种情况

如果按式(5.2.1)求得的 $x < 0.8a_a'$,则属于第二种情况,即中和轴不通过钢骨截面,此时截面应力图形如图 5.2.7 所示。

根据力的平衡可以求得受压区高度

$$x = \frac{f_y A_s + f_a A_a - f_y' A_s'}{f_c b} \tag{5.2.9}$$

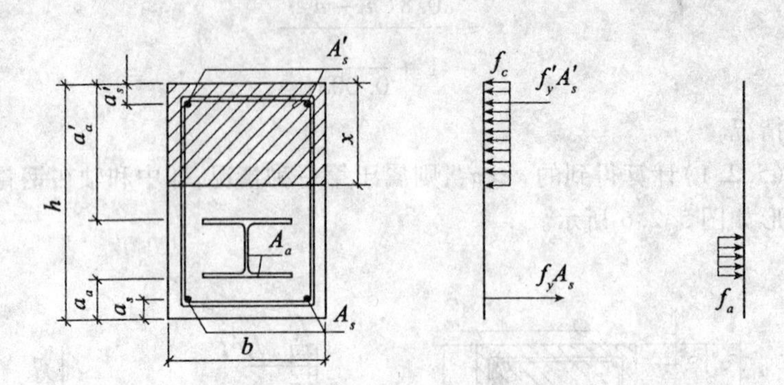

图 5.2.7 中和轴不通过钢骨时的截面应力状态

按照式(5.2.9)计算的 x 值应满足 $x<0.8a_a'$,且应同时满足式(5.2.4),以保证钢骨下翼缘屈服。若不满足式(5.2.4)则应调整钢骨截面,使其成为“第一种情况”即中和轴在钢骨中通过,或者减小钢骨的配钢量使式(5.2.4)得到满足。如果

$$x \leqslant \frac{0.8a_a'}{1+\dfrac{f_a}{0.003E_a}} \tag{5.2.10}$$

则能保证钢骨全截面屈服,此时的极限承载能力可以按下式计算

$$M_u = 0.5f_cbx^2 + f_y'A_s'(x-a_s') + f_yA_s(h-a_s-x) + f_aA_a(h-a_a-x-0.5h_a) \tag{5.2.11}$$

若

$$\frac{0.8a_a'}{1+\dfrac{f_a}{0.003E_a}} < x \leqslant \frac{0.8(h-a_a)}{1+\dfrac{f_a}{0.003E_a}} \tag{5.2.12}$$

则不考虑钢骨上翼缘的作用,重新按下式计算 x 的值

$$x = \frac{f_yA_s + f_a(A_{sf}+t_wh_a) - f_y'A_s'}{f_cb} \tag{5.2.13}$$

然后对钢骨上翼缘取矩,可以得极限承载能力为

$$M_u = f_cbx\left(a_a' - \frac{x}{2}\right) + f_y'A_s'(a_a'-a_s') + f_yA_s(h-a_s-a_a') + f_ah_a\left(A_{sf}+\frac{t_wh_a}{2}\right) \tag{5.2.14}$$

如果按式(5.2.5)算得 $x<0.8a_a'$,而按式(5.2.9)算得 x 满足 $x>0.8a_a'$,则仍可以视为界限状态,属第三种情况,应按式(5.2.1)和式(5.2.2)计算构件极限承载力。

(2)第二种方法

对于钢骨混凝土梁正截面受弯承载能力计算,行业标准《钢骨混凝土结构设计规程》(YB 9082—2006)(以下简称《钢骨规程》)给出的计算方法如下:

钢骨混凝土梁的正截面受弯承载力按简单叠加方法进行计算。根据塑性理论下限解定理,该方法的计算结果偏于保守。对于钢骨为双轴对称的充满型实腹钢骨,即钢骨截面形心与钢筋混凝土截面形心重合时,如图 5.2.8 所示,钢骨混凝土梁的正截面受弯承载力可以按

下列方法计算:

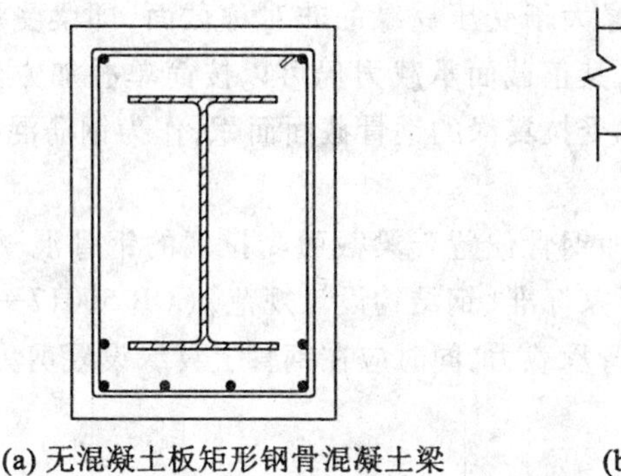
(a) 无混凝土板矩形钢骨混凝土梁

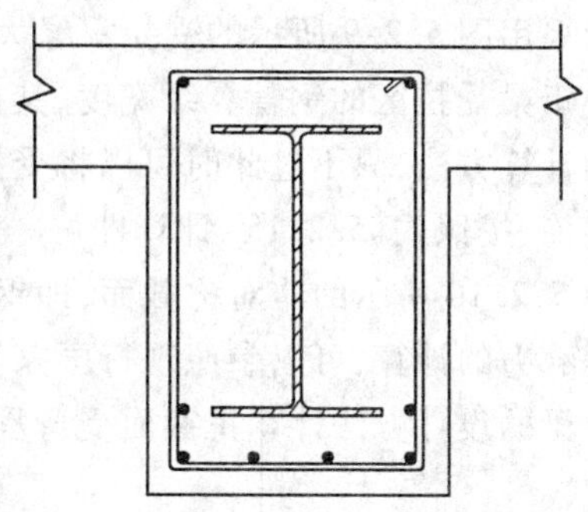
(b) 现浇混凝土板T形钢骨混凝土梁

图 5.2.8　钢骨混凝土梁截面

$$M \leqslant M_{by}^{ss} + M_{bu}^{rc} \tag{5.2.15}$$

式中:M——钢骨混凝土梁的弯矩设计值;

M_{by}^{ss},M_{bu}^{rc}——梁中钢骨部分的受弯承载力及钢筋混凝土部分的受弯承载力。

钢骨混凝土梁内钢骨部分的受弯承载力为

$$M_{by}^{ss} = \gamma_s W_{ss} f_{ssy} \tag{5.2.16}$$

式中:W_{ss}——钢骨截面的弹性抵抗矩,当钢骨截面有孔洞时应取净截面的抵抗矩;

γ_s——钢骨截面塑性发展系数,对于工字形截面的钢骨取1.05;

f_{ssy}——钢骨的抗压、抗拉、抗弯强度设计值。

钢筋混凝土部分的受弯承载力为

$$M_{bu}^{rc} = f_{sy} A_s \gamma h_{b0} \tag{5.2.17}$$

$$\gamma h_{b0} = h_{b0} - \frac{x}{2} \tag{5.2.18}$$

$$x = \frac{f_{sy} A_s - f_{sy}' A_s'}{\alpha_1 f_c b_{eq}} \tag{5.2.19}$$

钢筋混凝土部分受压区高度 x 应符合下列要求

$$x \leqslant \xi_b h_{b0} \tag{5.2.20}$$

$$\xi_b = \frac{\beta_1}{1 + \dfrac{f_y}{0.0033 E_s}} \tag{5.2.21}$$

式中:f_{sy},f_{sy}'——钢筋的抗压、抗拉强度设计值;

A_s,A_s'——受拉、受压区纵向钢筋的截面面积;

h_{b0}——梁截面的有效高度,即受拉钢筋截面面积形心到梁截面受压区外边缘的距离;

γh_{b_0}——受拉钢筋面积形心至受压区压力合力作用点的距离;

α_1,β_1——系数;

b_{eq}——梁截面混凝土受压区扣除其中钢骨截面面积后的等效宽度。

在用式(5.2.15)进行设计时,需先假定钢骨截面,并按式(5.2.16)计算钢骨部分的受

弯承载力 M_{by}^{ss}，然后取 $M-M_{by}^{ss}$ 作为钢筋混凝土部分的弯矩设计值，按钢筋混凝土受弯承载力的计算方法确定钢筋面积。

若钢骨采用图 5.2.9 所示的受拉翼缘大于受压翼缘的非对称截面，即梁受压区的钢骨翼缘宽度小于梁受拉区的钢骨翼缘宽度，其正截面承载力仍可以按简单叠加方法采取对称截面钢骨的计算方法，只不过此时可以将受拉翼缘的钢骨截面面积，作为钢筋混凝土部分的外加受拉钢筋，按照式(5.2.15)计算即可。

对于图 5.2.10 所示的非对称截面，即钢骨偏置于梁截面受拉区的钢骨混凝土梁，其正截面受弯承载力的计算，可以参照现行国家标准《钢结构设计规范》(GB 50017—2003)钢与混凝土组合梁的设计方法计算正截面受弯承载力，同时应在钢骨上翼缘设置剪力连接件。

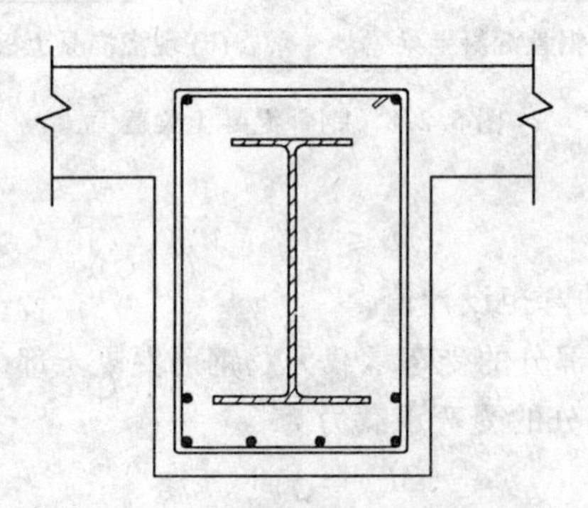

图 5.2.9　充满型非对称钢骨混凝土梁

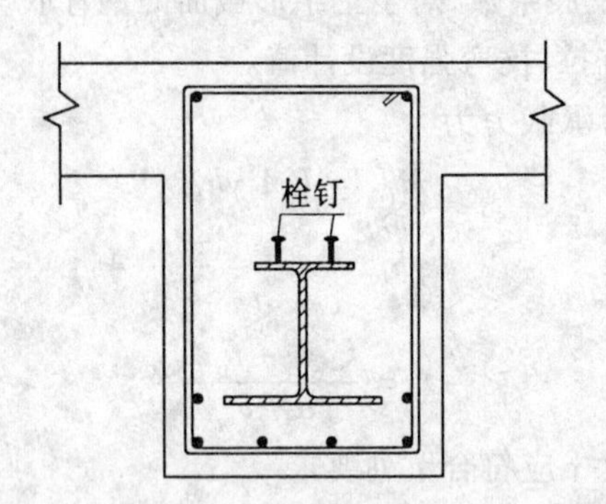

图 5.2.10　钢骨置于受拉区的非充满型钢骨混凝土梁

(3)第三种方法

《型钢混凝土组合结构技术规程》(JGJ 138—2001)(以下简称《型钢规程》)中关于充满型实腹式钢骨混凝土梁正截面受弯承载力的基本假定与第一种方法基本一致，但是该方法的适用有一定的局限性，只适合于中和轴位于钢骨腹板时的情况，对于其他两种情况均不适用。该方法是在钢筋混凝土梁正截面承载力计算公式的基础上，把钢骨翼缘作为纵向受力钢筋的一部分，在平衡方程式中分别增加钢骨腹板受弯承载力项 M_{sw} 和钢骨腹板轴向力承载项 N_{sw}，其确定是通过对钢骨腹板应力分布积分再做一定的简化求出来。

图 5.2.11 为钢骨混凝土梁的计算简图，其计算公式为

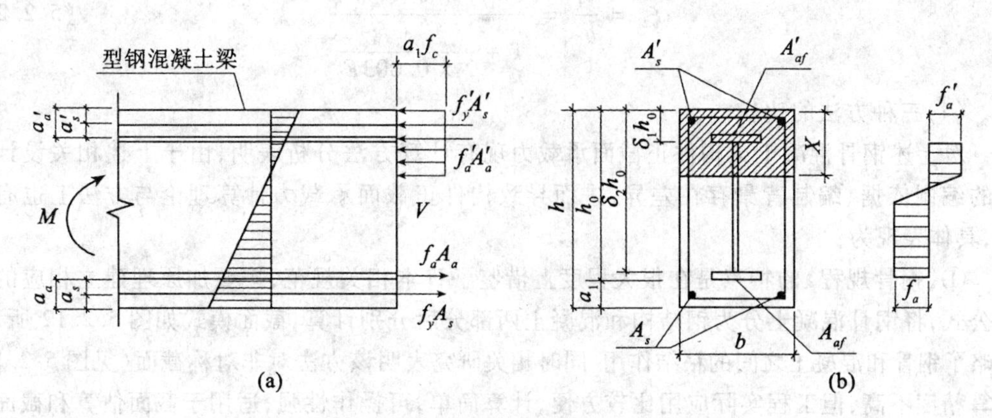

图 5.2.11 钢骨混凝土梁正截面受弯承载力计算简图

$$M \leqslant f_c bx(h_0 - 0.5x) + f_y'A_s'(h_0 - a_a') + f_a'A_{af}'(h_0 - a_a') + M_{aw} \tag{5.2.22}$$

$$f_c bx + f_y'A_s' + f_a'A_{af}' - f_yA_s - f_aA_{af} + N_{aw} = 0 \tag{5.2.23}$$

式中 N_{aw}、M_{aw}的计算，需在满足 $\delta_1 h_0 < 1.25x$，$\delta_2 h_0 < 1.25x$ 的条件下，采用下式计算

$$M_{aw} = \left[\frac{1}{2}(\delta_1^2 + \delta_2^2) - (\delta_1 + \delta_2) + 2.5\xi - (1.25\xi)^2\right] t_w h_0^2 f \tag{5.2.24}$$

$$N_{aw} = [2.5\xi - (\delta_1 + \delta_2)] t_w h_0 f_a \tag{5.2.25}$$

为了保证钢骨混凝土梁发生破坏时，先是钢骨下翼缘和纵向受拉钢筋屈服，然后受压区混凝土被压碎，使其具有良好的塑性变形性能，防止发生脆性破坏，界面受压区高度 x 应满足

$$x \leqslant \xi_b h_0 \tag{5.2.26}$$

为了保证钢骨混凝土梁的钢骨上翼缘和纵向受压钢筋在破坏前达到屈服，截面受压区高度应满足

$$x \geqslant a_a' + t_f \tag{5.2.27}$$

式中：h_0——钢骨受拉翼缘和纵向受拉钢筋合力点至混凝土受压边缘的距离；

t_f, t_w, h_w——钢骨翼缘的厚度、腹板厚度和腹板高度；

f_c——混凝土轴心抗压强度设计值；

b, h——梁截面的宽度和高度；

a_s, a_a——纵向受拉钢筋合力点和钢骨下翼缘截面形心至混凝土受压边缘的距离；

a_s', a_a'——纵向受压钢筋合力点、钢骨受压翼缘截面重心至混凝土受压边缘的距离；

$A_s', A_s, A_{af}', A_{af}$——受压钢筋、受拉钢筋、钢骨受压翼缘、钢骨受拉翼缘的面积；

δ_1——钢骨腹板上端至截面上边距离与 h_0 的比值；

δ_2——钢骨腹板下端至截面上边距离与 h_0 的比值；

M_{aw}——钢骨腹板承受的轴向合力对钢骨受拉翼缘和纵向受拉钢筋合力点的力矩；

N_{aw}——钢骨腹板承受的轴向合力；

ξ——相对受压区高度，$\xi = \dfrac{x}{h_0}$；

ξ_b——相对界限受压区高度，可以按平截面假定推导，其中 x_b 为界限受压区高度。

$$\xi_b = \frac{x_b}{h_0} = \frac{0.8}{1 + \dfrac{f_y + f_a}{2 \times 0.003E_s}} \tag{5.2.28}$$

(4)三种方法的比较

对上述钢骨混凝土梁构件正截面承载力现有计算方法分析表明,由于上述相关设计方法的编制依据、编制背景存在差异,进而导致构件正截面承载力计算理论与方法上也有差异,具体表现为:

①《钢骨规程》的特点是在很大程度上借鉴了日本相关规范,按叠加原理建立相应的计算公式,将钢骨混凝土分为钢结构和混凝土两部分后分别计算,截面模式如图 5.2.12 所示,忽略了钢骨和混凝土之间的粘结作用,同时相关研究表明该方法对非对称截面(见图 5.2.13)计算精度不高,但工程实际应用比较方便,计算简单,可操作性强,适用于截面估算和截面初步设计。

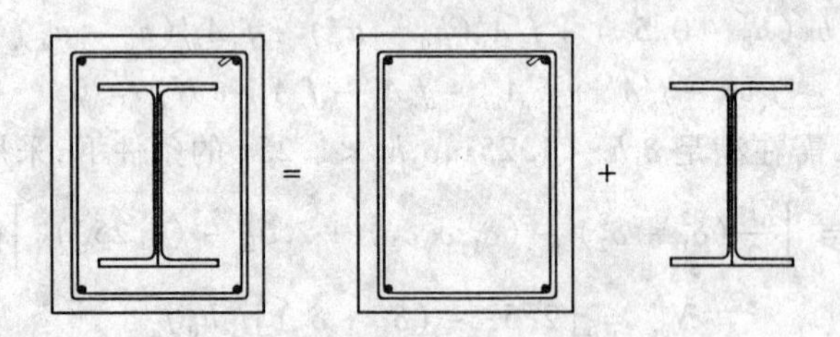

图 5.2.12 钢骨混凝土构件截面模式

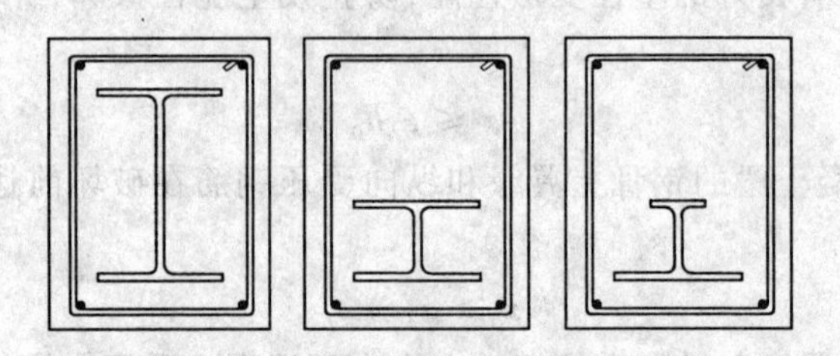

图 5.2.13 不对称构件截面形式

②《型钢规程》的特点是以钢筋混凝土理论为基础、以试验研究成果为依据建立的,该规程中引入了平截面假定,采用极限状态设计方法,其设计思路基本上与我国钢筋混凝土结构的设计方法相一致,认为钢骨与混凝土的粘结作用同钢筋与混凝土的作用相似,对构件的性能影响不大。该规程的理论依据较为充分,考虑因素全面,但其计算公式比较复杂且应用范围上具有局限性,只适合于中和轴位于钢骨腹板时的情况。

③两部规程都主要针对比较规则、常见的截面形式(充满型实腹钢骨混凝土),但一般不影响实际的工程应用,对于对称性差、较特殊的截面,规范中相应内容不多,可以按照第一种方法进行计算,该方法考虑了中和轴在不同位置的计算方法,但其计算公式比较复杂,且设计过程属于试算过程,需事先设计好构件截面后进行验算,对设计经验要求较高。

(5)算例

已知钢骨混凝土梁截面尺寸为 $b \times h = 1000\text{mm} \times 1800\text{mm}$,截面特性如图 5.2.14 所示,

混凝土强度等级为 C30,钢骨采用 Q345 钢,纵筋采用 HRB335 级钢筋,梁截面纵筋配筋量 $A_s = A'_s = 4 \times 490 = 1960\text{mm}^2$,试计算梁截面的受弯承载能力 M_u。

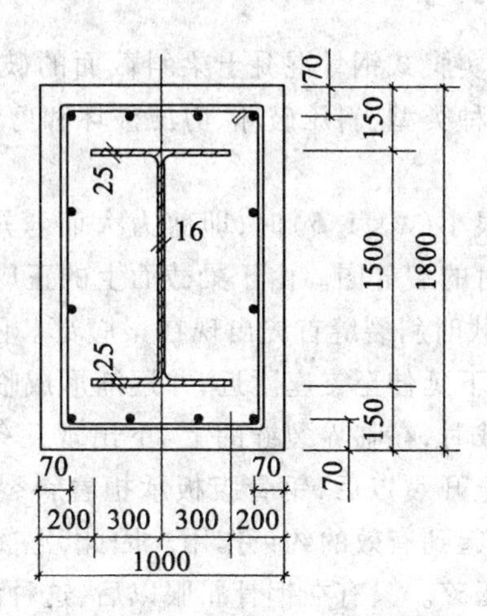

图 5.2.14 截面特性示意图

①按照《型钢规程》计算

$f_c = 15\text{N/mm}^2, f_a = f'_a = 315\text{N/mm}^2, f_y = f'_y = 300\text{N/mm}^2, \delta_1 h_0 = 175\text{mm}, \delta_2 h_0 = 1625\text{mm}$

式中 $h_0 = h - \dfrac{600 \times 25 \times 162.5 + 4 \times 490 \times 70}{600 \times 25 + 4 \times 490} = 1648\text{mm}, \delta_1 = \dfrac{175}{1648} = 0.106, \delta_2 = \dfrac{1625}{1648} = 0.986$

可以得到

$N_{aw} = [2.5\xi - (\delta_1 + \delta_2)] t_w h_0 f_a = [2.5\xi - (0.106 + 0.986)] \times 16 \times 1648 \times 315 = 2.076 \times 10^7 \xi - 9.07 \times 10^6$

按照规程公式(5.2.23)可以得到

$$15 \times 1000 \times \xi \times 1648 + 2.076 \times 10^7 \xi - 9.07 \times 10^6 = 0$$

求解得到 $\xi = 0.20$,所以 $x = 330\text{mm} > a'_s + t_f = 175\text{mm}$。代入式(5.2.22)和式(5.2.24),可得

$M_u \leqslant f_c bx(h_0 - 0.5x) + f'_y A'_s (h_0 - a'_s) + f'_a A'_{af} (h_0 - a'_a) + M_{aw}$

$= 15 \times 1000 \times 330 \times (1648 - 165) + 300 \times 4 \times 490 \times (1648 - 70) + 315 \times 600 \times 25 \times (1648 - 162.5) + [0.5(\delta_1^2 + \delta_2^2) - (\delta_1 + \delta_2) + 2.5\xi - (1.25\xi)^2] t_w h_0^2 f_a = 13058\text{kN} \cdot \text{m}$

②按照《钢骨规程》计算

根据截面特性,可以得到 $W_{ss} = 2.72 \times 10^7 \text{mm}^3$,带入式(5.2.16)、式(5.2.17)可以得到

$$M^{ss} = 1.05 \times 2.72 \times 10^7 \times 315 = 8996.4\text{kN} \cdot \text{m}$$

$$M^{rc} = 4 \times 490 \times 300 \times (130 - 70) = 981.96\text{kN} \cdot \text{m}$$

$$M_u = 8996.4 + 981.96 = 9978.36\text{kN} \cdot \text{m}$$

比较上述两种方法的计算结果可以看出,《钢骨规程》计算结果相对《型钢规程》较为保守,但计算很方便,可以用于初步设计确定钢骨的截面。《型钢规程》计算相对复杂,但考虑因素较为全面,其理论依据较为充分,计算结果较为准确,可以用于梁截面的准确设计或强度校核。

5.2.2 钢骨混凝土梁的斜截面承载力计算

1. 试验研究

相关试验研究结果表明,实腹式钢骨混凝土梁斜截面的破坏与钢筋混凝土梁有较大区别,其剪切破坏形态有以下三种类型:斜压破坏、剪压破坏和剪切粘结破坏。

(1)斜压破坏

斜压破坏发生在剪跨比很小($\lambda<1.5$)时,即剪力大而弯矩小的区段,图 5.2.15(a)为钢骨混凝土梁发生这类破坏时的裂缝图。由于梁截面上的正应力较小,剪应力起主导作用,当加载到 30%~50%极限荷载时斜裂缝首先出现在梁腹部。随着荷载的增加,腹部剪切裂缝向上延伸至加荷点附近,向下延伸至支座附近,并逐渐形成临界裂缝,裂缝宽度中间大、两端小。当加载至接近极限荷载时,在临界裂缝的上、下出现几条大致与之平行的斜裂缝,将梁端分成若干斜压杆。混凝土开裂以后,钢骨腹板承担着斜裂缝面上混凝土释放出来的应力,同时对混凝土的拉压变形起到有效的约束作用。因此,混凝土斜压杆不大可能在钢骨屈服前即达到极限压应变而被压碎。只有在钢骨屈服以后,这种约束作用丧失,变形才较快地增长,裂缝之间咬合作用才几乎丧失,抗力不断下降,最后因斜压杆混凝土的压碎而破坏。

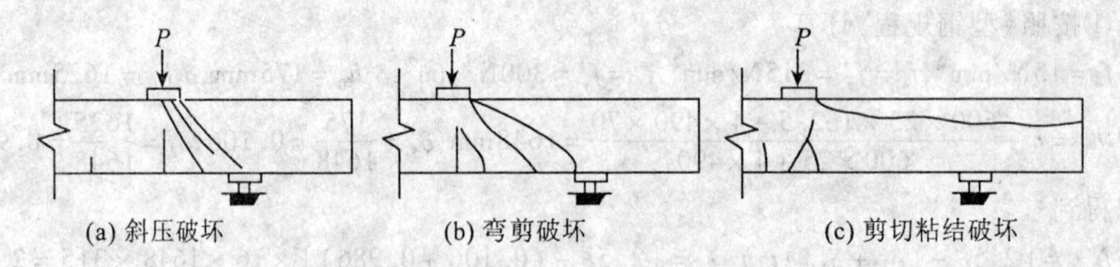

图 5.2.15 钢骨混凝土梁受剪破坏裂缝图

(2)弯剪破坏

当梁的剪跨比较大($\lambda\geq 2$)时,弯曲应力的影响增大,易发生弯剪破坏。当荷载加至 30%~40%极限荷载时,混凝土受拉边缘应力达到混凝土的抗拉强度,首先在梁的下边缘出现弯曲垂直裂缝,裂缝发展至钢骨下翼缘附近时受到了钢骨的约束,裂缝发展缓慢。同时由于剪力不断增加,梁腹部在剪应力和弯曲应力的共同作用下产生了主拉应力,并很快达到混凝土的极限抗拉强度,产生了与主拉应力垂直的斜裂缝,此时垂直裂缝即发展成为弯剪斜裂缝,并指向加载点。较大的弯剪斜裂缝对出现在大约$\frac{1}{2}$剪跨处,此时的荷载约为 40%~60%极限荷载。斜裂缝处的混凝土退出工作,主拉应力由钢骨承担。其后随着荷载的增加,钢骨发生剪切屈服,最后在正应力和剪应力的共同作用下剪压区混凝土达到弯剪复合应力作用下的强度,剪压区混凝土被压碎而导致构件破坏。图 5.2.15(b)为钢骨混凝土梁发生弯剪破坏时的裂缝图。

(3)剪切粘结破坏

在剪跨比较小且配置的箍筋较少时,往往会产生钢骨翼缘处粘结破坏而导致梁的剪切破坏,图 5.2.15(c)为钢骨混凝土梁剪切粘结破坏时的裂缝图。其破坏原因在于钢骨与混凝土的粘结能力较差,大致只相当于光圆钢筋和混凝土的 45%左右,主要靠钢骨与混凝土之间的化学胶结力与摩擦力来维持。加载初期由于剪力较小，钢骨与混凝土尚能协同工作。但随着荷载增加，化学胶结力逐渐降低乃至完全丧失，仅靠摩擦力来维持，传递剪力的能力大大降低，钢骨上、下翼缘处两侧的混凝土产生应力集中，当这部分混凝土逐渐达到其抗拉强度时即产生劈裂裂缝，并沿钢骨翼缘水平方向发展直到贯通，最终导致混凝土保护层剥落，构件丧失承载能力。

2. 影响钢骨混凝土梁受剪能力的因素

影响钢骨混凝土梁受剪承载力的因素较多，包括剪跨比、加载方式、混凝土强度、含钢率、钢骨翼缘宽度与梁宽比值、钢骨翼缘的保护层及配箍率等。结合相关试验研究，对影响构件斜截面承载力的主要因素分析如下：

(1)剪跨比

剪跨比 λ 反映了截面所受弯矩和剪力的相对大小，即 $\lambda=\frac{a}{h_0}=\frac{M}{V\cdot h_0}$，这实质上也反映了截面上正应力和剪应力的相互关系。当荷载为集中荷载时，剪跨比为 $\lambda=\frac{a}{h_0}$，其中 a 为集中力到支座的距离，h_0 为钢骨翼缘和纵向受拉钢筋的合力点到混凝土截面受压边缘的距离。由于正应力和剪应力决定了主应力的大小和方向，从而剪跨比大小将影响梁的斜截面破坏形态和斜截面承载力。

当梁的剪跨比很小($\lambda<1\sim1.5$)时，弯剪区段内正应力较小，剪应力起控制作用，一般发生剪切斜压破坏。主拉应力使剪跨段产生许多大致平行的斜裂缝，将混凝土分成斜向受压短柱，钢骨腹板则基本处于纯剪应力状态，最后钢骨腹板达到屈服，混凝土斜压杆被压坏而产生剪切斜压破坏。

当梁的剪跨比较小($\lambda=1.5\sim2.5$)时，弯剪区段内正应力、剪应力均较大，即钢骨混凝土梁在弯剪复合应力作用下，斜截面发生剪压破坏；另一方面，混凝土受压区和钢骨受拉翼缘较大的正应力导致混凝土保护层与钢骨翼缘截面产生较大剪应力，由于钢骨与混凝土界面的粘结强度较低，当混凝土保护层厚度较小，易产生水平的剪切粘结裂缝，若箍筋配置不足，就会发生剪切粘结破坏。

当梁的剪跨比很大($\lambda=2.5\sim3$)时，梁的承载力往往是由弯曲应力来控制的，构件发生弯曲破坏。

图 5.2.16 为根据相关试验结构得到的受剪承载力与剪跨比的关系，可知受剪承载力随着剪跨比的增加而降低，这个变化规律与普通钢筋混凝土类似，所以应适当限制构件剪跨比。

(2)混凝土强度

钢骨混凝土构件梁斜截面承载力由混凝土、钢骨和箍筋共同来提供。由于混凝土强度直接影响混凝土斜压杆的强度、混凝土与钢骨的粘结强度和混凝土剪压区的强度，因而混凝土强度对构件的斜截面承载力有一定的影响。相关试验研究表明，随着混凝土强度的提高，混凝土部分的受剪承载能力相应提高，从而使整个钢骨混凝土构件斜截面承载力增加。

(3)加载方式

均布荷载作用下的不同跨高比的钢骨混凝土梁的剪切试验表明，跨高比对混凝土的受剪能力以及钢骨的受剪能力均影响不大。但集中荷载作用下钢骨混凝土梁的受剪能力比均

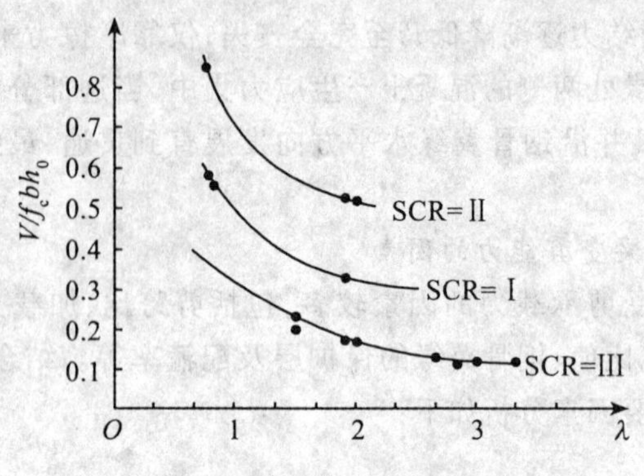

图 5.2.16 受剪承载力与剪跨比的关系

布荷载作用下的受剪能力有所降低。

(4)含钢率

斜裂缝出现前,钢骨腹板与混凝土剪应变基本一致。斜裂缝出现后,钢骨腹板不仅承担着斜裂缝面上混凝土释放的应力,同时由于混凝土部分的受剪刚度降低,以后继续增加的剪力也大部分由钢骨腹板承担。此外,钢骨对腹部混凝土的拉、压变形具有较强的约束作用。当斜裂缝充分发展,接近受剪极限状态时,钢骨腹板受剪达到屈服,受剪刚度很快降低,变形迅速增长。

钢骨腹板对钢骨混凝土梁的斜裂缝开裂荷载、受剪承载力和延性有很大影响。图 5.2.17 为一组钢骨腹板含量(厚度)变化的梁的荷载—挠度曲线,图 5.2.18 为该组钢骨混凝土梁斜裂缝开裂剪力和受剪承载力与钢骨腹板含量的关系。由图可见,钢骨腹板含量越大,梁的斜裂缝开裂荷载和受剪承载力越高。但当钢骨腹板含量过大,受剪承载力将主要取决于混凝土的抗压强度,钢骨腹板的进一步提高对受剪承载力增加作用有所减弱,与 RC 构件斜压破坏的情况类似,因此应限制剪压比。不过钢骨混凝土构件斜压破坏承载力的上限比钢筋混凝土构件的相应承载力有所提高,故在《型钢规程》和《钢骨规程》中,剪力 V 要求小于 $0.45f_c bh_0$,比钢筋混凝土构件的 $0.25f_c bh_0$ 高。

(5)配箍率

斜裂缝出现前,钢骨与混凝土作为整体共同工作,箍筋的应力很小基本不起作用。当斜裂缝出现以后,与斜裂缝相交箍筋的应力陡然增加。钢骨混凝土梁的试验实测表明,斜裂缝出现时,钢骨、箍筋和混凝土各自所分担的剪力约为 52%,2% 和 46%;而当接近极限剪力时,钢骨、箍筋和混凝土三部分的剪力分配率约为 36%,18% 和 36%,在斜裂缝发生区段产生较大的应力重分布。斜裂缝出现前,未开裂混凝土和钢骨腹板承担了大部分的剪力;斜裂缝出现后,则变为由混凝土、钢骨和箍筋共同承担。对于钢骨含量和配箍率适当的钢骨混凝土构件,产生剪压破坏时,通过斜裂缝的箍筋基本达到屈服。

此外,箍筋能有效地防止钢骨翼缘与混凝土界面的剪切粘结破坏。相关试验表明,配箍率不小于 0.25%,则可以避免出现剪切粘结破坏。

(6)宽度比

宽度比是指钢骨翼缘宽度 b_f 与梁宽 b 的比值,对钢骨混凝土梁的破坏形态与构件受剪

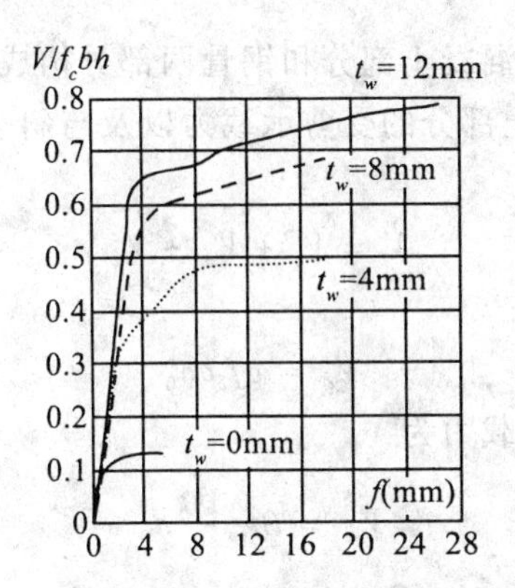

5.2.17　钢骨腹板对荷载—挠度图曲线的影响

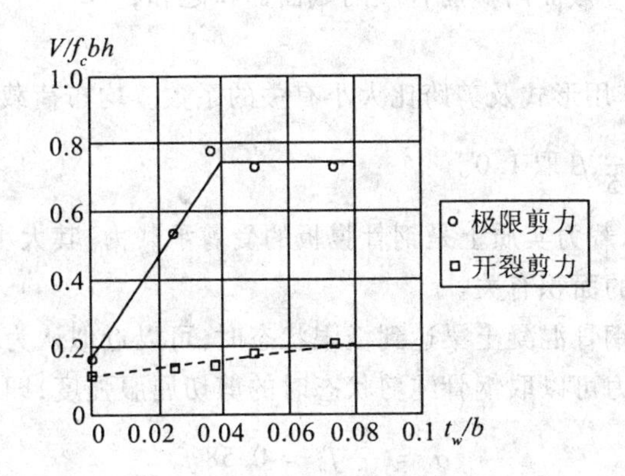

图 5.2.18　钢骨腹板对极限、开裂剪力的影响

性能的发挥有一定的影响。当$\frac{b_f}{b}$较大时，钢骨对混凝土的约束相对较强，对于提高梁的受剪强度与变形能力是有利的。但是当$\frac{b_f}{b}$大到一定程度，较易产生沿着钢骨上、下翼缘的粘结劈裂破坏，这又是不利的，因此应适当加大钢骨翼缘宽度 b_f。

3. 钢骨混凝土梁受剪承载能力计算

对于钢骨混凝土梁的三种斜截面破坏形态，在工程设计中都应设法避免，但是所采用的方式有所不同。对于剪切斜压破坏，一般通过控制钢骨混凝土梁的截面尺寸来防止；对于剪压破坏，必须通过受剪承载力验算来防止；对于剪切粘结破坏，则是通过控制箍筋间距和肢距来防止。

我国两部现行规程中关于钢骨混凝土梁斜截面受剪承载能力的计算均采用了与钢筋混凝土相同的计算理论，将钢骨混凝土梁的斜截面受剪能力从形式上分为三个部分：箍筋受剪部分，混凝土受剪部分和钢骨受剪部分，以下分别进行介绍和比较。

(1)《型钢规程》的计算公式

对于配置充满型、实腹式钢骨混凝土梁的斜截面受剪承载力计算，《型钢规程》中的计

算方法如下:

梁截面受剪承载力由钢筋混凝土部分和钢骨两部分构成,钢筋混凝土部分的计算与普通钢筋混凝土梁类似,由混凝土部分的受剪承载力以及与斜裂缝相交的箍筋的受剪承载力组成,其表达式为

$$V = V_c + V_{sv} + V_a \tag{5.2.29}$$

混凝土部分的受剪承载力为

$$V_c = \alpha f_c b h_0 \tag{5.2.30}$$

与斜裂缝相交的箍筋的受剪承载力为

$$V_{sv} = \beta f_{yv} \frac{A_{sv}}{s} h_0 \tag{5.2.31}$$

式中:V——钢骨混凝土梁的剪力设计值;

f_{yv}——箍筋的抗拉强度设计值;

A_{sv}——配置在同一截面内箍筋各肢的截面面积之和;

s——箍筋的间距;

α,β——与荷载作用形式及剪跨比大小有关的系数。均布荷载时,α 取 0.08,β 取1.0;集中荷载时,α 取$\dfrac{0.2}{\lambda+1.5}$,β 取 1.0。

钢骨部分的受剪承载力实质上是钢骨腹板的受剪承载力,其大小不仅与荷载形式有关,还与钢骨的强度、腹板的面积有关。

均布荷载作用下,钢骨混凝土梁达到极限状态时,可以近似认为钢骨腹板全截面处于纯剪状态,钢骨腹板的应力可以取钢骨纯剪状态时的剪切屈服强度,即

$$\sigma = \frac{1}{\sqrt{3}} f_a = 0.58\, f_a \tag{5.2.32}$$

则

$$V_a = 0.58\, f_a t_w h_w \tag{5.2.33}$$

集中荷载作用下,钢骨的受剪能力随剪跨比的增加而降低,如图 5.2.19 所示,其腹板的受剪强度为

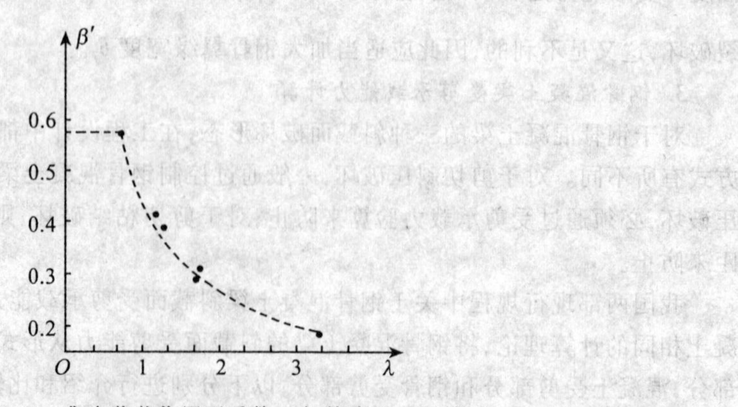

图 5.2.19 集中荷载作用下系数 β' 与剪跨比 λ 的关系

$$\sigma = \beta' f_a = \frac{0.58}{\lambda} f_a \tag{5.2.34}$$

则

$$V_a = \frac{0.58}{\lambda} f_a t_w h_w \tag{5.2.35}$$

将上述三项相加可以得到受剪承载力计算公式：

均布荷载作用下：

$$V_b \leqslant 0.08 f_c b h_0 + f_{yv} \frac{A_{sv}}{s} h_0 + 0.58 f_a t_w h_w \tag{5.2.36}$$

集中荷载作用下：

$$V_b \leqslant \frac{0.20}{\lambda + 1.5} f_c b h_0 + f_{yv} \frac{A_{sv}}{s} h_0 + \frac{0.58}{\lambda} f_a t_w h_w \tag{5.2.37}$$

式中：V_b——钢骨混凝土梁的剪力设计值；

λ——计算截面剪跨比，取 $\lambda = \frac{a}{h_0}$，a 为计算截面至支座截面或节点边缘的距离，计算截面取集中荷载作用点处的截面。当 $\lambda < 1.4$ 时，取 $\lambda = 1.4$；当 $\lambda > 3$ 时，取 $\lambda = 3$。其余符号同前。

上述钢骨混凝土斜截面受剪承载力计算公式是基于钢骨混凝土梁的剪压破坏建立的。对于集中荷载作用下钢骨混凝土梁的斜截面承载力表明，当 $\frac{V}{f_c b h_0}$ 超过一定值后，破坏时钢骨不能达到屈服，配置的箍筋也可能不屈服，所以梁的受剪截面应符合下列条件

$$V_b \leqslant 0.45 f_c b h_0 \tag{5.2.38}$$

同时为了避免钢骨配置过小，由于钢骨和混凝土的粘结作用极易丧失而导致剪切粘结破坏，梁的受剪截面应满足

$$\frac{f_a t_w h_w}{f_c b h_0} \geqslant 0.10 \tag{5.2.39}$$

(2)《钢骨规程》的计算公式

对于配置充满型、实腹式钢骨混凝土梁的斜截面受剪承载力计算，《钢骨规程》中的计算方法如下：

①计算公式

$$V \leqslant V_{by}^{ss} + V_{bu}^{rc} \tag{5.2.40}$$

式中：V——钢骨混凝土梁的剪力设计值；

V_{by}^{ss}——梁中钢骨部分的受剪承载力；

V_{bu}^{rc}——梁中箍筋混凝土部分的受剪承载力。

②梁中钢骨部分受剪承载力

$$V_{by}^{ss} = f_{ssv} t_w h_w \tag{5.2.41}$$

式中：f_{ssv}——钢骨腹板的抗剪强度设计值；

t_w、h_w——钢骨腹板的厚度和高度。

③梁中钢筋混凝土部分受剪承载力

均布荷载作用下的矩形、T形和工字形截面梁

$$V_{bu}^{rc}=0.7f_tb_bh_{b0}+1.25f_{yv}\frac{A_{sv}}{s}h_{b0} \tag{5.2.42}$$

集中荷载作用下的各种截面梁

$$V_{bu}^{rc}=\frac{1.75}{\lambda+1.5}f_tb_bh_{b0}+1.25f_{yv}\frac{A_{sv}}{s}h_{b0} \tag{5.2.43}$$

式中：b_b——梁截面的宽度；

h_{b0}——梁截面受拉钢筋形心至截面受拉区外边缘的距离；

f_t——混凝土轴心抗拉强度设计值。其余符号同前。

④公式适用范围

$$V\leqslant 0.45f_cb_bh_{b0} \tag{5.2.44}$$

$$V_{bu}^{rc}\leqslant 0.25f_cb_bh_{b0} \tag{5.2.45}$$

(3)两部规程的比较

从对上述两部规程的介绍可以看出，对于钢骨混凝土梁斜截面受剪承载力的计算公式的主要区别在于公式中各项受剪承载部分系数的取值不同，如表5.2.1所示。《型钢规程》考虑了核心混凝土受到了较好的约束，提高了混凝土的受剪能力，但降低了箍筋的受剪作用，而对于钢骨部分的受剪能力两部规程则相差不大；另外，《型钢规程》考虑了剪跨比对集中荷载作用时对钢骨部分受剪能力的影响。总体上来说，对于实际工程中斜截面受剪计算，两部规程的计算结果相差不大。

表5.2.1 《型钢规程》和《钢骨规程》关于斜截面受剪承载能力系数取值的比较

项目	混凝土部分		箍筋部分		钢骨部分		截面尺寸校核	钢骨腹板
	f_cbh_0		$f_{yv}\frac{A_{sv}}{s}h_{b0}$		$f_at_wh_w$		（剪压比校核）	最小尺寸验算
荷载形式	均布	集中	均布	集中	均布	集中	$\frac{V}{f_cbh_0}$	
《型钢规程》	0.07	0.2(λ+1.5)	1.5	1.25	f_{ssv}	f_{ssv}	≤0.45	$\frac{f_at_wh_w}{f_cbh_0}\geqslant 0.10$
《钢骨规程》	0.08	0.2(λ+1.5)	1.0	1.0	$0.58f_a$	$\frac{0.58}{\lambda}f_a$		

5.2.3 钢骨混凝土梁上开洞与补强

钢骨混凝土梁开孔时，孔洞位置一般应设置在梁中剪力较小部位，如图5.2.20所示。孔洞形状宜为圆形，孔洞周边可以设置钢套管加强。圆形孔洞的直径，在跨中$\frac{1}{3}$区域不应大于钢骨高度的0.7倍和梁高的0.4倍，如图5.2.21所示；在靠近梁端$\frac{1}{3}$区域，为避免受剪承载力降低太大，孔洞直径不应大于钢骨高度的0.3倍。9度抗震设防时，梁端不容许开洞。此外，孔洞尺寸、位置、间距及配筋构造还应符合钢筋混凝土梁开洞的相关要求。

在钢骨梁腹板孔洞截面处应验算梁的受弯和受剪承载力，承载力不足时应采取补强

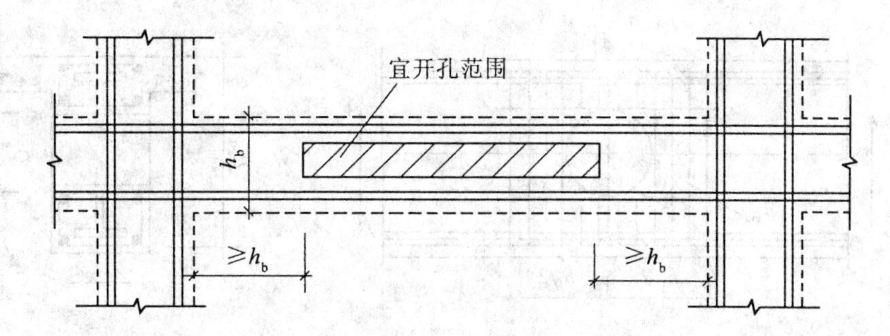

图 5.2.20　开孔范围

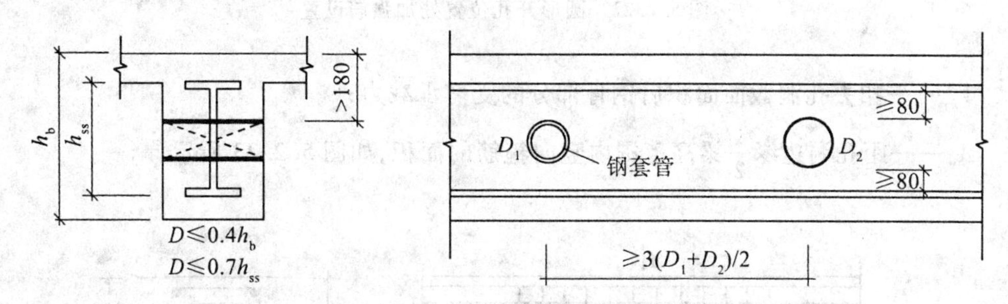

图 5.2.21　开孔尺寸、间距要求及钢套

措施。

对于圆形孔洞，孔洞截面处两侧可以适量配置加强箍筋或在钢骨腹板上焊接加强钢板来提高其受剪承载力，开洞截面处的正截面受弯承载力的计算与普通钢骨混凝土梁相同，但计算中应扣除孔洞截面面积。受剪承载力应满足式(5.2.40)的要求，但孔洞截面处实腹钢骨的受剪承载力应按式(5.2.46)计算，钢筋混凝土部分的受剪承载力应按式(5.2.47)计算。

$$V_{by}^{ss} = \gamma_h t_w (h_w - D_h) f_{ssv} \tag{5.2.46}$$

$$V_{bu}^{rc} = 0.7 f_t b_b h_{b0}\left(1 - 1.6\frac{D_h}{h_b}\right) + 0.5\sum f_{yv} A_{svi} \tag{5.2.47}$$

式中：γ_h——孔边条件系数，孔边设置钢套管时取 1.0，孔边不设置钢套管时取 0.85；

D_h——孔洞的直径；

$\sum f_{yv} A_{svi}$——从孔中心到两侧$\frac{1}{2}$梁高范围内加强箍筋的受剪承载力，符号意义如图 5.2.22 所示。

对于矩形孔洞，应在孔洞两侧边缘各$\frac{1}{2}$梁高范围内配置竖向箍筋，竖向箍筋截面面积按式(5.2.48)计算，且应符合箍筋加密区的构造要求。

$$A_{sv} \geqslant \frac{1.3V_{b1} - V_{hy}^{ss}}{f_{yv}} \tag{5.2.48}$$

式中：V_{b1}——由孔洞两侧边缘截面处选取较大的梁剪力设计值；

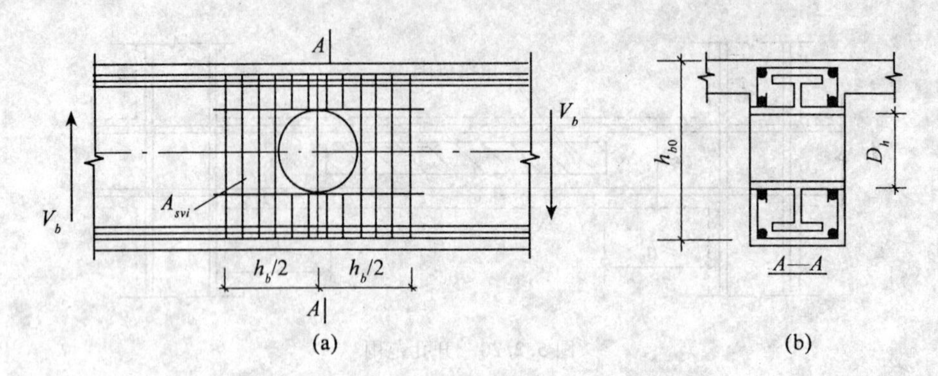

图 5.2.22 圆形开孔位置处加强筋设置

V_{hy}^{ss}——扣去孔洞截面面积后钢骨部分的受剪承载力；

A_{sv}——距孔洞边缘$\frac{1}{2}$梁高范围内竖向箍筋的面积，如图 5.2.23 所示。

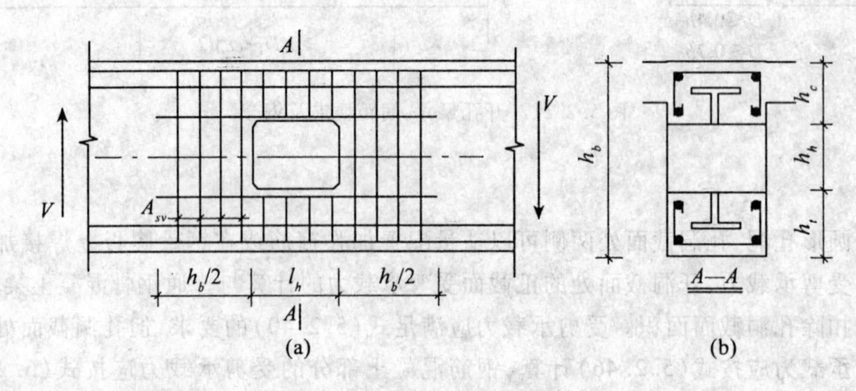

图 5.2.23 矩形孔洞边加强筋设置

矩形孔洞上、下受压弦杆和受拉弦杆分别按钢骨混凝土受压构件和受拉构件验算其受弯和受剪承载力。受压弦杆的内力设计值按式(5.2.49)计算，受拉弦杆的内力设计值按式(5.2.50)计算。

受压弦杆：
$$\begin{cases} V_c = 0.9V_h \\ N_c = \dfrac{M_b}{0.5h_c + h_h + 0.55h_t} \\ M_c = 0.5V_c l_h \end{cases} \tag{5.2.49}$$

受拉弦杆：
$$\begin{cases} V_t = 0.4V_h \\ N_t = \dfrac{M_h}{0.5h_c + h_h + 0.55h_t} \\ M_t = 0.75V_t l_h \end{cases} \tag{5.2.50}$$

式中：M_h，V_h——孔洞中心截面处的弯矩和剪力设计值；

V_c，N_c，M_c——受压弦杆的剪力、压力和弯矩设计值；

V_t,N_t,M_t——受拉弦杆的剪力、拉力和弯矩设计值；

h_c,h_t——受压弦杆和受拉弦杆的截面高度；

h_h,l_h——矩形孔洞的高度和宽度。

5.2.4 钢骨混凝土梁的变形及裂缝宽度验算

1. 钢骨混凝土梁的刚度变形计算

结构在规定的设计使用年限内，除了应满足正常施工和正常使用时可能出现的各种作用外，还应保证正常使用时具有良好的工作性能，如不出现过大的变形或过宽的裂缝等，在实际设计工作中，变形往往对构件的设计起着控制作用。因此对钢骨混凝土梁的设计，应对构件挠度加以限制。对于由弹性材料组成的构件，在使用阶段应力应变呈直线关系，刚度E为常数，而钢骨混凝土构件是弹塑性构件，随着荷载的变化，构件刚度变化，且受配钢率等因素的影响。通常若求得构件的刚度值B，即可以采用结构力学方法求其变形，因此计算钢骨混凝土梁的变形问题，可以归结为如何计算钢骨混凝土梁的刚度问题。

(1)变形特点及影响因素

与钢筋混凝土梁相比，钢骨混凝土梁的荷载变形曲线具有两个显著特点。当钢骨混凝土梁达到开裂荷载后，不会因混凝土的开裂而在$M-f$曲线上出现明显的转折点(见图5.2.1)。这是因为裂缝开展到钢骨下翼缘水平处，由于受到刚度较大的钢骨的约束，裂缝几乎不再向上发展，宽度增加也不大，产生了裂缝开展"停滞"现象。另外，构件开裂后中和轴上移，钢筋和钢骨对刚度影响增加，基本抵消翼缘下混凝土开裂的影响。钢骨混凝土梁变形的另一特点是在使用阶段梁的刚度降低较少，比较接近于线性关系。在钢骨混凝土梁中，钢筋与钢骨的屈服大致上同步，钢筋屈服后出现塑流，变形增大，因而钢骨下翼缘也随之屈服，钢骨下翼缘屈服后，钢骨与混凝土产生较大的相对滑移，对混凝土的有效约束减小，变形急剧增加。

钢骨混凝土梁是由钢筋混凝土及钢骨两部分组合而成，因此除钢骨腹板及梁的含钢率对梁的刚度变形有明显影响外，凡是影响钢筋混凝土梁及钢梁刚度变形的因素，例如梁的截面尺寸、混凝土及钢的强度等级、纵筋的多少、荷载作用时间等均会影响到梁的刚度与变形。

(2)刚度计算方法

国内对于钢骨混凝土梁的刚度的计算方法主要有以下几种：

①与混凝土结构设计规范相协调的刚度计算方法

根据受弯构件的变形与刚度相协调建立计算公式

$$B_s=\frac{E_sA_sh_0^2}{\dfrac{\psi}{\eta}\cdot\dfrac{M_s}{M}+\dfrac{\alpha_E\rho}{\xi}\cdot\dfrac{M_c}{M}} \tag{5.2.51}$$

其中，相关参数不易确定，需通过截面弯矩—曲率关系的全过程分析才能得到。

②刚度叠加方法

刚度叠加方法一般将钢骨混凝土梁的刚度分为受钢骨约束的混凝土、外围混凝土和钢骨三部分，然后进行叠加

$$B_{src}=B_{rc}+B_c+B_{ss} \tag{5.2.52}$$

式中：B_{rc}——工字形截面钢筋混凝土梁的刚度；

B_c——受约束混凝土的刚度；

B_{ss}——钢骨的刚度。

该方法的优点在于考虑了钢骨对周围混凝土的约束作用,其实质是认为钢骨与混凝土处于完全共同工作和完全脱离工作二者的中间状态,与实际情况比较符合。

③引入刚度折减系数的计算方法

该方法是引入刚度折减系数来确定刚度计算公式。采用钢筋混凝土构件的刚度计算公式,将计算结果乘以一个折减系数,即

$$B_s = \beta\alpha E_c I_0 \tag{5.2.53}$$

式中:β——主要考虑裂缝间受拉混凝土的影响,取1.05;

α——主要考虑混凝土非线性影响,在荷载短期效应作用下取0.8,荷载长期效应作用下取0.3;

I_0——开裂后换算截面的惯性矩,由三部分叠加而成,即

$$I_0 = I_{cr} + \alpha_E I_s + \alpha_{Ea} I_a \tag{5.2.54}$$

$$\alpha_E = \frac{E_s}{E_c}, \alpha_{Ea} = \frac{E_a}{E_c} \tag{5.2.55}$$

式中:I_{cr}——开裂后截面受压区混凝土面积对中和轴的惯性矩;

I_s、I_a——钢筋和钢骨对中和轴的惯性矩。

(3)挠度限值

①钢骨梁的最大挠度计算值,不应超过表5.2.2中规定的限值。

②钢骨悬臂梁的最大挠度计算值,不应超过表5.2.2中规定的限值的2倍。

表5.2.2　钢骨混凝土挠度的限值

梁的计算跨度	一般要求	较高要求
$l_0 < 7\text{m}$	$\frac{l_0}{200}$	$\frac{l_0}{250}$
$7\text{m} \leq l_0 \leq 9\text{m}$	$\frac{l_0}{250}$	$\frac{l_0}{300}$
$l_0 > 9\text{m}$	$\frac{l_0}{300}$	$\frac{l_0}{400}$

(4)抗弯刚度计算原则

①对于钢骨混凝土梁在正常使用极限状态下的挠度,可以根据梁的刚度,采用结构力学的计算方法计算。

②计算等截面梁挠度时,可以假定钢骨梁的各同号弯矩区段内的刚度相等,其值取各区段内最大弯矩处截面的刚度。

③梁的挠度应按荷载效应的标准组合并考虑在长期作用影响下的截面刚度B进行计算。

④若使用上允许钢骨混凝土梁在生产制作时预先起拱,检验梁的挠度时,可以将计算所得的挠度减去施工时的起拱值。

(5)计算公式

①计算方法(一)

相关计算结果表明,钢骨混凝土梁在加载过程中的平均应变,符合平截面假定,而且钢骨和混凝土截面变形的曲率相同,因此,梁截面的抗弯刚度 B_s 可以采用钢筋混凝土梁截面的抗弯刚度 B_{rc} 与钢骨截面抗弯刚度 B_a 叠加原则来计算。钢骨在其正常使用阶段采用其刚度 E_aI_a。

由不同受拉钢筋的配筋率、混凝土强度等级和截面尺寸的钢骨混凝土梁的抗弯刚度试验结果表明,当梁截面尺寸一定时,钢筋混凝土截面部分的抗弯刚度主要与受拉钢筋配筋率有关。此外,在长期荷载作用下,由于受拉区混凝土的徐变、钢筋与混凝土之间的滑移徐变及混凝土的收缩等原因,使梁的截面高度下降。因此,在钢骨梁的刚度 B 计算公式中,需要考虑荷载长期作用对挠度影响的增大系数 θ。

《型钢规程》规定,当钢骨混凝土梁的纵向受拉钢筋配筋率为0.3%～1.5%时,其荷载效应的标准组合和长期作用影响下的短期刚度 B_s 和长期刚度 B_l,分别按下式计算

$$B_s = B_{rc} + B_a = (0.22 + 3.75\alpha_E\rho_s)E_cI_c + E_aI_a \tag{5.2.56}$$

$$B_l = \frac{M_s}{M_l(\theta - 1) + M_s}B_s \tag{5.2.57}$$

式中:M_s——按荷载短期效应组合计算的弯矩值;

M_l——按荷载长期效应组合计算的弯矩值;

θ——考虑荷载长期作用对挠度的增大系数,当 $\rho_s' = 0$ 时,$\theta = 2.0$,当 $\rho_s' = \rho_s$ 时,$\theta = 1.6$;当 ρ_s' 为中间值时,θ 按直线内插法确定;

ρ_s, ρ_s'——纵向受拉钢筋和纵向受压钢筋的配筋率,$\rho_s = \frac{A_s}{bh_0}$,$\rho_s' = \frac{A_s'}{bh_0}$;

E_c, E_a——混凝土的弹性模量和钢骨的弹性模量;

I_c、I_a——按截面尺寸计算的混凝土的惯性矩和钢骨截面的惯性矩;

α_E——钢骨的弹性模量与混凝土弹性模量之比 $\frac{E_a}{E_c}$。

②计算方法(二)

对于钢骨截面为对称配置的钢骨混凝土梁,《钢骨规程》给出了如下计算公式:

短期抗弯刚度

$$B_s = \frac{E_sA_sh_{b0}^2}{1.15\psi + 0.2 + \dfrac{6\alpha_E\rho}{1 + 3.5\gamma_f'}} + E_{ss}I_{ss} \tag{5.2.58}$$

$$\psi = 1.1\left(1 - \frac{M_c}{M_K^{rc}}\right) \tag{5.2.59}$$

$$M_c = 0.235bh^2f_{tk} \tag{5.2.60}$$

$$M_k^{rc} = \frac{E_sA_sh_{b0}}{E_sA_sh_{b0} + \dfrac{E_{ss}I_{ss}}{h_{0s}}\left(0.2 + \dfrac{6\alpha_E\rho}{1 + 3.5\gamma_f'}\right)}M_k \tag{5.2.61}$$

式中:E_s、E_{ss}、E_c——钢筋、钢骨和混凝土的弹性模量;

I_{ss}——钢骨截面的惯性矩；

α_E——钢筋与混凝土的弹性模量之比$\dfrac{E_a}{E_c}$；

A_s、ρ——钢筋混凝土部分的纵向受拉钢筋的截面面积的配筋率，$\rho=\dfrac{A_s}{bh_{b0}}$；

b'_f、h'_f——钢骨混凝土梁受压翼缘的截面宽度和高度；

γ'_f——受压翼缘增强系数，$\gamma'_f=\dfrac{(b'_f-b)h'_f}{bh_{b0}}$，当 $h'_f>0.2h_{b0}$时，取 $\gamma'_f=0.2h_{b0}$；

b——钢骨混凝土梁腹的宽度；

h_{b0}——钢筋混凝土部分受拉钢筋形心至截面受压外边缘的距离；

h_{0s}——钢骨截面形心到混凝土受压区边缘的距离；

M_c——混凝土截面的开裂弯矩；

M_k、M_k^{rc}——荷载效应标准组合下分别为钢骨混凝土梁所承担的弯矩及混凝土部分所承担的弯矩；

f_{tk}——混凝土的轴心抗拉强度设计值；

ψ——纵向钢筋应变不均匀系数，当 $\psi>1.0$ 时，取 1.0，当 $\psi<0.4$ 时，取 0.4。

计算刚度 B：

钢骨混凝土在考虑荷载长期作用影响下，由于混凝土徐变和收缩对梁的刚度进一步产生影响，因此，确定梁的计算刚度 B 时，应对钢骨梁的混凝土部分的抗弯刚度进行修正，而钢骨梁中的钢骨部分抗弯刚度不变，即

$$B=\frac{M_k^{rc}}{M_k^{rc}+0.6M_{lk}^{rc}}\cdot\frac{E_sA_sh_{b0}^2}{1.15\psi+0.2+\dfrac{6\alpha_E\rho}{1+3.5\gamma'_f}}+E_{ss}I_{ss}M_k^{rc} \tag{5.2.62}$$

$$M_{lk}^{rc}=\left(\frac{M_{lk}}{M_k}\right)M_k^{rc} \tag{5.2.63}$$

式中：M_{lk}——荷载长期作用影响下，钢骨混凝土梁所承担的弯矩；

M_{lk}^{rc}——荷载长期作用影响下，钢筋混凝土部分所承担的弯矩。

2. 钢骨混凝土梁的裂缝宽度计算

钢骨混凝土构件同普通钢筋混凝土构件一样，在正常使用阶段，常常带裂缝工作。过大的裂缝会引起混凝土中钢骨和钢筋的严重锈蚀，降低结构的耐久性，从而进一步导致构件的承载能力下降；另一方面，过宽的裂缝会损坏结构的外观，给人们心理上造成不安全感。所以在钢骨混凝土结构设计中应控制裂缝的宽度。裂缝控制有两个基本问题：一是作为达到使用极限状态界限的裂缝宽度限值，二是裂缝宽度的计算。

(1)裂缝特征

钢骨混凝土梁的裂缝具有以下特征：

①构件裂缝一旦出现，就上升到一定的高度，这个高度约在钢骨下翼缘附近。这是因为当梁底部受拉，混凝土的拉应力达到其实际抗拉强度时，将在混凝土抗拉强度最低处的截面产生第一条(批)裂缝，由于此时受拉区已呈现微弱的塑性，且由于断裂能的瞬时释放，致使裂缝一出现就升到一定的高度。当裂缝发展到钢骨下翼缘附近时，钢骨刚度较大，有效地约

束了混凝土的应变,从而延缓了裂缝的向上发展。裂缝几乎不向上发展,宽度也不再持续增大,出现了裂缝开展的“停滞”现象。这种现象大约持续到受拉钢筋和钢骨屈服以前。

②裂缝一般先在纯弯段出现,然后才在剪跨段出现。在约 50% 的极限荷载时,纯弯段的裂缝基本出齐,直到构件破坏时,均表现为一致的竖向裂缝。剪跨段一般先出现竖向的短小裂缝,加载到一定阶段则逐渐发展成指向加载点的斜向裂缝,剪跨比越小,这种现象愈明显。

③钢骨混凝土梁的平均裂缝间距较钢筋混凝土梁大一些,而裂缝宽度开展却小一些。这主要是因为钢骨的存在约束了一部分混凝土,因而使混凝土开裂所需的粘结力传递需要更大的长度。根据国内的相关试验资料,纵向受拉钢筋水平处的裂缝宽度普遍高于钢骨下翼缘处的裂缝宽度。

(2)裂缝宽度限值

根据相关实验,一般钢骨混凝土梁当荷载加到极限荷载的 15% ~20% 时,首先在纯弯段(当然该段弯矩最大)出现裂缝;当荷载加到极限荷载的 50% 左右时,裂缝基本稳定。在一般正常试用阶段,钢骨混凝土量的裂缝宽度不一定小于钢筋混凝土梁,这是由于钢骨与混凝土的粘结力并不比钢筋与混凝土的粘结力好,而且,纵向受拉钢筋水平处的裂缝宽度普遍比钢骨受拉翼缘水平处的裂缝宽度大,因此,受拉钢筋应变是影响梁裂缝宽度的主要因素,裂缝宽度的限值应以受拉钢筋高度的裂缝宽度为准。

另外,钢骨混凝土梁最大裂缝宽度限值还应按荷载标准组合并考虑荷载长期作用影响,使其不超过表 5.2.3 中的规定。

表 5.2.3　　钢骨混凝土梁最大裂缝宽度限值

构件工作环境	室内正常环境	室内高湿度环境	露　天
最大裂缝宽度容许值/mm	0.3	0.2	0.2

(3)裂缝宽度计算理论

目前关于钢筋混凝土裂缝计算所采用的理论主要有以下三种:

①粘结—滑动理论

粘结—滑动理论认为裂缝的间距取决于钢筋与混凝土之间粘结应力的分布,该理论根据假设混凝土中拉应力在整个截面或有效受拉区面积上为均匀分布,且该拉应力不超过混凝土的抗拉强度的条件。裂缝的开展是由于钢筋与混凝土间的变形协调不再保持,出现相对滑动而产生的。这个理论认为,影响裂缝间距的主要变量为钢筋直径 d 和截面配筋率 ρ 的比值 $\frac{d}{\rho}$。

②无滑动理论

无滑动理论认为,裂缝截面存在着截面歪曲(出平面的应变),钢筋外围的保护层混凝土存在弯曲变形,产生应变梯度,而裂缝宽度主要由于出平面的应变梯度所控制。钢筋与混凝土的粘结滑动很小,可以略去不计。假设钢筋表面裂缝宽度等于零,裂缝宽度随距钢筋距离的增大而增大,即裂缝宽度完全是由外围混凝土的弹性回缩现象所造成。这样一种裂缝机理实质上是假定钢筋与混凝土间有充分的粘结,不发生相对滑动。按照这个理论,混凝土保护层厚度是影响裂缝宽度的主要因素。

③一般裂缝理论

一般裂缝理论是粘结—滑动理论和无滑动理论的结合。基于这种理论,裂缝间距公式为

$$l_m = K_1 c + k_2 \frac{d}{\rho} \tag{5.2.64}$$

式(5.2.64)右边第一项代表由保护层厚度 c 所决定的最小应力传递长度,第二项代表相对滑动引起的应力传递长度的增值。

通过对上述理论的分析可知,无滑动理论揭示了保护层厚度,或更准确地说是钢筋到构件表面的距离是影响裂缝宽度的一个重要变量,这已经为大量的试验所证实。从裂缝的机理来看,无滑动理论考虑了应变梯度的影响,采用在有裂缝的局部范围内,变形不再保持平面的假定,无疑比粘结滑移理论更为合理,但该理论假定钢筋完全没有滑动,裂缝宽度为零,把保护层厚度作为唯一的变量,显然是过于简化。一般裂缝理论基于粘结—滑动理论和无滑动理论的结合,则能够较好地反映影响裂缝宽度的各主要参数。

(4)裂缝宽度计算

①计算方法(一)

如图 5.2.24 所示,与钢筋混凝土梁一样,钢骨混凝土梁的裂缝宽度计算所采用的粘结滑移理论,只不过把纵向受拉钢筋和钢骨受拉翼缘,部分腹板的总面积定义为等效钢筋面积 A_e,其等效直径为 d_e。

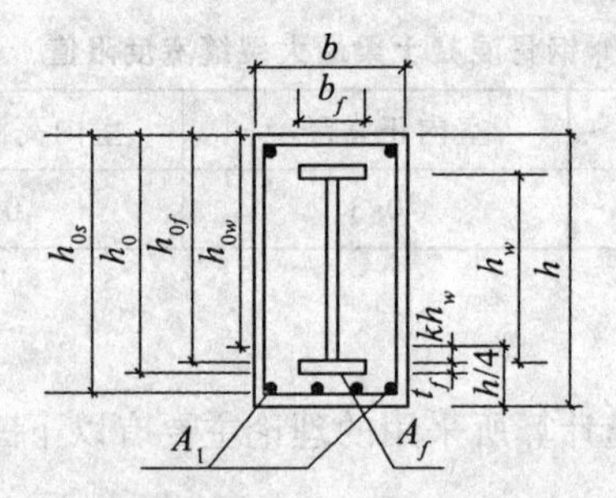

图 5.2.24 计算钢骨混凝土梁裂缝宽度的截面特性

《型钢规程》对钢骨混凝土梁的计算公式为

$$W_{\max} = 2.1\varphi \frac{\sigma_{sa}}{E_s}\left(1.9c + 0.08\frac{d_e}{\rho_{te}}\right) \tag{5.2.65}$$

$$\varphi = 1.1\left(1 - \frac{M_c}{M_s}\right), M_c = 0.235 f_{tk} bh^2 \tag{5.2.66}$$

$$\sigma_{sa} = \frac{M}{0.87(A_s h_{0s} + A_{af} h_{0f} + kA_{aw} h_{0w})} \tag{5.2.67}$$

$$d_e = \frac{4(A_s + A_{af} + kA_{aw})}{u} \tag{5.2.68}$$

$$\rho_{te} = \frac{A_s + A_{af} + kA_{aw}}{0.5bh} \tag{5.2.69}$$

$$u = n\pi d_s + 0.7(2b_f + 2t_f + 2kh_{aw}) \tag{5.2.70}$$

式中：M、M_s——作用于钢骨混凝土梁上的弯矩设计值和按荷载效应标准组合的弯矩值；

M_c——钢骨混凝土梁的抗裂弯矩；

A_s、A_{af}——纵向受拉钢筋、钢骨受拉翼缘的截面面积；

A_{aw}、H_{aw}——钢骨腹板的截面面积和截面高度；

h_{0s}、h_{0f}、h_{0w}——纵向受拉钢筋、钢骨受拉翼缘、kA_w 截面形心到混凝土截面受压区外边缘的距离，如图 5.2.24 所示；

d_s、n——纵向受拉钢筋的直径和数量；

u——纵向受拉钢筋、钢骨受拉翼缘与部分腹板周长之和；

d_c、ρ_{tc}——考虑钢骨受拉翼缘、部分腹板及受拉钢筋共同受力时的钢筋应力值；

φ——考虑钢骨翼缘作用的钢筋应变不均匀系数，当 $\varphi<0.4$ 时，取 0.4；当 $\varphi>1.0$ 时，取 1.0；

k——钢骨腹板影响系数，其值取梁受拉侧 $\frac{1}{4}$ 梁高 $\frac{h}{4}$ 范围内腹板高度与整个腹板高度的比值，如图 5.2.24 所示。

②计算方法（二）

《钢骨规程》对钢骨混凝土梁在弯矩作用下的裂缝宽度，给出了计算方法和相应的计算公式。

钢骨混凝土梁可能发生的最大裂缝宽度，是根据钢骨混凝土梁钢筋混凝土部分所承担的弯矩 M_k^{rc}，按钢筋混凝土梁的裂缝宽度计算，且最大裂缝宽度不超过现行国家标准《混凝土结构设计规范》（GB50010—2002）的规定。此时，将钢骨的受拉翼缘作为附加受拉钢筋，以考虑其对裂缝间距的影响。

对于对称配置的钢骨混凝土梁，考虑荷载长期作用影响及裂缝分布的不均匀性，梁的最大裂缝宽度 W_{max} 按下列公式计算

$$W_{max} = 2.1\varphi\frac{\sigma_{sk}}{E_s}\left(2.7c + 0.1\frac{d_c}{\rho_{tc}}\right)v \tag{5.2.71}$$

$$d_c = \frac{A(A_s + A_{af})}{s} \tag{5.2.72}$$

$$\rho_{tc} = \frac{A_s + A_{af}}{0.5bh} \tag{5.2.73}$$

$$\sigma_{sk} = \frac{M_k^{rc}}{0.87A_s h_{b0}} \tag{5.2.74}$$

式中：φ——钢筋应变不均匀系数；

c——受拉钢筋的保护层厚度；

d_c——折算的受拉钢筋直径；

s——受拉钢筋和钢骨受拉翼缘的截面周长之和；

ρ_{tc}——受拉钢筋 A_s 和钢骨受拉翼缘 A_{af} 的有效配筋率；

v——钢筋表面形状系数，变形钢筋，$v=0.7$，光圆钢筋 $v=1.0$；

σ_{sk}——荷载效应的标准组合下受拉钢筋的应力。

§5.3 钢骨混凝土柱

5.3.1 钢骨混凝土柱的受力性能与破坏形态

钢骨混凝土柱可能处于受压、压弯、压弯剪或者压弯剪扭等复合受力状态，与钢筋混凝土柱一样，轴压力的存在对柱的受力性能有着重要的影响，根据轴压力作用位置的不同，钢骨混凝土柱可以分为轴心受压柱和偏心受压柱。构件偏心受压是构件处于轴心受压与受弯之间相当大的受力范围，当弯矩 M 很小、接近于零或纵向压力 N 的偏心距接近于零时，趋于轴向受力状态；当弯矩 M 很大而轴向压力 N 很小、接近于零时，则趋于受弯状态。

1. 轴心受压柱

相关试验研究表明，钢骨混凝土柱轴心受压柱的受力破坏过程与钢筋混凝土轴心受压柱较为相似。在荷载作用初期，钢骨、钢筋及混凝土能够较好地共同工作，其变形是协调的。随着荷载的增加，沿着柱纵向产生裂缝。荷载继续增加，纵向裂缝逐渐贯通，分成若干小柱发生劈裂破坏。在合适的配筋情况下，钢骨与纵向钢筋都能达到受压屈服。与普通钢筋混凝土柱不同的是，当加荷到极限荷载的 80% 以上，钢骨与混凝土的粘结滑移明显。因此一般在沿钢骨翼缘处均有明显的纵向裂缝。尽管在高应力时粘结滑移的现象是明显存在的，但在轴心受压钢骨混凝土柱的试验中发现，在合理配钢的情况下，当柱达到最大荷载时，混凝土的应力仍然能达到混凝土的轴心抗压强度。亦即粘结滑移的增大，对轴心受压柱的承载能力没有明显的影响。这也可以从另一方面来解释。一方面粘结力较差，导致钢骨外围混凝土与钢骨翼缘较易产生纵向裂缝；但另一方面，处于钢骨翼缘与腹板间的混凝土受到钢骨的约束，抗压能力有所提高，这又是有利因素。有利因素与不利因素的作用大致能够抵消。

通过国内大量相关试验，除了少量特殊的局部部位外，一般柱中的栓钉等剪力件是可以省去的。这对轴心受压柱的承载能力并无明显影响。这样大大简化了施工，也省去了大量栓钉的用钢。不过为了考虑粘结滑移的影响，对于配工字钢，焊接 H 钢骨、无缀杆连接的双槽钢、十字形钢等实腹钢的钢骨混凝土柱，钢骨应当具有比钢筋更大的混凝土保护层以及配有一定量纵筋和箍筋是必要的。

2. 偏心受压柱

偏心受压柱承受轴力 N 和弯矩 M 的共同作用，是一种压弯复合受力构件。因此该构件既具有受压构件的性能又具有受弯构件的性能。作为偏心受压柱的特例，当 $M=0$ 时，即为轴心受压构件。当轴力 $N=0$ 时即为纯弯构件。因此对于一般偏心受压柱，偏心距 $e=\frac{M}{N}$ 是影响其受力行为的一个重要因素。此外，由于弯矩的存在，柱将产生侧向挠曲。侧向挠曲变形，对柱的每一个截面来说是不相等的。侧向挠曲变形的发生，将使轴向力的偏心距在初始偏心距的基础上有所增大，即产生了一个附加偏心距。与此同时，截面所受弯距也必然增大，即在初始弯矩的基础上增加了一个附加弯矩。由于侧向挠曲变形沿着柱高是变化的，所以各截面增加的附加弯曲也随之变化。显然对挠曲变形最大的临界截面影响最大。附加偏心距与附加弯矩与柱两端的支承情况有关。与柱子的高度有关以及与柱截面的刚度有关。

因此柱的长细比$\frac{l_0}{i}\left(或\frac{l_0}{b},\frac{l_0}{d}\right)$也将对柱的受力状态有明显影响。其中 l_0 为柱的计算长度，i 为柱的最小回转半径。对于长细比较大的柱，其二阶效应的影响是不可忽略的。

在竖向偏心荷载作用下，钢骨混凝土柱的破坏形态主要有：大偏心受压破坏、小偏心受压破坏。

(1)大偏心受压破坏(拉压破坏)

当加荷到一定程度，柱受拉侧混凝土开裂，出现基本与柱轴线垂直的横向裂缝。若荷载继续增加，受拉钢筋与钢骨受拉翼缘相继屈服。此时受压边缘混凝土尚未达到极限压应变，荷载仍可以继续增加，一直加荷至受压混凝土达到了极限压应变，逐渐压碎剥落，柱则被破坏。此时在一般情况下(除非钢骨受压翼缘的混凝土保护层即 a_s'很大或受压区高度值 x 特别小)受压钢筋与钢骨受压翼缘也均能达到屈服强度。钢骨腹板，不论受压区还是受拉区一般都是部分屈服，部分未屈服。这种情况一般发生在偏心率$\frac{e_0}{h}$较大的时候，故一般俗称为大偏心受压破坏。

(2)小偏心受压破坏(受压破坏)

当加荷到一定程度时，受压区混凝土边缘或受压较大边混凝土边缘压应变达到极限压应变，混凝土压溃，即柱被破坏。此时一般来讲受压较大边的钢筋与钢骨翼缘也都屈服，而距轴压力较远一侧的混凝土及钢筋、钢骨可能受压，也可能受拉。但是该侧的钢筋和钢骨均未达到屈服。这种情况一般发生在偏心距较小的情况下，因此也往往俗称为小偏心受压。

受压破坏时，混凝土边缘纤维的应变达到极限压应变，而钢骨受拉(或受压较小侧)翼缘的应变尚小于钢骨屈服应变。拉压破坏时，当钢骨受拉翼缘应变达到屈服应变(即应力达到钢骨屈服极限)时，受压区边缘混凝土的压应变尚小于极限压应变。因此，当混凝土受压边缘纤维的应变达到其极限压应变的同时，钢骨受拉翼缘也达到钢骨的屈服应变，即应力达到屈服极限，即柱被破坏。这种情况即是受压破坏与受拉破坏的界限，因此可以称这种情况为界限破坏。

5.3.2　钢骨混凝土柱的正截面承载力计算

1. 轴心受压柱

无论是在柱的轴心受压或偏心受压的试验中，由于混凝土对钢骨的约束，均未发现钢骨有局部屈曲现象，因此在设计中可以不予考虑。轴心受压柱的正截面承载力可以按下式计算

$$N \leqslant \varphi(f_c A_c + f_y' A_s' + f_s' A_{ss}) \tag{5.3.1}$$

式中：f_c——混凝土的轴心受压强度设计值；

A_c——混凝土的净截面面积；

A_{ss}——钢骨的有效净截面面积，即应扣除因孔洞削弱的部分；

A_s'——纵向受压钢筋的截面积；

f_y'——纵向钢筋的抗压强度设计值；

f_s'——钢骨的抗压强度设计值；

φ——钢骨混凝土柱的稳定系数。

稳定系数 φ 根据$\frac{l_0}{i}$的值由表 5.3.1 确定。其中 l_0 为柱的计算长度，可以根据柱两端的

支承情况，按照现行国家标准《混凝土结构设计规范》(GB50010—2002)取用，i 为最小回转半径，可以按下式计算

表 5.3.1　钢骨混凝土柱的稳定系数

$\frac{l_0}{i}$	≤28	35	42	48	55	62	69	76	83	90	97
φ	1.0	0.98	0.95	0.92	0.87	0.81	0.75	0.70	0.65	0.60	0.56
$\frac{l_0}{i}$	104	111	118	125	132	139	146	153	160	167	174
φ	0.52	0.48	0.44	0.40	0.36	0.32	0.29	0.26	0.23	0.21	0.19

$$i = \sqrt{\frac{I_0}{A_0}} \tag{5.3.2}$$

其中 I_0 为换算截面的惯性矩，可以按下式计算

$$I_0 = I_c + \alpha_{ss} I_{ss} + \alpha_s I_s \tag{5.3.3}$$

A_0 为换算截面面积，按下列公式计算

$$A_0 = A_c + \alpha_{ss} A_{ss} + \alpha_s I_s \tag{5.3.4}$$

其中

$$\alpha_{ss} = \frac{E_{ss}}{E_c} \tag{5.3.5}$$

$$\alpha_s = \frac{E_s}{E_c} \tag{5.3.6}$$

式中：E_c——混凝土的弹性模量；

E_s——纵向钢筋的弹性模量；

E_{ss}——钢骨的弹性模量；

I_c——混凝土净截面对通过换算截面重心并垂直于偏心面的轴的惯性矩；

I_s——纵向钢筋对上述换算截面重心轴的惯性矩；

I_{ss}——钢骨对上述换算截面重心轴的惯性矩。

2. 偏心受压柱

(1)计算方法(一)(平截面假定基础上的极限平衡法)

1)基本假定

对于配置充满型、实腹钢骨的混凝土柱，其正截面偏心受压柱的计算，《型钢规程》给出了如下计算方法。

根据试验分析钢骨混凝土偏心受压柱的受力性能及破坏特点，钢骨混凝土柱正截面偏心受压承载力计算，采用如下基本假定：

①截面应变保持平面；

②不考虑混凝土的抗拉强度；

③受压区边缘混凝土极限压应变 ε_{cu} 取0.003,相应的最大压应力取混凝土轴心抗压强度设计值 f_c;

④受压区混凝土的应力图形简化为等效的矩形,其高度取按平截面假定确定的中和轴高度乘以系数 $\beta_1=0.8$;

⑤钢骨腹板的拉、压应力图形均为梯形,设计计算时,简化为等效的矩形应力图形;

⑥钢筋的应力等于其应变与弹性模量的乘积,但不大于其强度设计值。受拉钢筋和钢骨受拉翼缘的极限拉应变取 $\varepsilon_{ru}=0.01$。

2)界限破坏

如前所述,钢骨混凝土偏心受压柱的破坏形态主要有:大偏心受压破坏、小偏心受压破坏。界限破坏时,当混凝土受压边缘纤维的应变达到其极限压应变的同时,钢骨受拉翼缘也达到钢骨的屈服应变。

相关试验研究表明,钢骨混凝土偏压构件在荷载不超过最大荷载的80%以前,截面应变能较好地符合平截面假定,当加荷达到最大荷载的80%~90%以后,由于钢骨与混凝土之间产生较大的粘接滑移,平截面假定不能成立。与钢骨混凝土梁正截面承载能力计算一样,偏心受压钢骨混凝土柱的承载能力计算仍采用修正平截面假定,混凝土的极限压应变与受弯构件统一取0.003。尽管该值对于偏心率很小的情况取值偏大,但是在钢骨混凝土轴心受压构件中,钢骨与混凝土的粘接滑移对构件承载能力影响不大,构件达到承载能力极限状态时,混凝土的应力还是能达到 f_c 的。

界限破坏时,相对受压区高度比值为

$$\xi_b=\frac{0.8}{1+\dfrac{f_y+f_a}{2\times0.003E_s}} \tag{5.3.7}$$

当 $\xi>\xi_b$ 时,属于小偏心受压构件,当 $\xi<\xi_b$ 时,属于大偏心受压构件。

3)偏心受压长柱的纵向弯曲影响

钢骨混凝土柱在承受偏心受压荷载后,会产生纵向弯曲。但长细比小的柱,即短柱,由于纵向弯曲较小,可以不考虑纵向附加弯曲引起的附加弯矩对构件承载力的影响,构件的破坏是材料破坏引起的;长细比较大的长柱,由于纵向弯曲较大,其正截面受压承载力与短柱相比较降低很多,但构件的最终破坏还是材料破坏;长细比很大的细长柱,构件的破坏已不是由于材料破坏所引起的,而是由构件的纵向弯曲失去平衡所引起的破坏,称为失稳破坏。

对于短柱,可以忽略纵向弯曲的影响,而对于中长柱采用把初始偏心距值 e_0 乘以一个偏心距增大系数 η 来考虑纵向弯曲的影响。

$$\eta=1+\frac{1}{1400\dfrac{e_i}{h_0}}\left(\frac{l_0}{h}\right)^2\xi_1\xi_2 \tag{5.3.8}$$

$$\xi_1=\frac{0.5f_cA}{N} \tag{5.3.9}$$

$$\xi_2=1.15-0.01\frac{l_0}{h} \tag{5.3.10}$$

式中:e_0——初始偏心距;

l_0——构件计算长度;

h——截面高度；

h_0——截面有效高度；

ξ_1——偏心受压构件的截面曲率修正系数，当 $\xi_1>1$ 时，取 $\xi_1=1$；

ξ_2——构件长细比对截面曲率的影响系数，当$\frac{l_0}{h}<15$ 时，取 $\xi_2=1$。

若构件长细比$\frac{l_0}{h}\left(\text{或}\frac{l_0}{d}\right)\leqslant 8$ 时，视为短柱，可以不考虑纵向弯曲对偏心距的影响，取 $\eta=1.0$。

由于实际工程中存在着荷载作用位置的不定性，混凝土的不均匀性及施工偏差等原因，都可能产生附加偏心距。因此，在钢骨偏压柱正截面承载力计算中，应计入轴向压力在偏心方向存在的附加偏心距 e_0，其值应取 20mm 和偏心方向截面尺寸的$\frac{1}{30}$两者中的较大值。引进附加偏心距后，在计算偏心受压柱正截面承载力时，应将轴向力作用点到截面形心的偏心距取为 e_i，成为初始偏心距。即

$$e_i = e_0 + e_a \tag{5.3.11}$$

4）承载力计算公式

钢骨混凝土柱正截面受压承载力计算简图如图 5.3.1 所示。

$$N \leqslant f_c bx + f_y' A_s' + f_a' A_{af}' - \sigma_a A_s - \sigma_a A_{af} + N_{aw} \tag{5.3.12}$$

$$Ne \leqslant f_c bx\left(h_0 - \frac{x}{2}\right) + f_y' A_s'(h_0 - a_s') + f_a' A_{af}'(h_0 - a_s') + M_{aw} \tag{5.3.13}$$

$$e = \eta e_i + \frac{h}{2} - a \tag{5.3.14}$$

$$e_i = e_0 + e_a \tag{5.3.15}$$

式中：f_y'，f_a'——受压钢筋、钢骨的抗压强度设计值；

A_s'，A_a'——竖向受压钢筋、钢骨受压翼缘的截面面积；

A_s，A_a——竖向受拉钢筋、钢骨受拉翼缘的截面面积；

b，x——柱截面宽度和柱截面受压区高度；

a_s'，a_a'——受压纵筋合力点、钢骨受压翼缘合力点到截面受压边缘的距离；

a_s，a_a——受拉纵筋合力点、钢骨受拉翼缘合力点到截面受拉边缘的距离；

a——受拉纵筋和钢骨受拉翼缘合力点到截面受拉边缘的距离。

（1）σ_s 和 σ_a 的取值

柱截面受拉边或较小受压边竖向钢筋的应力 σ_s 和钢骨翼缘应力 σ_a，分别不同情况，按下式计算：

①大偏压柱

当 $\xi<\xi_b$ 时

$$\sigma_s = f_y, \sigma_a = f_a \tag{5.3.16}$$

②小偏压柱

当 $\xi>\xi_b$ 时

$$\sigma_s = \frac{f_y}{\xi_b - 0.8}\left(\frac{x}{h_0} - 0.8\right), \sigma_a = \frac{f_a}{\xi_b - 0.8}\left(\frac{x}{h_0} - 0.8\right) \tag{5.3.17}$$

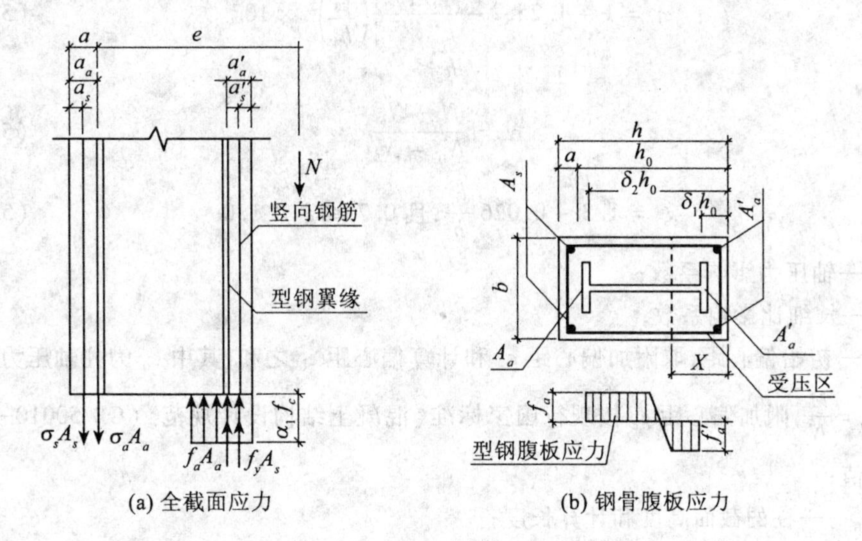

图 5.3.1　偏心受压柱的截面应力图形

式中：E_s——竖向钢筋的弹性模量；

ξ_b——柱混凝土截面的相对界限受压区高度。

(2) N_{aw} 和 M_{aw} 的计算

采用极限平衡法，把钢骨腹板的应力图形简化为拉、压矩形应力图形的情况下，钢骨腹板承受的轴向合力 N_{aw} 和弯矩 M_{aw}，可以按下式计算

①大偏压柱

当 $\delta_1 h_0 < 1.25x$，$\delta_2 h_0 > 1.25x$ 时

$$N_{aw} = [2.5\xi - (\delta_1 + \delta_2)] t_w h_0 f_a \tag{5.3.18}$$

$$M_{aw} = \left[\frac{1}{2}(\delta_1^2 + \delta_2^2) - (\delta_1 + \delta_2) + 2.5\xi - (1.25\xi)^2\right] t_w h_0^2 f_a \tag{5.3.19}$$

②小偏压柱

当 $\delta_1 h_0 < 1.25x$，$\delta_2 h_0 < 1.25x$ 时

$$N_{aw} = (\delta_2 - \delta_1) t_w h_0 f_a \tag{5.3.20}$$

$$M_{aw} = \left[\frac{1}{2}(\delta_2 - \delta_1)^2 + (\delta_2 - \delta_1)\right] t_w h_0^2 f_a \tag{5.3.21}$$

式中：t_w，f_a——钢骨的腹板厚度和抗拉强度设计值；

δ_1，δ_2——钢骨腹板顶面、底面至柱截面受压区外边缘距离与 h_0 的比值。

(2)计算方法(二)(叠加法)

对于钢骨混凝土柱单向偏压承载力验算，《钢骨规程》给出如下的计算方法：

①偏心距增大系数

柱的计算长度 l_0 与截面高度 h_c 的比值 $\frac{l_0}{h_c} > 8$ 时，应考虑柱的弯曲变形对其压弯承载力的影响，对柱的偏心距乘以增大系数 η。

钢骨混凝土柱的偏心距增大系数 η，按下列公式计算

$$\eta = 1 + 1.25\frac{(7-6\alpha)}{\frac{e_i}{h_c}}\xi\left(\frac{l_0}{h_c}\right)^2 \times 10^{-4} \tag{5.3.22}$$

$$\alpha = \frac{N - N_b}{N_0 - N_b} \tag{5.3.23}$$

$$\xi = 1.3 - 0.026\frac{l_0}{h}\text{,且 } 0.7 \leqslant \xi \leqslant 1.0 \tag{5.3.24}$$

式中:α——轴压力影响系数;

ξ——长细比影响系数;

e_i——初始偏心距,取附加偏心距 e_a 和计算偏心距 e_0 之和,其中 e_0 为柱轴压力的计算偏心距,$e_0=\dfrac{M}{N}$,附加偏心距 e_a 按现行国家标准《混凝土结构设计规范》(GB 50010—2002)的规定取值;

h_c, l_0——柱的截面高度和计算长度;

N, M——钢骨混凝土柱承受的轴压力和弯矩设计值。

②承载力计算公式

在轴力和弯矩作用下,钢骨混凝土柱的正截面受弯承载力应满足下列要求

$$\begin{cases} N \leqslant N_{cy}^{ss} + N_{cu}^{rc} \\ M \leqslant M_{cy}^{ss} + M_{cu}^{rc} \end{cases} \tag{5.3.25}$$

式中:N, M——钢骨混凝土柱承受的轴力和弯矩设计值,其中 M 为考虑二阶效应对轴向压力偏心距影响的偏心距增大系数 η 后的弯矩设计值;

N_{cy}^{ss}, M_{cy}^{ss}——钢骨部分承担的轴力及相应的受弯承载力;

N_{cu}^{rc}, M_{cu}^{rc}——钢筋混凝土部分承担的轴力及相应的受弯承载力。

式 5.3.25 是钢骨混凝土构件在轴力和弯矩作用下的正截面受弯承载力计算的一般叠加公式。根据塑性理论下限定理,利用式(5.3.25)计算承载力的方法如下:对于给定轴力设计值 N,根据轴力平衡方程,任意分配钢骨部分和钢筋混凝土部分承担的轴力,并分别求得相应各部分的受弯承载力,两部分受弯承载力之和的最大值为在该轴力下的受弯承载力。

而对于如图 5.3.2 所示常用的对称配置的钢骨混凝土偏压柱,可以先设定钢骨截面,按式(5.3.26)和式(5.3.27)确定钢骨部分承担的轴力和弯矩后,再按公式(5.3.28)确定钢筋混凝土部分承担的轴力和弯矩的设计值,然后按现行国家标准《混凝土结构设计规范》(GB 50010—2002)计算钢筋混凝土部分截面的配筋。

钢骨部分承担的轴力和弯矩设计值按下列公式确定:

钢骨轴力
$$N_{cy}^{ss} = \frac{N - N_b}{N_{u0} - N_b}N_{c0}^{ss} \tag{5.3.26}$$

钢骨弯矩
$$M_{cy}^{ss} = \left(1 - \left|\frac{N_{cy}^{ss}}{N_{c0}^{ss}}\right|^m\right)M_{y0}^{ss} \tag{5.3.27}$$

式(5.3.26)的轴力近似分配公式是按以下方法得到的:当钢骨混凝土截面达到轴心受压承载力 N_{u0} 时,钢骨截面的轴力为 N_{c0}^{ss};当中和轴通过截面中心轴时,钢骨截面承担的轴力为 0,全部轴力由钢筋混凝土承担,此时的轴力为 $N_b = 0.5\alpha_1\beta_1 f_c bh$。其他轴力情况下,钢骨

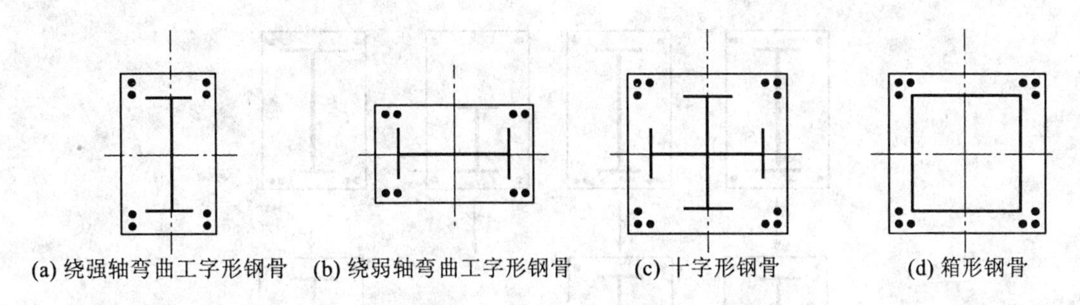

图 5.3.2　对称配筋截面

截面的轴力分配在以上两种情况的线性插值,即得到式(5.3.26)。钢骨部分的轴力和弯矩相关关系式(5.3.27)系根据极限承载力状态的大量计算分析得到的,系数 m 反映了配置于钢筋混凝土中钢骨的压弯相关曲线形状特征参数,当 $m=1$ 时,钢骨截面的相关曲线为直线。

钢筋混凝土部分承担的轴力和弯矩设计值按下列公式计算

$$\begin{cases} N_c^{rc} = N - N_{cy}^{ss} \\ M_c^{rc} = M - M_{cy}^{ss} \end{cases} \tag{5.3.28}$$

式中:N_{cy}^{ss}, M_{cy}^{ss}——钢骨部分承担的轴力和弯矩设计值;

N_c^{rc}, M_c^{rc}——钢筋混凝土部分的轴力和弯矩设计值;

N_{u0}——钢骨混凝土短柱轴心受压承载力,$N_{u0}=N_{c0}^{ss}+N_{c0}^{rc}$,其中 $N_{c0}^{ss}=f_{ssy}A_{ss}$ 为钢骨截面部分的轴心受压承载力,$N_{c0}^{rc}=f_cA_c+f'_yA_s$ 为钢筋混凝土截面部分的轴压承载力;

N_b——界限破坏时的轴力,取 $N_b=0.5\alpha_1\beta_1f_cbh$,其中参数 α_1 和 β_1 为混凝土等效矩形图形系数,按现行国家标准《混凝土结构设计规范》(GB50010—2002)确定;

M_{y0}^{ss}——钢骨截面的受弯承载力,取 $\gamma_sW_{ss}f_{ssy}$,其中钢骨截面塑性发展系数 γ_s 绕强轴弯曲工字形钢骨截面取 1.05,绕弱轴弯曲工字形钢骨截面,取 1.1,十字形及箱形钢骨截面取 1.05;

m——N_{cy}^{ss}—M_{cy}^{ss} 相关曲线形状系数,按表 5.3.2 取值。

表 5.3.2　N_{cy}^{ss}—M_{cy}^{ss} 相关曲线形状系数 m

钢骨形式	绕强轴弯曲工字形钢骨	绕弱轴弯曲工字形钢骨	十字形钢骨 箱形钢骨	单轴非对称 T 形钢骨
$N \geq N_b$	1.0	1.5	1.3	1.0
$N < N_b$	1.3	3.0	2.6	2.4

对于配置非对称钢骨截面的柱,当钢骨的非对称性不是很大时,可以按照图 5.3.3 的方法偏于安全地换算成对称截面,再按式(5.3.26)、式(5.3.27)和式(5.3.28)进行计算。

对于如图 5.3.4 所示的配置 T 形和 L 形非对称钢骨配置的矩形截面钢骨混凝土柱,在

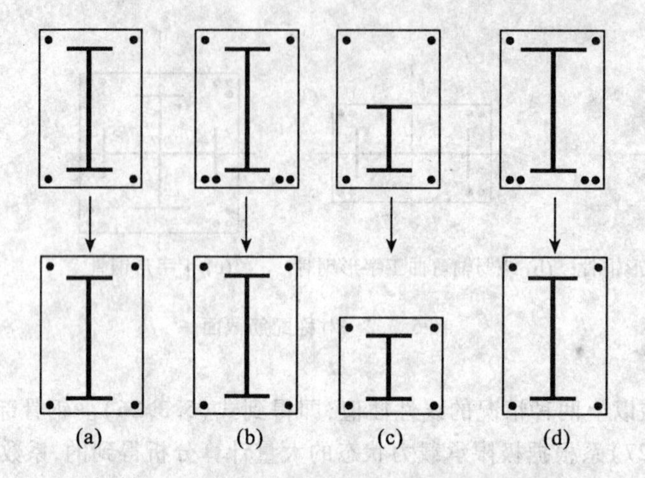

图 5.3.3 将不对称截面偏安全地置换为对称截面

计算轴力和单向弯矩作用时的正截面压弯承载力时,可以先设定钢骨截面,并按式(5.3.29)和式(5.3.30)确定钢骨部分承担的轴力和弯矩后,再按式(5.3.28)确定钢筋混凝土部分承担的轴力和弯矩的设计值,然后按现行国家标准《混凝土结构设计规范》(GB50010—2002)计算钢筋混凝土部分的配筋。

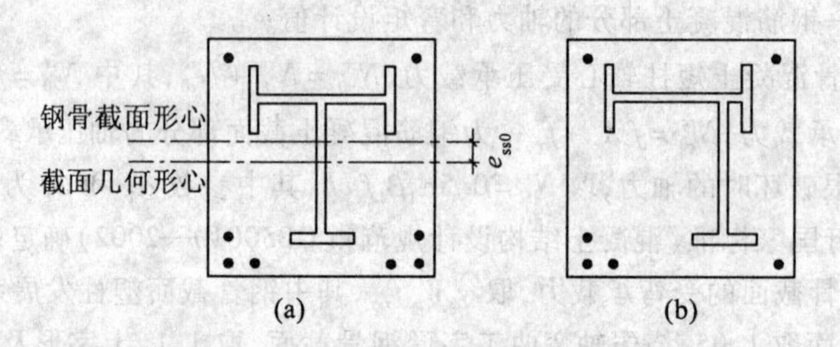

图 5.3.4 配置 T 形和 L 形钢骨的柱截面

钢骨轴力
$$N_{cy}^{ss} = \frac{N - N_b}{N_{u0} - N_b}(N_{c0}^{ss} - N_b^{ss}) + N_b^{ss} \tag{5.3.29}$$

钢骨弯矩
$$M_{cy}^{ss} = \left(1 + \left|\frac{N_{cy}^{ss} - N_b^{ss}}{\pm N_{c0}^{ss} - N_b^{ss}}\right| m\right)(M_b^{ss} - (\pm N_{c0}^{ss} e_{ss0})) \pm N_{c0}^{ss} e_{ss0} \tag{5.3.30}$$

式中:N_b——界限破坏时的轴力,取 $N_b = 0.5\alpha_1\beta_1 f_c bh + N_b^{ss}$,其中参数 α_1 和 β_1 为混凝土等效矩形图形系数,按现行国家标准《混凝土结构设计规范》(GB 50010—2002)确定;

N_b^{ss}——界限破坏时钢骨截面的轴力,$N_b^{ss} = f_{ssy}(A_{ssc} - A_{sst})$,其中 A_{ssc} 为截面形心上部受压区的钢骨截面面积,A_{sst} 为截面形心下部受压区的钢骨截面面积;

M_b^{ss}——界限破坏时钢骨截面的弯矩,$M_b^{ss} = \gamma_s W_{ss} f_{ssy} + 0.5N_b^{ss} e_{ss0}$,其中 W_{ss} 为钢骨截面绕自身形心轴的弹性抵抗矩;

γ_s——钢骨截面塑性发展系数,取 1.05;

e_{ss0}——钢骨截面形心轴与截面几何形心轴之间的距离,以偏向截面受压侧为正,见图

5.3.4；

m——N_{cy}^{ss}—M_{cy}^{ss}相关曲线形状系数，按表5.3.2取值。

上述式中，N_{cy}^{ss}以压为正，当N_{cy}^{ss}大于N_b^{ss}时，式(5.3.30)中"±"号取"+"号，当N_{cy}^{ss}小于N_b^{ss}时，式(5.3.30)中"±"号取"-"号。其中，钢骨混凝土短柱轴心受压承载力N_{u0}、钢骨截面的轴心受压承载力N_{c0}仍按式(5.3.26)、式(5.3.27)和式(5.3.28)确定。

3. 双向偏压柱正截面承载力计算

对于承受压力和双向弯矩作用的角柱，其正截面受弯应按下列方法计算。

(1)一般叠加方法

无论柱中的钢骨和纵向钢筋是对称还是非对称配置的，承受轴力和双向弯矩的钢骨混凝土柱，其正截面受弯承载力满足下列公式

$$\begin{cases} N \leqslant N_{cy}^{ss} + N_{cu}^{rc} \\ M_x \leqslant M_{cy,x}^{ss} + M_{cu,x}^{rc} \\ M_y \leqslant M_{cy,y}^{ss} + M_{cu,y}^{rc} \end{cases} \tag{5.3.31}$$

式中：M_x，M_y——绕Ox轴和Oy轴的弯矩设计值；

$M_{cy,x}^{ss}$，$M_{cy,y}^{ss}$——柱中钢骨部分绕Ox轴和Oy轴受弯承载力；

$M_{cy,x}^{rc}$，$M_{cy,y}^{rc}$——柱中钢筋混凝土部分绕Ox轴和Oy轴受弯承载力。

式(5.3.31)是双向压弯构件正截面承载力的一般叠加公式，其计算原理与前述单向压弯构件相同，即对于给定的轴力N值，根据轴力平衡方程，任意分配钢骨部分和钢筋混凝土部分承担的轴力，并分别求得相应各部分绕Ox轴和Oy轴的受弯承载力，两部分受弯承载力之和的最大值，即为在该轴力下钢骨混凝土柱的受弯承载力。

(2)简化方法

上述一般叠加方法无法用于实际计算，根据大量的相关计算分析，钢骨混凝土柱截面在压力N和两个方向弯矩M_x及M_y共同作用下，两个方向受弯承载力的相关关系可以偏于安全的近似用直线方程表示。对于图5.3.2和图5.3.4所示的承受压力和双向弯矩作用的矩形截面柱，其正截面承载力可以按以下公式进行验算

$$\left(\frac{M_x}{M_{ux0}}\right) + \left(\frac{M_y}{M_{uy0}}\right) \leqslant 1 \tag{5.3.32}$$

式中M_{ux0}，M_{uy0}分别为在轴力设计值N的作用下，仅绕Ox轴和仅绕Oy轴的单向受弯承载力，可以按式(5.3.26)~式(5.3.28)或式(5.3.29)~式(5.3.30)的方法将轴力设计值N分配给钢骨部分和钢筋混凝土部分，然后计算各部分在相应轴力作用下的受弯承载力后叠加得到。

5.3.3 钢骨混凝土柱的斜截面承载力计算

1. 试验研究

钢骨混凝土柱的斜截面抗剪性能与钢骨混凝土梁有许多相似之处，但是与钢骨混凝土梁又有不同之处，由于柱上作用较大轴力，使柱处于压、弯、剪复合受力状态。

根据剪跨比的大小不同，钢骨混凝土柱斜截面的破坏形式均为剪切破坏或以剪切破坏为主，其破坏形态主要有以下三种：剪切斜压破坏、剪切粘结破坏和弯剪破坏。

(1)剪跨比 $\lambda<1.5$ 的钢骨混凝土柱,常发生斜压破坏。在剪力作用下,其破坏特征是:首先在柱的表面对角线方向产生斜向裂缝,随着荷载的增加及反复作用,斜裂缝相继出现并发展,形成正、反两个方向的斜裂缝,最后形成交叉裂缝,并且在破坏前将钢骨混凝土柱分成若干个斜压小柱体,最后这些小柱体被压溃而剥落,柱被破坏。如图 5.3.5(a)所示。

(2)当剪跨比 $1.5<\lambda<2.5$,且箍筋配筋量较少时,常发生剪切粘结破坏。这种破坏在弯、剪作用下,其破坏特征是:首先在柱根部出现弯曲水平裂缝。但随着剪力的增加,这种弯曲裂缝发展一般较慢,继而出现斜裂缝。破坏前沿着钢骨翼缘出现竖向裂缝。在反复荷载下将出现两个方向的斜裂缝,沿着柱的两侧钢骨翼缘均出现竖向粘结裂缝。最后竖向粘结裂缝混凝土保护层剥落,剪切承载力下降,最后导致破坏,如图 5.3.5(b)所示。

由于在钢骨混凝土柱中,竖向作用有较大的轴力,其斜截面上的受弯性能与钢骨混凝土梁不同。当轴向力不大时,轴向压力的存在对柱承载力起有利作用,并提高柱的极限受剪承载力。这是由于轴向力的存在将使斜裂缝的出现相对延迟,斜裂缝宽度发展也相对较慢。当$\dfrac{N}{f_c b h_0}<0.5$时,柱的斜截面受剪承载力随着轴压力的增加而增加,但随着轴压比的增加,构件延性有所下降。当轴压比很大时,柱的破坏形态有所改变,破坏时受压起控制作用。因此剪切承载力并不随轴压比的增大而无限提高。

(3)当剪跨比 $\lambda>2.5$ 时,弯矩对破坏有明显的影响,一般称为弯剪型破坏(或弯压破坏)。

钢骨混凝土柱受剪破坏特征与普通钢筋混凝土柱受剪破坏特征有明显不同。钢筋混凝土柱出现的斜裂缝较少且很快发展成主斜裂缝,破坏过程相对较快;而钢骨混凝土柱,特别是配置实腹式工字钢、H 钢骨的柱子,由于钢骨的存在很难形成主斜裂缝,破坏过程相对较慢,延性较好。

(4)影响斜截面承载力除了剪跨比、轴压比因素而外,还有箍筋的配箍率、混凝土强度等级等。

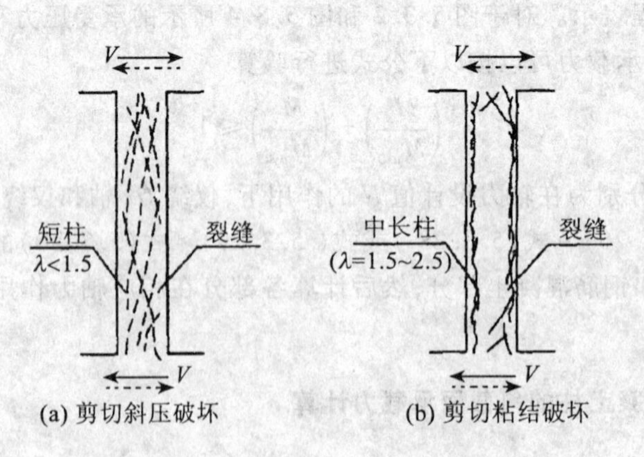

图 5.3.5 钢骨混凝土柱的剪切破坏形态

2. 斜截面承载力计算

(1)计算方法(一)

相关试验研究表明,钢骨混凝土柱的斜截面受剪承载力可以由钢筋混凝土和钢骨两部分的斜截面受剪承载力组成，轴压力对受剪承载力也有有利的影响，相关计算公式中型钢部分对受剪承载力的贡献只考虑型钢腹板部分的受剪承载力。

对框架柱的斜截面受剪，行业标准《型钢规程》给出了如下受剪承载力计算公式：

①基本公式

$$V_c \leqslant \frac{0.2}{\lambda + 1.5}\alpha_c f_c b h_0 + f_{yv}\frac{A_{sv}}{s}h_0 + \frac{0.58}{\lambda}f_a t_w h_w + 0.07N \tag{5.3.33}$$

式中：λ——框架柱的计算剪跨比，其值取上、下端较大弯矩设计值 M 与对应的剪力设计值 V 和截面有效高度 h_0 的比值，即$\frac{M}{Vh_0}$，当框架结构中的框架柱的反弯点在柱层高范围内时，柱剪跨比也可以采用$\frac{1}{2}$柱净高与柱截面有效高度 h_0 的比值，当 $\lambda < 1$ 时，取 1，当 $\lambda > 3$ 时，取 3；

N——考虑地震作用的框架柱的轴向压力设计值，当 $N > 0.3f_cA_c$ 时，取 $N = 0.3f_cA_c$；

f_{yv}，A_{sv}——箍筋的抗拉强度设计值及同一水平截面的箍筋各肢截面面积之和；

s——箍筋的竖向间距；

t_w，h_w，f_a——钢骨腹板的厚度，截面高度和抗拉强度设计值；

V_c——柱的抗剪设计值；

α_c——柱受剪时高强混凝土折减系数。

②柱受剪时的截面限制条件

为了避免柱剪切斜压破坏发生，其受剪截面应满足下列两式的要求

$$V_c \leqslant 0.45 f_c b h_0 \tag{5.3.34}$$

$$\frac{f_a t_w h_w}{f_c b h_0} \geqslant 0.1 \tag{5.3.35}$$

(2)计算方法(二)

对于钢骨混凝土柱的斜截面，《钢骨规程》给出如下验算方法和受剪承载力计算公式

$$V_c \leqslant V_y^{ss} + V_{cu}^{rc} \tag{5.3.36}$$

$$V_y^{ss} = f_{ssv}' \sum t_w h_w \tag{5.3.37}$$

$$V_{cu}^{rc} = \frac{1.75}{\lambda + 1.5} f_t b_c h_{c0} + 1.0 f_{yv}\frac{A_{sv}}{s}h_{c0} + 0.07N_c^{rc} \tag{5.3.38}$$

式中：V——剪力设计值；

V_y^{ss}——柱内的钢骨部分的受剪承载力；

V_{cu}^{rc}——柱内钢筋混凝土部分的受剪承载力，应不大于 $0.25\beta_c f_c b_c h_{c0}$；

f_{ssv}——钢骨板材的抗剪强度设计值；

$\sum t_w h_w$——与剪力方向一致所有钢骨板材的净截面面积之和；

N_c^{rc}——钢筋混凝土部分承担的轴力设计值，按照式(5.3.28)确定；

λ——框架柱的计算剪跨比，取 $\lambda = \frac{H_n}{2h_{c0}}$，当 $\lambda < 1$ 时，取 $\lambda = 1$，当 $\lambda > 3$ 时，取 $\lambda = 3$；

b_c——柱的截面宽度；

h_{c0}——柱截面受拉钢筋形心至截面边缘的距离；

A_c——柱中的混凝土的截面面积。

为了避免柱剪切斜压破坏发生，其受剪截面应满足下列两式的要求

$$V_{cu}^{rc} \leqslant 0.25\alpha_c f_c b_c h_{c0} \tag{5.3.39}$$

$$f_{ssv} t_w h_w \geqslant 0.1\beta_a f_c b h_{c0} \tag{5.3.40}$$

5.3.4 钢骨混凝土柱的轴压力限值

在抗震结构设计中，钢骨混凝土柱轴压比的取值不仅对结构的抗震性能有很大影响，同时也是确定柱子的截面尺寸、钢骨含量及抗震配筋构造等的重要依据。国内外关于反复荷载作用下钢骨混凝土柱的试验研究表明，当柱轴力超过界限轴力（即进入小偏压状态）时，钢骨混凝土柱的抗震性能显著降低。因此，为保证抗震性能必须限制柱子的轴压力。相关试验表明，钢骨混凝土柱的界限轴力与轴心受压承载力之比值约为$\frac{N}{N_0}>0.4\sim0.5$。

相关试验还表明，影响钢骨混凝土柱延性的主要因素还是混凝土部分承担的轴压力。对于钢骨混凝土柱，在一定轴力下，随着轴向塑性变形的发展，以及长期荷载下混凝土的徐变影响，钢筋混凝土部分承担的轴力逐渐向钢骨部分转移。但目前关于这方面的理论分析还不深入，钢骨混凝土柱的轴压力限值可以表示为

$$N \leqslant n(f_c A + f_{ss} A_{ss}) \tag{5.3.41}$$

应注意的是上式中含有钢骨项，与钢筋混凝土轴压比的计算不同，因此，系数 n 称为轴压力限值系数，但其概念与钢筋混凝土轴压比相同。《钢骨规程》建议的轴压力限值系数如表 5.3.3 所示。在规定的箍筋最小体积配箍率及箍筋直径和间距的要求下（如表 5.3.4 所示），建议的系数经试验验证是合理的。

由表 5.3.3 中的数据可知，当钢骨面积趋于零时，轴压力限值系数的取值比《混凝土规范》中轴压比的取值偏严一些，这是因为在钢骨混凝土柱中，箍筋基本是按构造要求配置的。钢骨混凝土柱的箍筋体积配箍率不应小于 0.5%，箍筋直径和间距的要求列于表 5.3.4。

表 5.3.3　钢骨混凝土柱轴压力限值系数 n

设防烈度	6 度	7，8 度	9 度
n	0.8	0.7	0.6

表 5.3.4　柱箍筋直径和间距的要求

设防烈度	箍筋直径/mm	箍筋间距/mm	加密区箍筋间距
非抗震	≥8	≤200	
6，7 度	≥10	≤200	≤150
8，9 度	≥12	≤150	≤150

5.3.5 钢骨混凝土柱脚

钢骨混凝土柱的柱脚分为埋入式柱脚和非埋入式柱脚，后者相当于高层钢结构中的外

包式柱脚，因对于钢柱来说是外包，而对钢骨混凝土柱来说，钢骨外面始终有混凝土层，就不好说是外包，而改用非埋入式柱脚的名称是参考了日本的叫法。非埋入式柱脚在受剪的机制方面与钢结构的外包式柱脚也有所不同。前者考虑在钢骨与混凝土两个界面上的剪切破坏，考虑箍筋的抗剪作用；后者考虑纵筋的抗剪作用，要设置附加纵筋。埋入式柱脚与钢结构的埋入式柱脚受力情况基本相同，但其计算公式不同。《型钢规程》中关于钢骨混凝土柱脚的介绍较少，《钢骨规程》则进行了较为详细的介绍。

震害表明，非埋入式柱脚（特别是地面以上的）易产生破坏，故对有抗震设防要求的结构，宜优先采用埋入式柱脚，如图 5.3.6 所示。若在刚度较大的地下室范围内，并有可靠的措施时也可以考虑采用非埋入式柱脚，如图 5.3.7 所示。柱钢骨底板形状及锚栓的配置方法如图 5.3.8 所示。

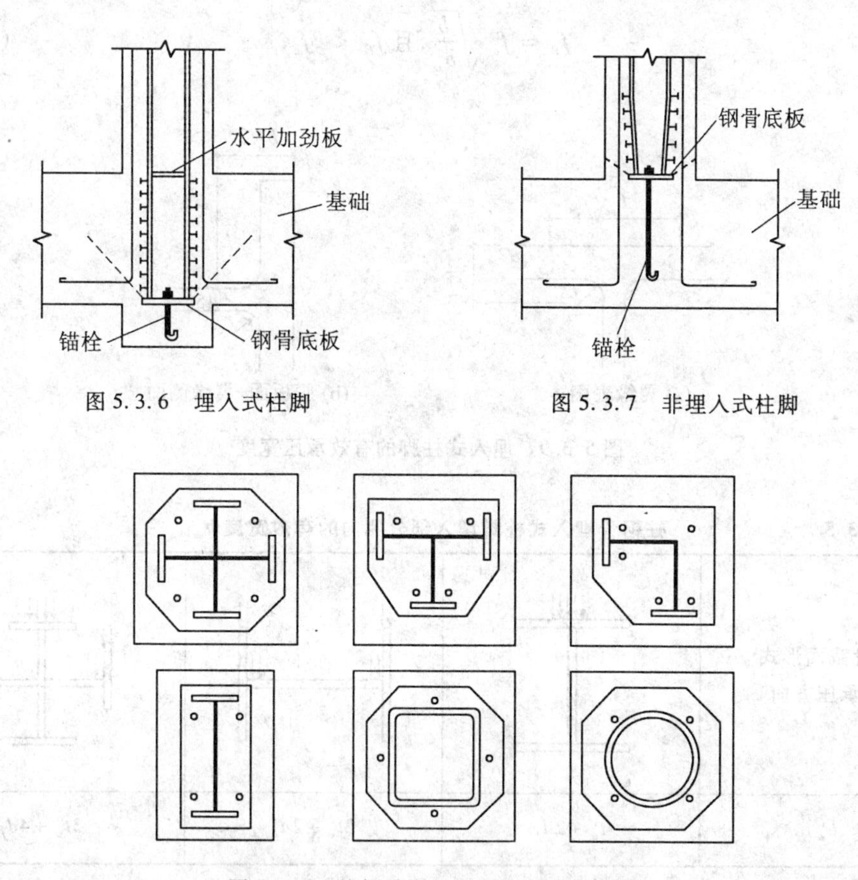

图 5.3.6　埋入式柱脚

图 5.3.7　非埋入式柱脚

图 5.3.8　柱钢骨底板形状和锚栓的配置

1. 埋入式柱脚

埋入式柱脚除钢柱底板和锚栓的抗弯作用外，主要靠钢骨侧面混凝土的支承压力抗弯。因此埋入部分的外包混凝土必须达到一定的厚度，否则只能按非埋入式考虑。对柱钢骨在基础中的埋置深度 h_B，应满足式（5.3.42）的要求，并且要求：当采用轻型 I 形截面钢骨时，不得小于柱钢骨截面高度的 2 倍；当采用大截面 I 形截面、十字形截面和箱形截面钢骨时，不得小于柱钢骨截面高度的 2. 5 倍。

$$h_B \geqslant \frac{V_c^{ss}}{b_{se} f_B} + \sqrt{2\left(\frac{V_c^{ss}}{b_{se} f_B}\right)^2 + \frac{4M_c^{ss}}{b_{se} f_B}} \tag{5.3.42}$$

式中：M_c^{ss}——基础顶面柱钢骨部分承担的弯矩设计值，可以取 $M_c^{ss} = M_{y0}^{ss}$，其中 M_{y0}^{ss} 为钢骨的受弯承载力；

V_c^{ss}——基础顶面柱钢骨部分承担的剪力设计值，可以取 $V_c^{ss} = \dfrac{M_{y0}^{ss}}{H_n}$，其中 H_n 为柱净高；

f_B——混凝土的承压强度设计值，按式(5.3.43)计算；

f_c——混凝土轴心抗压强度设计值；

b_{se}——钢柱埋入部分的有效承压宽度(见图5.3.9)，按表5.3.5确定；

b——柱脚钢骨翼缘宽度。

$$f_B = f_c \sqrt{\frac{b}{b_{se}}},且 f_B < 3f_c \tag{5.3.43}$$

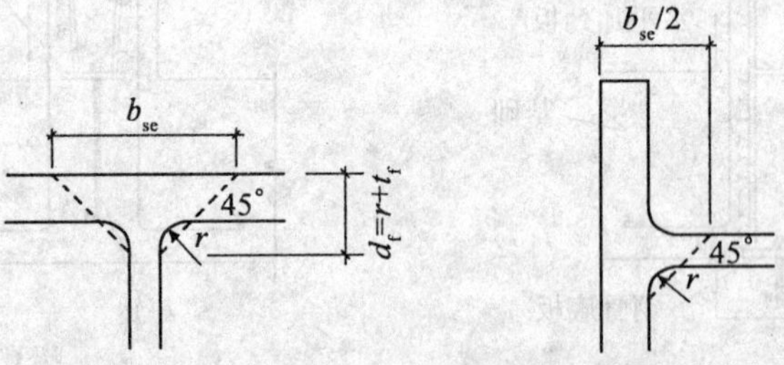

(a) 翼缘表面　　(b) 腹板面+翼缘侧面

图 5.3.9　埋入式柱脚的有效承压宽度

表 5.3.5　　柱钢骨埋入式柱脚埋入部分侧向的有效宽度 b_{se}

钢骨截面形式及承压方向	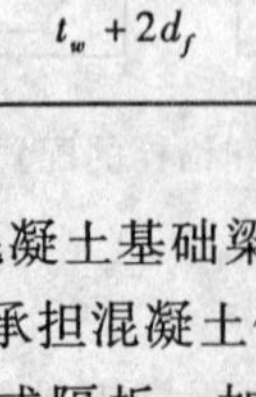	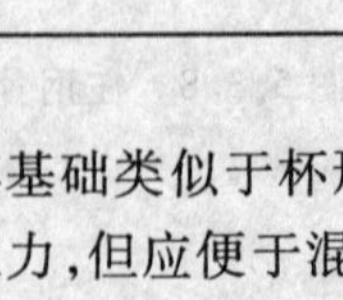	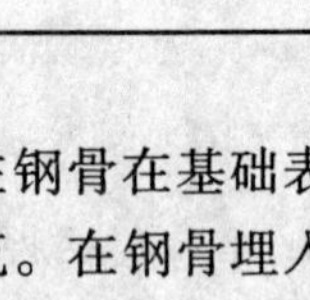
b_{se}	$t_w + 2d_f$	$2t_w + 2d_f$	$3t_w + 4d_f$

埋入式柱脚是深埋于混凝土基础梁中的，其基础类似于杯形基础，柱钢骨在基础表面位置应设置较强的加劲肋，以承担混凝土传来的压力，但应便于混凝土灌筑。在钢骨埋入部分的顶部，应设置水平加劲板或隔板。加劲板或隔板的截面和宽厚比应符合现行国家标准《钢结构设计规范》(GB 50017—2003)中关于塑性设计的规定。若钢骨为钢管，且混凝土在钢管内可以浇筑至基础顶部以上1倍钢管截面高度时，埋入部分的顶部可以不设加劲肋或隔板；或在钢管外周作封闭加劲肋。

埋入部分的外包混凝土必须达到一定的厚度，并满足一定的抗力要求。《钢骨规程》参考钢结构设计规定，列入保护层混凝土的最小厚度，如图5.3.10所示，保护层厚度中间柱为250mm，边柱外侧为400mm。

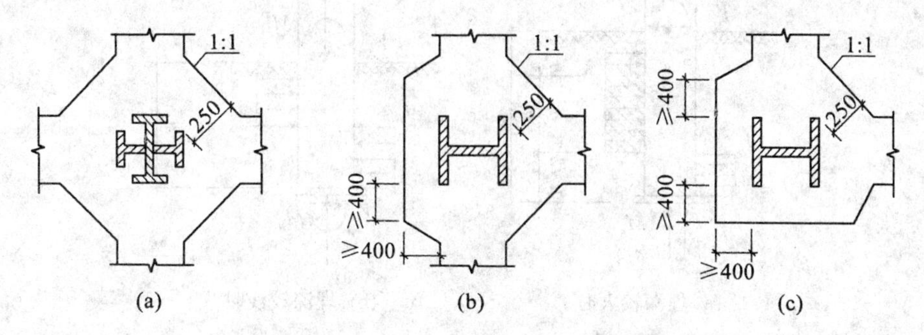

图5.3.10　埋入式柱脚的混凝土保护层厚度

埋入式柱脚柱钢骨底部的弯矩、轴力和剪力设计值应按下列公式确定。

(1)当柱钢骨的埋深 $h_B > h_s$ 时(见图5.3.11(a))：

$$M_B = M_c^{ss} + \frac{V_c^{ss} h_B}{2} - b_{se} h_m f_b (h_B - h_m) \tag{5.3.44}$$

$$N_B = N_c^{ss} \tag{5.3.45}$$

$$V_B = 0 \tag{5.3.46}$$

将上述二式联立求解，即可得《钢骨规程》中给出的柱钢骨底部截面的轴力、弯矩和剪力设计值计算公式。其中 $V_B=0$ 表示剪力全部由需要的承压高度 h_v 提供。根据我国《钢结构设计规范》的规定，柱脚锚栓不得用以承担柱脚底部的水平反力，该水平反力应由底板和混凝土基础间的摩擦力或设置抗剪键承担。因此，只要进行合理的设计，这种柱脚的底部仍可以承担一定的水平剪力。

(2)当柱钢骨的埋深 $h_B \leqslant h_s$ 时(见图5.3.11(b))：

$$M_B = M_c^{ss} + V_c^{ss} h_B - \frac{b_{se} h_B^2 f_B}{4} \tag{5.3.47}$$

$$N_B = N_c^{ss} \tag{5.3.48}$$

$$V_B = V_c^{ss} \tag{5.3.49}$$

埋入式柱脚钢骨底部的混凝土在轴力 N_B 和弯矩 M_B 作用下，应满足下式要求

$$M_B \leqslant M_{Bu} \tag{5.3.50}$$

式中：M_{Bu}——钢骨底部的混凝土压弯承载力，可以将钢骨柱脚底板的锚栓作为受拉钢筋，与底板下混凝土部分组成的截面，取轴力 N_E，按钢筋混凝土压弯截面计算。

2. 非埋入式柱脚

对于非埋入式柱脚《钢骨规程》采用了承载力叠加法。

计算非埋入式柱脚在轴压力和弯矩共同作用下的承载力时，可以将柱脚截面分为：钢骨柱脚锚栓和钢骨底板下混凝土组成的截面(见图5.3.12(b))和周边钢筋混凝土箱形截面(见图5.3.12(c))两部分，按下列方法进行设计。

①钢骨柱脚锚栓和钢骨底板下混凝土组成的截面部分承担的轴压力 N_b 取上部钢骨混

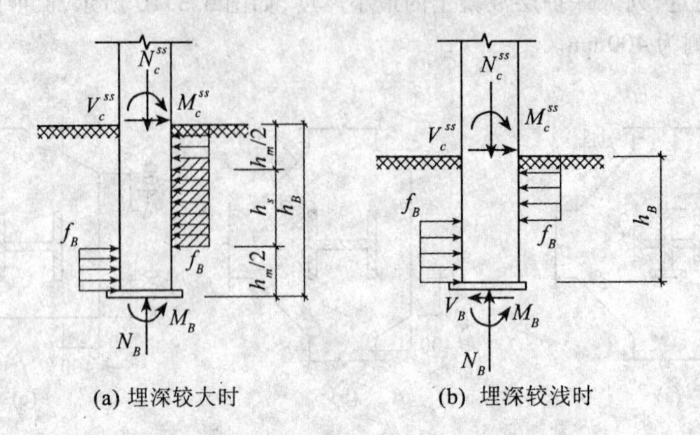

(a) 埋深较大时　　(b) 埋深较浅时

图 5.3.11　埋入式柱脚的内力传递

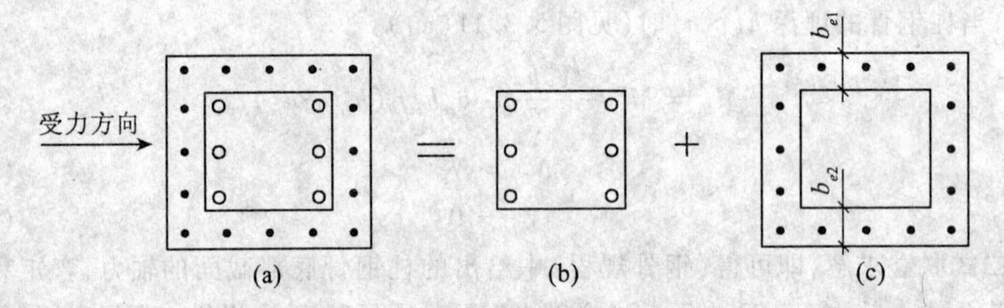

图 5.3.12　非埋入式基础承载力的叠加

凝土柱中钢骨部分传来的轴压力，再按钢筋混凝土截面压弯承载力的计算方法确定其所承担的弯矩 M_b，计算时锚固螺栓仅作为受拉钢筋考虑，忽略受压锚固螺栓的作用。柱脚截面处钢骨部分承担的轴压力可以按式(5.3.28)确定。当柱脚锚固螺栓仅按构造要求设置时，应取 M_b 等于零。

②周边钢筋混凝土箱形截面的轴压力和弯矩设计值按下式取值，然后按钢筋混凝土箱形截面压弯承载力计算方法确定周边钢筋混凝土箱形截面的配筋。

$$\begin{cases} N_r = N - N_b \\ M_r = M - M_b \end{cases} \tag{5.3.51}$$

式中：N_r, M_r——周边钢筋混凝土箱形截面的轴压力设计值和弯矩设计值；

N, M——钢骨混凝土柱脚截面处轴压力设计值和弯矩设计值。

③非埋入式柱脚的受剪承载力应满足下列要求

$$V \leqslant V_{By}^{ss} + V_{Bu}^{rc} \tag{5.3.52}$$

$$V_{By}^{ss} = 0.4N_c^{ss} + \tau_a \sum A_a \tag{5.3.53}$$

$$V_{Bu}^{rc} = 0.7f_t b_e h_0 + 0.5f_{yv} A_{sv} \tag{5.3.54}$$

式中：V——考虑柱底弯矩调整影响后的柱脚剪力设计值；

V_{By}^{ss}——柱钢骨底板摩擦力和锚栓的受剪承载力之和；

V_{Bu}^{rc}——周边钢筋混凝土部分的受剪承载力；

A_a——单根锚栓的净截面面积；

τ_a——锚栓在有拉力时的容许剪应力，$\tau_a = \dfrac{1.4f_a - \sigma_a}{1.6}$，且 $\tau_a \leqslant f_{av}$；

f_a——锚栓钢材的抗拉强度设计值；

σ_a——锚栓的拉应力；

f_{av}——锚栓钢材的抗剪强度设计值；

b_e——周边箱形混凝土截面的有效受剪宽度，$b_e = b_{e1} + b_{e2}$，见图 5.3.12；

h_0——沿受力方向周边箱形混凝土截面的有效高度；

N_c^{ss}——基础底面柱钢骨部分承担的最小轴力设计值。

非埋入式柱脚钢骨的混凝土保护层厚度不宜小于 150mm。钢骨柱底板侧边的混凝土保护层厚度不宜小于 100mm。

非埋入式柱脚钢骨首层柱的钢骨翼缘上应设置栓钉。栓钉的直径不小于 19mm，水平及竖向中心距不大于 250mm，且栓钉中心至钢骨板材边缘的距离不小于 60mm。当有可靠依据时，可以按计算结果确定栓钉数量。

§5.4　钢骨混凝土剪力墙

5.4.1　钢骨混凝土剪力墙的类型及特点

钢骨混凝土剪力墙为在钢筋混凝土剪力墙中配置钢骨的一种结构形式，常用于高层建筑的抗侧力构件，在下列情况时通常采用钢骨混凝土剪力墙：

(1)在钢—混凝土混合结构中采用混凝土核心筒时，许多情况下需要加钢骨，使钢梁与核心筒连接做成刚接；

(2)在钢骨混凝土框架与剪力墙协同工作的结构中，由于柱内配置钢骨，与柱浇筑成整体的有边框剪力墙就成为钢骨混凝土剪力墙；

(3)对于无翼缘或仅有小翼缘的剪力墙，钢骨可以增加剪力墙平面外刚度，避免出现平面外的错断，并可以改善平面内的受力及抗震性能，提高其延性；

(4)剪力墙开洞出现小墙肢时，用钢骨代替密集的纵向钢筋，既能改善墙肢的抗剪和抗弯性能，又能方便施工。

钢骨混凝土剪力墙主要分为无边框剪力墙和有边框剪力墙两种形式，如图 5.4.1 所示，无边框剪力墙是指墙体两端没有设置明柱的无翼缘或有翼缘的剪力墙；带边框剪力墙常用于框架—剪力墙结构中，是指周边设置框架梁（钢骨混凝土梁、钢筋混凝土梁）和钢骨混凝土框架柱，并且梁、柱及墙体同时浇注为整体的剪力墙，若无框架梁，应在相应位置设置高度为墙体厚度$\frac{1}{2}$的钢筋混凝土暗梁。

两种形式的钢骨混凝土剪力墙的应用、构造、设计方法略有区别，对于无边框钢骨混凝土剪力墙，我国学者进行了一些相关试验和研究，成果纳入了相应的规程之中；对于有边框钢骨混凝土剪力墙，抗弯设计方法是参考上述试验结果，而抗剪设计方法则是参考日本相关

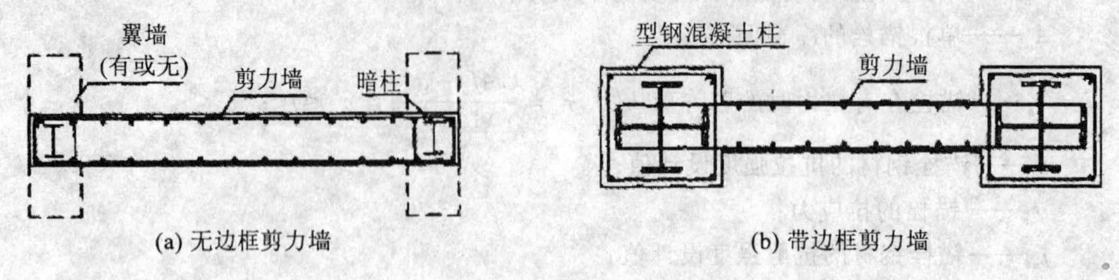

(a) 无边框剪力墙　　(b) 带边框剪力墙

图 5.4.1　型钢混凝土剪力墙类型

规范给出的。

无论是有边框剪力墙还是无边框剪力墙,其设计计算时将墙看成一个整体截面。因此,配筋构造必须保证剪力墙腹板与端部暗柱或明柱的可靠连接,以实现其整体性。由于钢骨混凝土剪力墙的特点,除了混凝土腹板外,端部钢骨也参与抗剪。

在抗剪结构中,钢骨混凝土剪力墙也必须按照抗震要求设计。因此,都同样有强墙弱梁、强剪弱弯、强锚固等保证剪力墙良好抗震性能的构造要求。

5.4.2　钢骨混凝土剪力墙正截面承载力计算

1. 试验研究

钢骨混凝土剪力墙的偏心受压试验结果表明:在保证强剪弱弯设计的前提下,钢骨混凝土剪力墙达到最大承载能力时,端部的钢骨都能达到屈服强度。钢骨屈服后,剪力墙下部的混凝土达到极限抗压强度被压碎,或者由于钢骨周围的混凝土裂缝破碎而剥落,产生剪切滑移破坏或腹板剪压破坏。

在钢筋混凝土剪力墙中,端部暗柱达到最大承载力时,端部暗柱中的纵向受力钢筋达到屈服强度以后,除了产生整体滑移破坏外,还会产生平面外的错断破坏,承载力下降很快,塑性性能发挥不充分。与钢筋混凝土剪力墙相比较,钢骨混凝土剪力墙中配置的钢骨可以增加剪力墙平面外刚度,抵抗平面外错断的性能有了较大的提高。

2. 正截面承载能力计算

(1)《型钢规程》计算方法

对于两端配置钢骨暗柱的混凝土剪力墙(无边框剪力墙),或框架—剪力墙体系中周边设置钢骨混凝土柱和钢筋混凝土梁的现浇钢筋混凝土剪力墙(有边框剪力墙),《型钢规程》给出了其正截面偏心受压承载力计算方法,其计算简图如图 5.4.2 所示。

相关试验研究表明,采用国家标准《混凝土结构设计规范》(GB50010—2002)中沿截面腹部均匀配置纵向钢筋的偏心受压构件的正截面受压承载力计算公式,来计算两端配有钢骨的钢筋混凝土剪力墙的正截面偏心受压承载力是合适的,计算中只需把端部配置的钢骨作为纵向受力钢筋的一部分。

正截面偏心受压承载力计算公式为

$$N \leqslant f_c \xi b h_0 + f_a' A_a' + f_y' A_s' - \sigma_a A_a - \sigma_s A_s + N_{sw} \tag{5.4.1}$$

$$Ne \leqslant f_c \xi (1 - 0.5\xi) b h_0^2 + f_y' A_s' (h_0 - a_s') + f_a' A_a' (h_0 - a_s') + M_{sw} \tag{5.4.2}$$

$$N_{sw} = \left(1 + \frac{\xi - 0.8}{0.4\omega}\right) f_{yw} A_{sw} \tag{5.4.3}$$

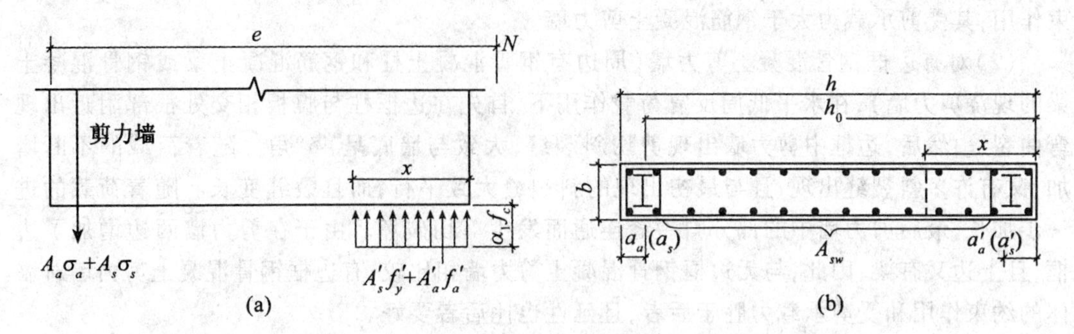

图5.4.2 剪力墙正截面偏心受压承载力计算简图

$$M_{sw} = \left[0.5 - \left(\frac{\xi - 0.8}{0.8\omega}\right)^2\right] f_{yw} A_{sw} h_{sw} \tag{5.4.4}$$

式中：A_a，A_a'——剪力墙受拉端、受压端配置的钢骨全部截面面积；

A_{sw}——剪力墙竖向分布钢筋总面积；

f_{yw}——剪力墙竖向分布钢筋强度设计值；

N_{sw}——剪力墙竖向分布钢筋所承担的轴向力，当 $\xi>0.8$ 时，取 $N_{sw}=f_{yw}\cdot A_{sw}$；

M_{sw}——剪力墙竖向分布钢筋的合力对钢骨截面重心的力矩，当 $\xi>0.8$ 时，

$$M_{sw}=0.5f_{yw}\cdot A_{sw}\cdot h_{sw}$$

b——剪力墙厚度；

h_0——钢骨受拉翼缘和纵向受拉钢筋合力点至混凝土受压边缘的距离；

e——轴向力作用点到钢骨受拉翼缘和纵向受拉钢筋合力点的距离。

(2)《钢骨规程》计算方法

对于钢骨混凝土剪力墙正截面承载力计算，《钢骨规程》给出的计算公式如下

$$M \leqslant M_{wu} \tag{5.4.5}$$

式中：M_{wu}——正截面受弯承载力，其计算方法与普通钢筋混凝土矩形和工形截面剪力墙相同，端部钢骨面积计入剪力墙端部钢筋面积，按现行国家标准《混凝土结构设计规范》(GB50010—2002)中相关公式计算，计算公式中用 $f_{sy}A_s+f_{ssy}A_{ss}$ 代替 $f_{sy}A_s$，在剪力墙墙肢中部的钢骨是否参加受力，可以由平截面假定分析确定，也可以近似考虑距中和轴 x 距离以内的钢骨不参加受拉计算，x 为压弯截面的受压区高度；

f_{sy}，A_s——端部钢筋强度值和钢筋截面面积；

f_{ssy}，A_{ss}——端部钢骨强度值和钢骨截面面积。

5.4.3 钢骨混凝土剪力墙斜截面承载力计算

1. 试验研究

(1)对无边框钢骨混凝土剪力墙在水平低周反复荷载作用下，首先在剪力墙的中下部出现斜向裂缝，大致与墙底呈45°角，随着荷载不断增加，又有许多斜向裂缝出现，且斜裂缝变长、加宽；随着荷载的进一步加大，可能形成了一两条主要的斜裂缝，主要的斜裂缝呈交叉状，把墙体分成了四个块体，且主要斜裂缝附近的混凝土被逐渐压碎而剥落，其承载力下降，

墙体产生剪切破坏。由于在剪力墙两端设置了钢骨,且由于钢骨的暗销作用和对墙体的约束作用,其受剪承载力大于钢筋混凝土剪力墙。

(2)对有边框钢骨混凝土剪力墙(周边有钢骨混凝土柱和钢筋混凝土梁或钢骨混凝土梁的现浇剪力墙),在水平低周反复荷载作用下,首先在边框柱与腹板相交处根部附近出现弯曲裂缝,然后,边框中剪力墙出现剪切斜裂缝,大致与墙底呈45°角。随着荷载的不断增加,又有许多斜裂缝出现,且与最初出现的斜裂缝大致平行,而且裂缝变长。随着荷载的进一步加长,最后剪力墙中的部分斜裂缝连通而发生剪切破坏。由于在剪力墙两边增加了边框,且上边又有梁,因此,与无边框钢骨混凝土剪力墙相比较,有边框钢骨混凝土剪力墙对墙体的约束作用和受剪承载力胜于后者,且延性也比后者要好。

2. 受剪承载力计算

(1)计算方法(一)

《型钢规程》对于有、无边框的钢骨混凝土剪力墙分别给出了其斜截面受剪承载力的计算公式。

①无边框钢骨混凝土剪力墙

对于如图5.4.3所示两端配有钢骨的钢筋混凝土剪力墙处于偏心受压状态时,其斜截面的抗剪承载力等于墙体的混凝土、水平分布钢筋和钢骨的销键作用三部分抗剪作用之和。

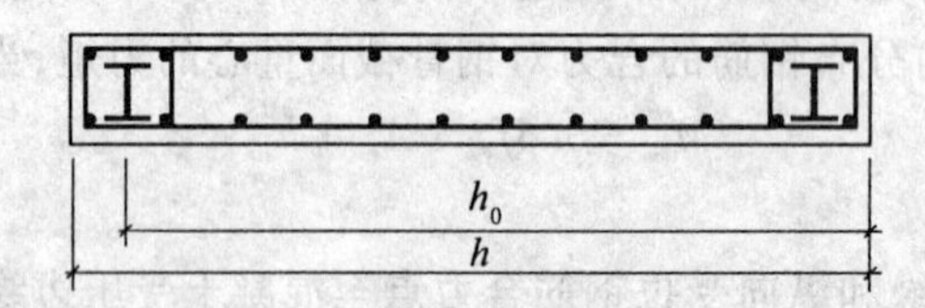

图5.4.3 两端配有型钢的钢筋混凝土剪力墙斜截面受剪承载力计算简图

$$V_w = \frac{1}{\lambda - 0.5}\left(0.05\alpha_a f_c b h_0 + 0.13N\frac{A_w}{A}\right) + f_{yv}\frac{A_{sh}}{s}h_0 + \frac{0.4}{\lambda}f_a A_a \tag{5.4.6}$$

式中:λ——计算截面处的剪跨比,$\lambda = \dfrac{M}{Vh_0}$,当$\lambda < 1.5$时,取1.5,当$\lambda > 2.2$时,取2.2;

N——当考虑地震作用组合的剪力墙轴向压力设计值,当$N > 0.2f_c bh$时,取

$$N = 0.2f_c bh$$

A——剪力墙的水平截面面积,有翼缘时,其翼缘计算宽度取剪力墙厚度加两侧各6倍翼缘强的厚度、墙间距的一半和剪力墙肢总高度的$\dfrac{1}{20}$中的最小值;

A_w——T形、工字形截面剪力墙腹板的截面面积,对矩形截面剪力墙,取$A = A_w$;

A_{sh}——配置在同一水平截面内的水平分布钢筋的全截面面积;

A_a——剪力墙一段暗柱中钢骨的截面面积;

s——水平分布钢筋的竖向间距。

受剪截面应符合以下要求

$$V_w \geqslant 0.25f_c bh \tag{5.4.7}$$

②有边框钢骨混凝土剪力墙

对于如图 5.4.4 所示有边框的钢骨混凝土剪力墙处于偏压状态时，其斜截面的受剪承载力等于剪力墙的混凝土、水平分布钢筋和两边柱内钢骨腹板三部分受剪承载力之和，其中混凝土项考虑了边框柱对混凝土墙体约束作用的提高系数 β_r。

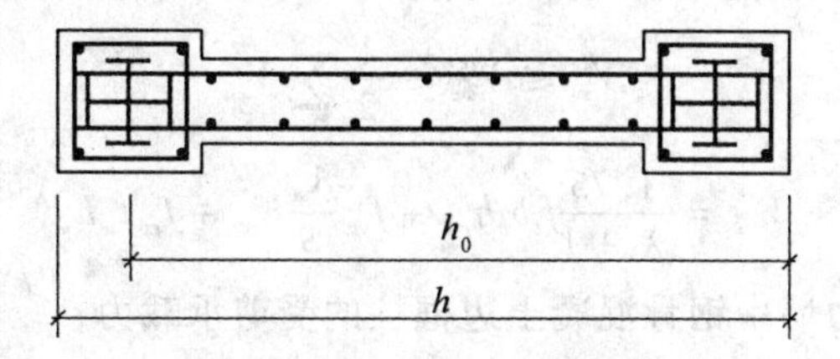

图 5.4.4　周边有型钢柱的剪力墙斜截面受剪承载力计算简图

$$V_w = \frac{1}{\lambda - 0.5}\left(0.05\beta_r f_c b h_0 + 0.13N\frac{A_w}{A}\right) + f_{yv}\frac{A_{sh}}{S}h_0 + \frac{0.4}{\lambda}f_a A_a \tag{5.4.8}$$

式中：β_r——周边柱对墙体的约束系数，取 1.2。

(2) 计算方法（二）

《钢骨规程》对于有、无边框的钢骨混凝土剪力墙也分别给出了其斜截面受剪承载力的计算公式。

①无边框钢骨混凝土剪力墙

钢骨混凝土剪力墙的抗剪承载力等于钢骨的受剪承载力与钢筋混凝土腹板受剪承载力之和。

$$V_w = V_{wu}^{rc} + V_{wu}^{ss} \tag{5.4.9}$$

$$V_{wu}^{rc} = \frac{1}{\lambda - 0.5}\left(0.5f_t b_w h_{w0} + 0.13N\frac{A_w}{A}\right) + f_{yh}\frac{A_{sh}}{S}h_{w0} \tag{5.4.10}$$

$$V_{wu}^{ss} = 0.15f_{ssy}\sum A_{ss} \tag{5.4.11}$$

式中：V_w——钢骨混凝土剪力墙承受的剪力设计值；

V_{wu}^{rc}——剪力墙中钢筋混凝土腹板部分的受剪承载力；

V_{wu}^{ss}——无边框剪力墙中钢骨部分的受剪承载力；

V_{wu}^{ss}——无边框剪力墙中钢骨部分的受剪承载力；

N——剪力墙的轴向压力设计值，当 $N > 0.2f_c b_w h_{w0}$ 时，应取 $N = 0.2f_c b_w h_{w0}$；

A, A_w——剪力墙计算截面的全面积及钢筋混凝土腹板的面积，对无边框剪力墙取

$$A = A_w$$

A_{sh}——剪力墙同一水平截面内水平钢筋各肢面积之和；

λ——计算截面处的剪跨比，$\lambda = \dfrac{M}{Vh_{w0}}$，$\lambda < 1.5$ 时，取 $\lambda = 1.5$，$\lambda > 2.2$ 时，取 $\lambda = 2.2$；

f_{ssy}、f_{yh}——钢骨的抗拉强度设计值及水平钢筋的抗拉强度设计值。

公式适用条件

$$V_{wu}^{rc} \leqslant 0.25\beta_c f_c b_w h_{w0} \tag{5.4.12}$$

$$V_{wu}^{ss} \leqslant 0.25V_{wu}^{rc} = 0.0625\beta_c f_c b_w h_{w0} \tag{5.4.13}$$

式中：β_c——混凝土强度影响系数。

②有边框钢骨混凝土剪力墙

钢骨混凝土剪力墙的受剪承载力等于剪力墙中钢筋混凝土腹板部分的受剪承载力与带有边框剪力墙中钢骨混凝土边框柱受剪承载力的一半（为了安全考虑，仅计入50%）。

$$V_w \leqslant V_{wu}^{rc} + \frac{1}{2}\sum V_{cu} \tag{5.4.14}$$

$$V_{cu} = \frac{1.75}{\lambda + 1}f_t b_c h_{c0} + f_{yv}\frac{A_{sv}}{S}h_{c0} + f_{ssv}t_w h_w \tag{5.4.15}$$

式中：V_{cu}——带边框剪力墙中钢骨混凝土边框柱的受剪承载力；

V_{wu}^{rc}——剪力墙中钢筋混凝土腹板部分的受剪承载力；

b_c——边框柱的截面宽度；

h_{c0}——边框柱水平截面内受压拉钢筋形心至截面受压外边缘的距离；

A_{sv}——边框柱同一水平截面内各肢箍筋的截面面积之和；

f_{yv}，f_{ssv}——箍筋的抗拉强度设计值及钢骨抗剪强度设计值；

$t_w h_w$——一根钢骨混凝土边框柱内，与剪力墙受剪方向平行的所有钢骨板件水平截面面积之和，当有孔洞时应扣除孔洞的水平截面面积。

对于钢骨混凝土剪力墙的非抗震设计，上述两部规程对无边框剪力墙的斜截面抗剪承载能力采用相同的模式，其计算公式比较接近，其主要区别在于钢骨部分抗剪承载力的取值不同，《型钢规程》考虑剪跨比对钢骨抗剪的影响。两部规程对于有边框剪力墙的斜截面抗剪承载能力的计算理论则有较大区别，《型钢规程》和《钢骨规程》对于钢筋混凝土部分抗剪作用的取值相同，而对于边框柱的抗剪作用考虑则不同，在《型钢规程》中边框柱按偏心受压柱斜截面抗剪承载能力单独考虑，而在《钢骨规程》中仍按无边框剪力墙计算模式考虑，并同时考虑边框柱对混凝土墙体的约束作用，采用约束系数 B_r 对混凝土部分的抗剪能力提高20%。

§5.5 钢骨混凝土梁柱节点

5.5.1 钢骨混凝土梁柱节点的受力性能与破坏形态

节点是框架结构体系中受力最为复杂的部位，其作用在于传递结构各构件间的内力，保持结构的整体稳定性。框架梁柱构件交汇、连接于节点，其受力情况比较复杂，处于压、弯、剪的复合应力状态，也是结构传力的核心点。另外，在地震反复作用下，节点往往成为易遭受破坏的部位之一。因此研究并弄清楚节点的受力性能、破坏机理，提出计算可靠、构造合理的节点设计方法是十分必要的。

钢骨混凝土框架节点通常的两种破坏形态为节点核心区剪切破坏和梁端出现塑性铰而宣告破坏。两种破坏形态下节点的强度、变形和抗震性能是不同的，节点的内力抵抗机理和能量耗散的能力也是不同的。虽然节点区受力情况很复杂，一般是处于比、弯、剪复合应力状态，但是相关根据试验研究结果，对于一般节点主要都是节点核心区剪切破坏。对于以竖向荷载为主的静力作用下的框架和其他结构，可能节点的剪切破坏不很突出。但在水平力作用下例如在水平地震作用下,保证节点的强度是至关重要的。对于风荷载影响较大的高层建筑、超高危建筑及高耸结构,即使在非地震区,节点设计也决不能忽视。

如图5.5.1所示,进行钢骨混凝土框架节点拟静力试验,在柱顶施加轴向力和低周反复水平荷载模拟水平地震作用下框架节点的受力状态。试验过程中各试件均发生了核心区剪切破坏,各试件的破坏过程相似,均经历了弹性工作、带裂缝工作、破坏三个受力阶段。图5.5.2为节点的裂缝分布情况。

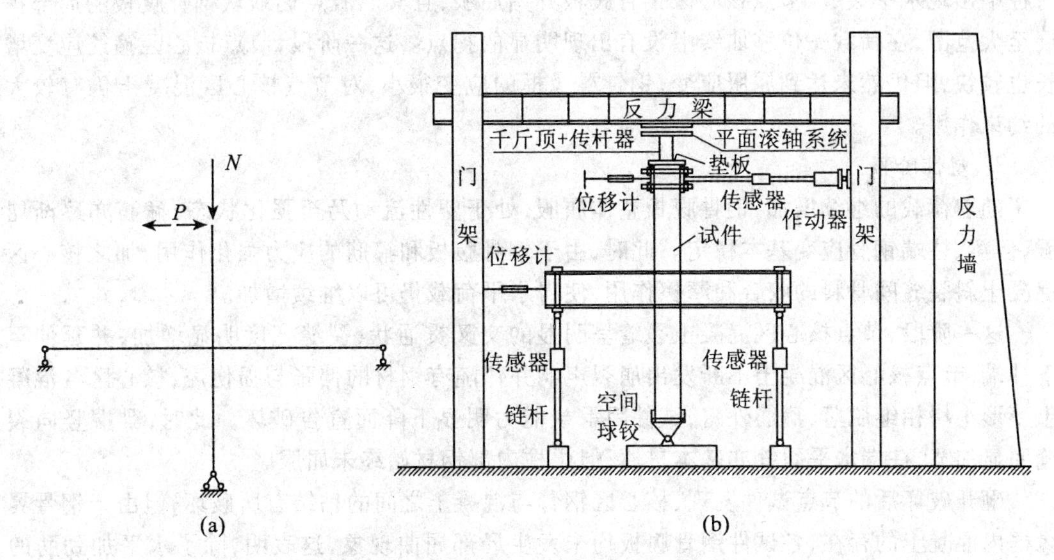

图5.5.1 节点试验基本单元及加载装置图

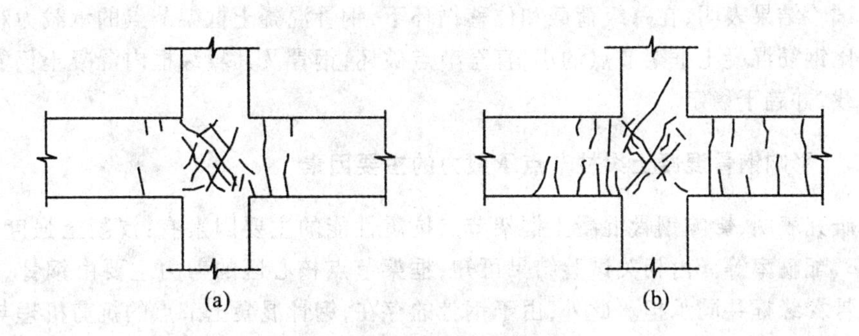

图5.5.2 试件裂缝分布图

1. 弹性阶段

施加柱顶垂直荷载至预定的轴压比限值后,试验各系统工作正常,试件无裂缝出现,梁端支座传感器显示梁端不受力。加载初期,试件梁、柱和节点核心区均无裂缝产生,柱顶水平位移、节点核心区钢骨应变、混凝土应变均随水平荷载的增减而线性变化。当水平推力P约为20kN时,试件梁端出现第一条竖向裂缝,从梁底向上延伸约$\frac{1}{4}$梁高,裂缝距离节点边缘15~20mm。随着水平推力的增加,梁端出现新的竖向裂缝,且第一条竖向裂缝向节点核心区延伸,梁、柱端截面混凝土应变不断增加。当水平荷载P增加至60~90kN时,节点核心区混凝土出现沿对角线方向的斜裂缝,此时的荷载即为试件的开裂荷载。

2. 弹塑性阶段

随着往复水平荷载的增加,节点核心区混凝土出现反向斜裂缝,且随着正、反向斜裂缝的逐步增多与延伸,节点核心区裂缝呈现明显的"X"形交叉裂缝,并逐渐将核心区混凝土分割成若干菱形小块。此时,梁端"弯曲型"竖向裂缝虽然上下基本贯通,但无明显加宽或增多。当水平荷载 P 达到极限荷载的约 60% 时,节点核心区混凝土的对角线主裂缝贯通,同时柱端出现水平裂缝,节点核心区钢骨腹板开始屈服,且其屈服点逐渐从钢骨腹板的局部扩展至大范围,在荷载—位移曲线上没有出现明显的拐点。这一阶段,节点核心区箍筋应变增长也较快,但仍然未达到屈服应变,钢骨翼缘框的应变很小,对节点核心区混凝土仍有较大的约束作用。

3. 塑性阶段

随着荷载的继续增加,钢骨腹板整体屈服,处于塑性流动乃至强化状态,箍筋亦逐渐屈服,但梁、柱端钢骨应变基本稳定。此时,由于钢骨腹板和箍筋的应力强化作用,加之核心区混凝土斜裂缝间骨料的咬合和摩擦作用,使得水平荷载仍可以继续增加。

这一阶段,节点核心区混凝土裂缝呈明显的交叉贯通状,裂缝宽度明显增加,并延伸至下柱端,节点核心区混凝土不断发出崩裂声响并伴随有钢材的伸张与损伤声,核心区各混凝土菱形小块相继脱落、箍筋外露,试件因承载能力明显下降而宣告破坏。此时,梁端竖向裂缝明显加宽,柱端水平裂缝亦基本贯通,但梁柱内部钢材始终未屈服。

砸开破坏后的节点试件发现,核心区钢骨与混凝土之间的粘结有所破坏,但由于钢骨翼缘框内混凝土的存在,各试件钢骨腹板均未发生局部屈曲现象,这表明,除了水平加劲肋的作用外,核心区混凝土亦可以有效地约束钢骨腹板使之不能发生局部屈曲。

相关试验结果表明,在每级荷载和位移循环下,钢骨混凝土框架节点的承载力和刚度的下降率均比钢筋混凝土框架节点的小,直至节点破坏,钢骨及其翼缘框内混凝土仍能继续承担较大荷载,并趋于稳定。

5.5.2 影响钢骨混凝土梁柱节点承载力的主要因素

相关研究表明,影响钢骨混凝土框架节点抗震性能的主要因素有:混凝土强度、柱轴压力、含钢率、配箍率等。由相关试验结果可知,框架节点核心区的剪力主要由钢骨、混凝土、箍筋和钢骨翼缘框共同承担。此外,由于钢骨的存在,钢骨混凝土节点的抗剪机理与钢筋混凝土节点有所不同。

1. 钢骨

在钢骨混凝土梁柱节点中,钢骨承担着部分的轴向力、剪力和弯矩,是节点抗剪承载能力的重要组成部分。对于大多数的钢骨混凝土节点来讲,在节点达到屈服状态以前钢骨腹板一般都能屈服。核心区混凝土的有效约束可以保证在节点达到极限状态之前钢骨腹板不发生局部屈曲,这些对节点抗剪是有利的,在计算钢骨腹板抗剪承载力时可以不考虑局部屈曲的影响。同时,因为钢骨翼缘框对节点抗剪能力的贡献与钢骨腹板相比较很小,所以可以不考虑翼缘的抗剪作用。钢骨腹板的抗剪能力可以作如下分析:钢骨腹板处于剪压复合应力状态,如图 5.5.3 所示,其主应力可以用下述公式表示。

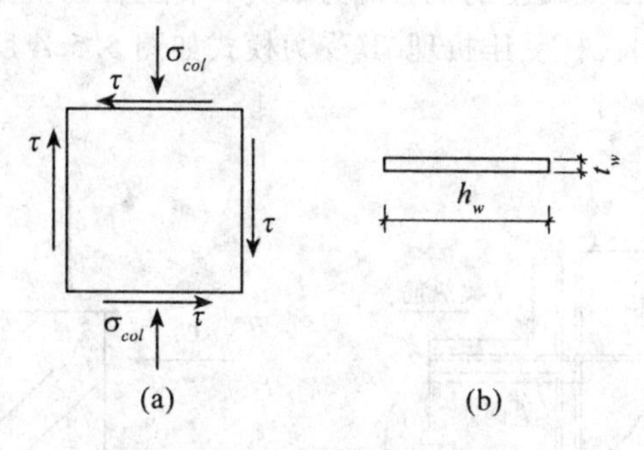

图5.5.3　钢骨腹板受力简图

主拉应力

$$\sigma_1 = \frac{\sigma_{col}}{2} + \sqrt{\left(\frac{\sigma_{col}}{2}\right)^2 + \tau^2} \tag{5.5.1}$$

主压应力

$$\sigma_2 = \frac{\sigma_{col}}{2} - \sqrt{\left(\frac{\sigma_{col}}{2}\right)^2 + \tau^2} \tag{5.5.2}$$

式中：σ_{col}——钢骨腹板所承受的柱传来的轴向压应力；

τ——钢骨腹板所承受的剪应力。

2. 钢骨翼缘框

对于普通工字钢骨而言，钢骨腹板的抗剪刚度要远远大于钢骨翼缘的抗剪刚度。由相关试验研究和有限元分析结果可知，一般情况下钢骨翼缘承担的剪力只是钢骨腹板承担剪力的5%左右。钢骨翼缘在钢骨腹板屈服之后依然没有全部屈服，在节点到达极限状态之前才基本达到屈服应变，与钢骨腹板相比较，承担的剪力很小。为了计算方便，可以认为钢骨承担的剪力主要由腹板承担，翼缘对钢骨抗剪能力的贡献可以忽略。

此外还可以认为翼缘框的主要作用一方面是使梁、柱钢骨的拉力和压力直接传到核心区，防止节点区混凝土被翼缘传来的压力局部压坏，另一方面是形成封闭的翼缘框对腹板和混凝土起约束作用，提高构件的延性和耗能能力。出于安全储备的考虑也可以将翼缘框作为剪力储备对待。翼缘框也是防止节点区混凝土在节点破坏阶段发生脆性破坏的保证之一。

3. 核心区箍筋

在钢骨混凝土梁柱节点核心区抗剪承载能力中，箍筋的抗剪能力所占的比例很小，箍筋的抗剪作用主要表现在对节点核心区混凝土的约束作用上。在节点处于极限状态时箍筋基本都接近屈服。另外，箍筋的约束作用在钢骨梁柱框架节点核心区中显得重要的原因在于箍筋使核心区裂缝宽度和混凝土剪切变形减小，箍筋的存在延缓了节点的破坏过程。

4. 混凝土

根据相关试验结果，混凝土在节点核心区中起主要的抗剪作用。核心区开裂前，由于梁端弯矩传递到节点核心区的压力沿核心区对角线方向形成混凝土受压带，并在受压带边缘垂直受压带长度方向产生拉应力，随着荷载的增加，沿节点核心区对角线方向产生斜裂缝，形成混凝土斜压杆，核心区混凝土的抗剪能力取决于斜压杆的抗压能力，因而可以认为核心区混凝土的抗剪机理是斜压杆受压机理，其受力模式如图 5.5.4 所示。

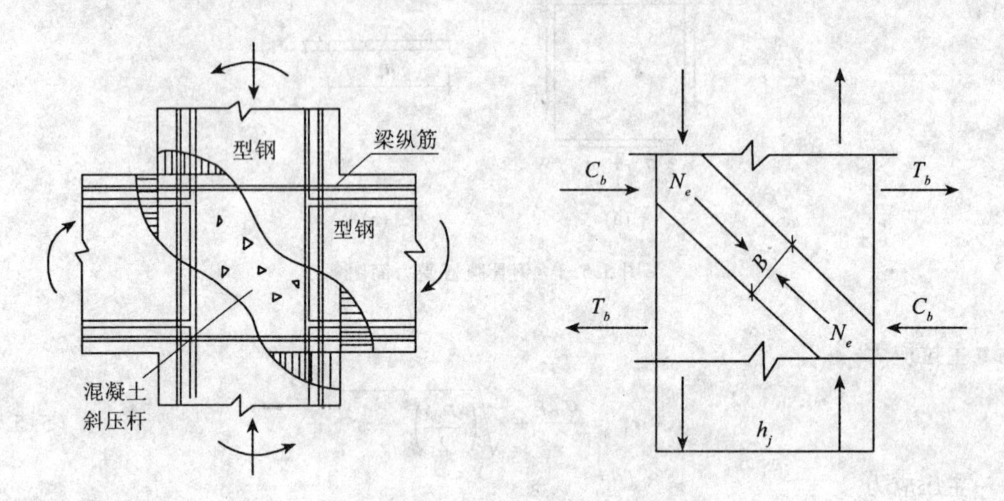

图 5.5.4 斜压杆受力机理

节点核心区混凝土的承载力由混凝土斜压杆的抗压强度以及斜压杆的宽度决定。斜压杆的水平分力即为混凝土的抗剪贡献能力，从与之相关的资料中得到，混凝土斜压杆的宽度，与节点类型和受力特征有关。

5.5.3 框架梁柱节点抗剪强度验算

1. 节点受力分析及总水平剪力计算

(1) 节点域受力分析

图 5.5.5 为一榀典型框架在竖向荷载和水平荷载共同作用下的变形图和弯矩图。

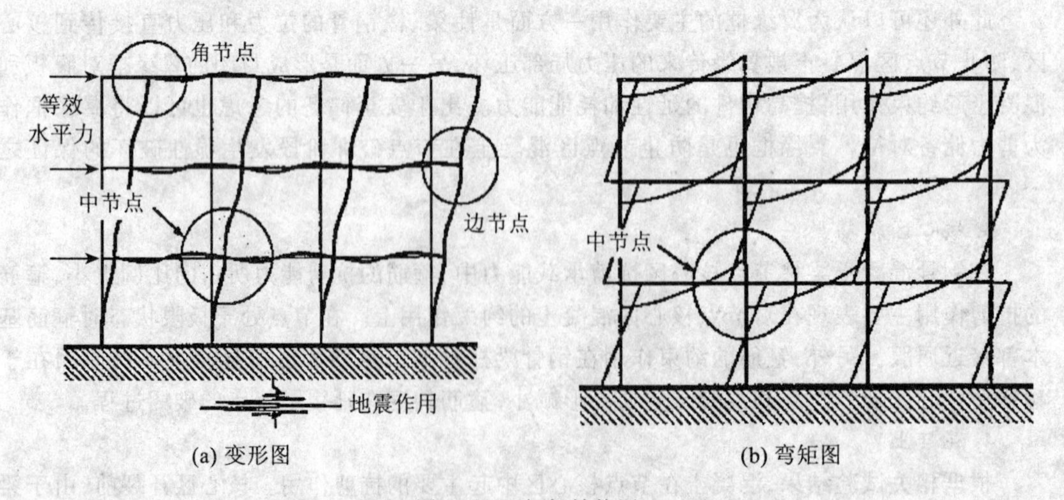

(a) 变形图　　(b) 弯矩图

图 5.5.5 框架结构图

节点核心区在水平方向受到两侧梁端传来的弯矩、剪力和轴力，在垂直方向上受到上、下柱端传来的弯矩、剪力和轴力，而梁端传来的轴力一般情况下很小，可以忽略。钢骨混凝土框架结构中节点的受力情况如图 5.5.6 所示。节点核心区四周作用的梁柱弯矩（$M_{c,t}$，$M_{c,b}$，$M_{b,1}$，$M_{b,r}$）可以转化成钢筋及钢骨翼缘受拉、受压区域合力形成的力偶，则在节点域两个对角方向受到垂直和水平方向的压力，而另外两个对角方向受到两个方向的拉力。

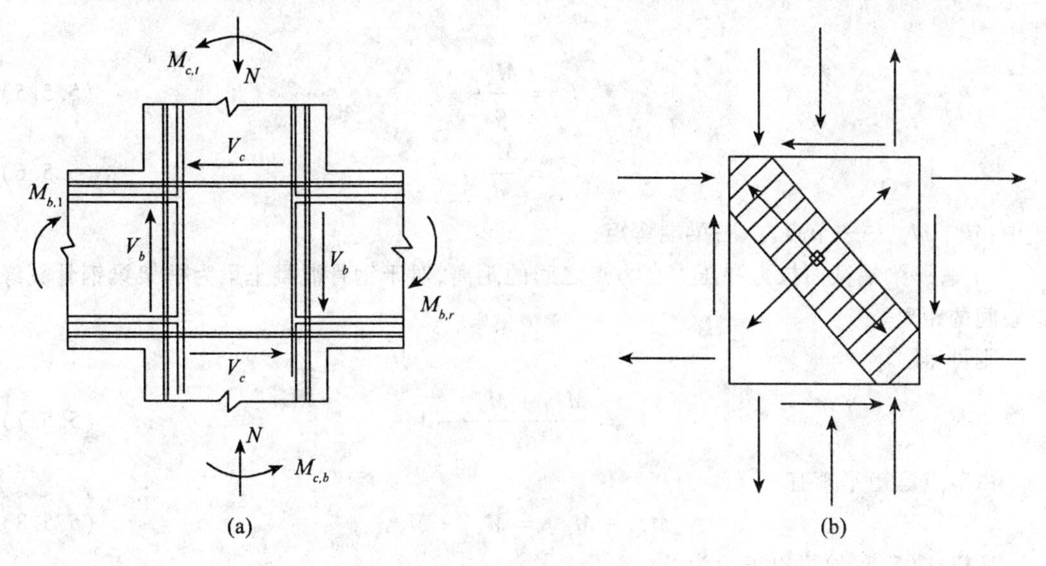

图 5.5.6　节点核心区受力分析简图

（2）总水平剪力的计算

对于水平荷载作用下的多层多跨框架结构，假定反弯点在梁柱构件的中点，如图 5.5.7 所示，则由平衡条件可以得出柱剪力 V_c 为

$$V_c = \frac{M_{c,t} + M_{c,b}}{H_1 + H_2} \tag{5.5.3}$$

式中：$M_{c,t}$、$M_{c,b}$——上、下柱端传来的弯矩；

H_1、H_2——几何尺寸。

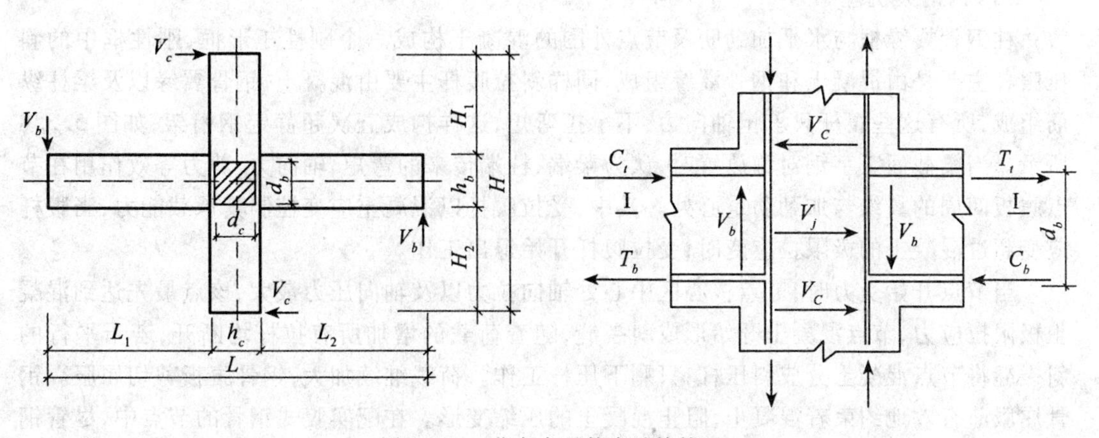

图 5.5.7　节点水平剪力计算简图

在节点核心区作一截面Ⅰ—Ⅰ,并以其上部作为隔离体,则钢骨混凝土框架节点核心区水平剪力的计算公式为

$$V_j = T_t + C_t - V_c \tag{5.5.4}$$

式中:V_j——节点核心区总剪力;

T_t、C_t——梁端传来的拉力。

其中

$$T_t = \frac{M_{b,r}}{d_b} \tag{5.5.5}$$

$$C_t = \frac{M_{b,l}}{d_b} \tag{5.5.6}$$

式中:$M_{b,l}$、$M_{b,r}$——节点左、右梁端弯矩;

d_b——梁端截面拉力和压力合力点之间的距离,对于钢骨混凝土梁为框架梁钢骨翼缘重心间的距离。

则可得

$$V_j = \frac{M_{b,l} + M_{b,r}}{d_b} - V_c \tag{5.5.7}$$

由节点弯矩平衡有

$$M_{c,t} + M_{c,b} = M_{b,l} + M_{b,r} \tag{5.5.8}$$

所以式(5.5.4)可以表示为

$$V_j = \frac{M_{b,l} + M_{b,r}}{d_b}\left(1 - \frac{d_b}{H_1 + H_2}\right) = \frac{M_{b,l} + M_{b,r}}{d_b}\left(1 - \frac{d_b}{H - h_b}\right) \tag{5.5.9}$$

2. 节点抗剪计算理论

钢骨混凝土框架节点在荷载作用下承受梁柱端传来的轴力、弯矩和剪力,处于复合受力状态,而节点内部各材料元件之间有效地对其进行分配和传递钢骨混凝土节点核心区的剪力主要由钢骨、混凝土和箍筋承担。由于存在钢骨,其抗剪机理与钢筋混凝土节点有所不同。对于钢骨混凝土框架节点主要有以下几种受力机理,分别适用于不同的破坏形态,几种机理单独或联合使用已被应用于基于不同破坏形式的各种设计规范中。

(1)钢桁架机理

柱钢骨翼缘框与水平加劲肋及节点外围的混凝土构成一个刚性矩形框,刚性框中的斜压腹杆主要是由混凝土和钢骨翼缘组成,同样斜拉腹杆主要由混凝土、钢骨翼缘以及梁柱纵筋组成,所有这些腹杆只承担轴向力,不承担弯矩,这样构成五次超静定钢桁架,如图5.5.8所示。当梁截面工字钢对称放置时,认为梁端、柱端传来的弯矩、轴向力、剪力等效作用在节点腹板四周的翼缘与加劲肋重心处。其中,受拉腹杆以混凝土应变控制其承载能力,当腹杆应变超过混凝土的极限拉应变时,受拉腹杆开始退出工作。

当节点开始受力时,节点核心区中心处轴向拉力以及轴向压力最大,该点最先达到混凝土极限拉应力,节点混凝土开始形成斜裂缝,随着荷载的增加所有拉杆均断开,若干平行的斜裂缝将节点混凝土分成斜压杆,只剩下压杆工作。荷载继续加大,钢骨腹板剪切屈服。钢骨屈服前有效地约束着混凝土,阻止混凝土的压缩变形。在配实腹式钢骨的节点中,尽管钢骨与混凝土之间的粘结有所破坏,但在钢骨屈服前,混凝土一般不可能被压碎而导致节点破

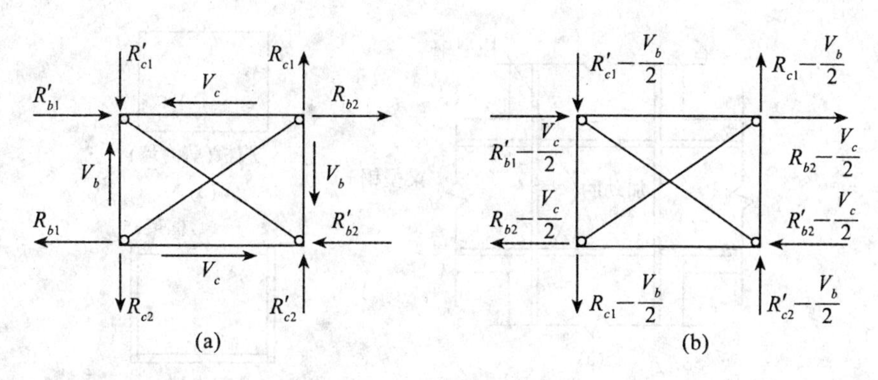

图 5.5.8　钢桁架机理简图

坏。即节点达到极限状态前,钢骨一般都能达到屈服。荷载继续增加,翼缘框四角形成塑性铰,此时钢骨部分成为可变体系,但由于节点混凝土尚未压坏,节点仍然是静定的。最后当荷载增加到某一数值,节点斜压混凝土达到极限压应变,其应力达到剪压极限强度,混凝土压碎、鼓出而剥落,整个节点变成可变体系,节点即告破坏。

(2)钢框架—剪力墙机理

钢筋混凝土部分的抗剪可以视为由混凝土斜压杆加桁架的抗剪机理。斜压杆主要承担梁端、柱端之压应力,如图 5.5.9(a)所示。钢筋与斜压混凝土构成的桁架主要承担梁端、柱端之拉应力及剪力,如图 5.5.9(b)所示。

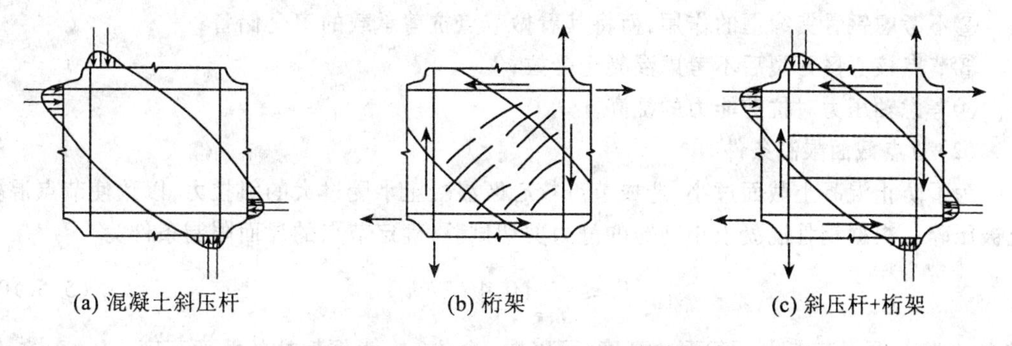

(a) 混凝土斜压杆　　(b) 桁架　　(c) 斜压杆+桁架

图 5.5.9　混凝土部分受力机理简图

节点中钢骨的抗剪,可以视为由柱中钢骨翼缘与腹板加劲肋构成的板式封闭钢框架(见图 5.5.10(a))和钢骨腹板作为“剪力墙”(见图 5.5.10(b))形成的“框架—剪力墙”(见图 5.5.10(c))体系,在剪力 V 作用下,将按照两者的抗侧刚度比例来分配剪力。由于柱钢骨翼缘的抗侧刚度往往比腹板的抗侧刚度小很多,因此主要是腹板起到抗剪作用。根据相关试验观测到的斜裂缝角度的变化分析,当柱上无轴压应力时,这个框剪体系基本处于纯剪状态。当有轴压力作用时,钢骨构成的框剪体系则处于压应力与剪应力共同作用的状态。

当达到极限状态时,首先是钢骨腹板(剪力墙)剪切屈服,继而翼缘框(板式框架)的四角形成 4 个塑性铰,成为机动体系。最后钢筋桁架屈服,混凝土斜压杆达到极限压应变而被

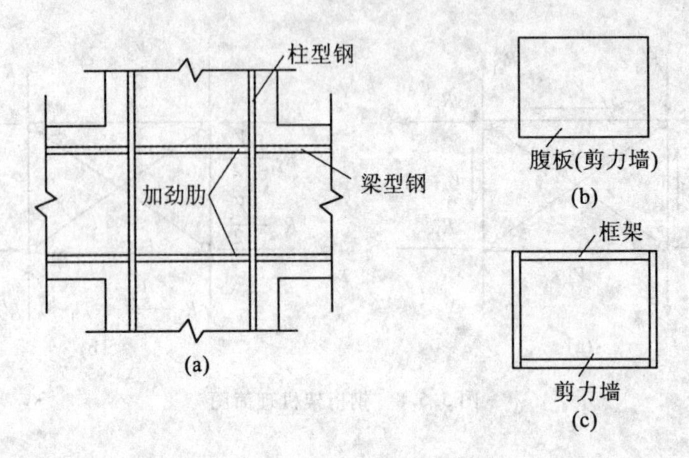

图 5.5.10 “框架—剪力墙”受力机理简图

压碎,此时节点即被破坏。

3. 节点核心区抗剪承载能力计算

(1)基本假定

节点抗剪承载能力可以看成由钢骨部分和钢筋混凝土部分组成,即梁柱钢骨腹板、钢骨翼缘框、混凝土和节点核心区箍筋。根据前文对相应各部分抗剪机理的分析,在钢骨混凝土框架节点抗剪承载能力计算中提出以下的假定:

①钢骨不发生局部屈曲;

②不考虑钢骨翼缘框的作用,而将其看做节点抗剪承载的安全储备;

③节点核心区开裂后不考虑混凝土受拉;

④考虑轴压力对抗剪能力的提高。

(2)节点截面限制条件

为了防止混凝土截面过小,造成节点核心区混凝土承受过大的斜拉力,以致使节点混凝土被压碎。根据钢骨混凝土小剪跨的静力剪切试验,确定节点的界面限制条件为

$$V_j \leqslant \frac{1}{\gamma_{RE}}(0.4\eta_j f_c b_j h_j) \tag{5.5.10}$$

式中:h_j——框架节点水平截面的高度,可以取 $h_j = h_c$,h_c 为框架柱的截面高度;

b_j——框架节点水平截面的宽度,当 b_b 不小于$\frac{b_c}{2}$时可以取 b_c,当 b_b 小于$\frac{b_c}{2}$时可以取 $b_b+0.5h_c$ 和 b_c 二者的较小值,其中 b_b 为梁的截面宽度,b_c 为柱的截面宽度;

η_j——梁对节点的约束影响系数。

(3)受剪承载能力计算

①钢骨承载能力

对于框架节点核心区钢骨腹板的抗剪作用,通过对相关试验数据的分析可知:在弹性阶段末(即初裂时),腹板基本处于弹性工作,应变分布较均匀;在带裂缝工作的弹塑性阶段后期,腹板基本达到屈服状态,从而可以充分发挥其抗剪作用,尤其在极限阶段,腹板应变增大,钢材进入弹塑性状态。在节点达到极限状态前,钢骨处于剪切流动状态。型钢腹板处于剪压复合应力状态，如图5.5.11所示，其主应力可以用下述公式表示。

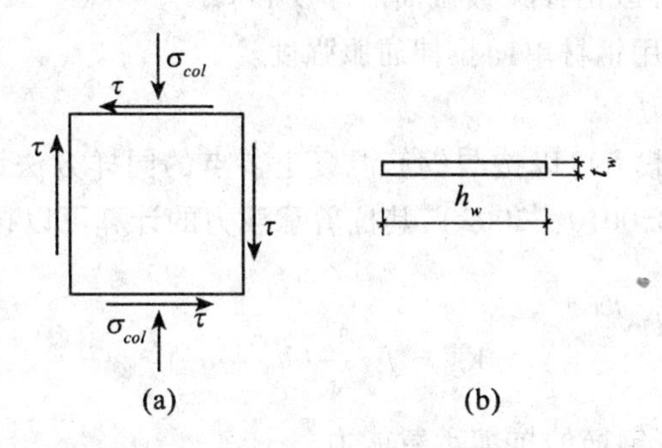

图5.5.11 型钢腹板受力简图

主拉应力

$$\sigma_1 = \frac{\sigma_{col}}{2} + \sqrt{\left(\frac{\sigma_{col}}{2}\right)^2 + \tau^2} \tag{5.5.11}$$

主压应力

$$\sigma_2 = \frac{\sigma_{col}}{2} - \sqrt{\left(\frac{\sigma_{col}}{2}\right)^2 + \tau^2} \tag{5.5.12}$$

式中：σ_{col}——型钢腹板所承受的柱传来的轴向压应力；

τ——型钢腹板所承受的剪应力。

通常配置的钢骨为碳素钢和低合金钢，因此可以应用第四强度理论建立其剪切屈服时的条件如下

$$\sqrt{\frac{1}{2}[(\sigma_1-\sigma_2)^2+(\sigma_2-\sigma_3)^2+(\sigma_3-\sigma_1)^2]} \leqslant f_a \tag{5.5.13}$$

式中：f_a——钢骨腹板所用钢材单向拉伸屈服强度，并且腹板可以简化为平面受力，即取 $\sigma_2=0$。将 σ_1、σ_3 代入式(5.5.13)中，可以得到腹板屈服时的剪切应力为

$$\tau = \frac{1}{\sqrt{3}}\sqrt{f_a^2 - \sigma_{col}^2} \tag{5.5.14}$$

由式(5.5.14)可知，无论是轴向压应力还是轴向拉应力，都会使节点中钢骨腹板的抗剪能力降低而产生不利影响，从而使得钢骨腹板的抗剪能力降低。根据西安建筑科技大学的相关资料，轴压力对腹板抗剪强度的降低幅度大约在3%~5%，为了计算方便、概念清晰，在节点抗剪计算中，钢骨的剪切屈服强度可以采用纯剪时的剪切屈服强度，即

$$\tau = \frac{1}{\sqrt{3}} f_a \tag{5.5.15}$$

此外，轴压力对钢骨抗剪能力的降低作用可以与轴压力使混凝土抗剪能力提高的影响一并考虑。实际上，通过对相关试验结果进行回归分析求得的混凝土抗力项的系数，已经包括了轴力对钢骨抗力的不利影响。故该钢骨混凝土梁柱节点中钢骨腹板的抗剪能力计算公式可以写为

$$V_w = \frac{1}{\sqrt{3}} t_w h_w f_a = 0.58 t_w h_w f_a \tag{5.5.16}$$

式中：V_w——节点区钢骨腹板的抗剪能力；

t_w、h_w——节点核心区钢骨腹板截面的厚度和高度；

f_a——钢骨腹板所用钢材单向拉伸屈服强度。

②核心区箍筋承载力

节点区箍筋抗剪承载力可以按与钢筋混凝土节点的同样方法计算。参照国家标准《混凝土结构设计规范》(GB50010—2002)，其抗剪承载力的计算可以按钢筋混凝土节点中箍筋剪力的方法计算，即

$$V_{sv} = f_{yv}\frac{A_{sv}}{s}(h_0 - a_s') \tag{5.5.17}$$

式中：V_{sv}——节点核心区箍筋的抗剪承载能力；

A_{sv}——节点核心区同一截面各肢水平箍筋的截面面积；

s——核心区箍筋间距；

h_0——梁截面计算高度；

a_s'——梁顶部表面至箍筋中心的距离。

③混凝土承载力

根据上述分析，核心区混凝土的抗剪机理是斜压杆受压机理，钢骨混凝土梁柱节点混凝土的抗剪承载力 V_c 可以表示为

$$V_c = Hb_jf_c \tag{5.5.18}$$

式中：H——混凝土斜压杆的等效宽度；

b_j——节点核心区有效剪切高度，可以取值 $b_j = \dfrac{h_c + h_b}{2}$；

f_c——混凝土抗压强度值。

根据节点所处位置的不同（中节点、边节点），中节点的 H 可以表达为节点核心区对角线的某一比值

$$H = \alpha\sqrt{h_c^2 + h_b^2} \tag{5.5.19}$$

在常见的节点中，节点截面高度 h_j 等于柱截面高度 h_c，而梁的高度 h_b 可以表达为柱截面高度的某一个比值，写为 $h_b = \beta h_c = \beta h_j$，则有

$$H = \alpha\sqrt{h_j^2 + \beta^2 h_j^2} \tag{5.5.20}$$

设 $\gamma = \alpha\sqrt{1 + \beta^2}$，则混凝土的抗剪承载力为

$$V_c = Hb_jf_c = \gamma f_c b_j h_j \tag{5.5.21}$$

式中：γ——待定系数，可以看成节点中混凝土抗剪影响系数，该系数不仅反映了混凝土的抗剪作用，实际上还反映了钢骨翼缘、柱轴压及箍筋约束的综合作用。为了求得该系数，可以借助相关试验数据，用实测的节点极限剪力扣除按材料实际强度和理论公式计算的钢骨腹板和节点箍筋的承载力后得到，即按下式确定

$$\gamma = \frac{V_j - V_w - V_{sv}}{f_c b_j h_j} \tag{5.5.22}$$

系数 γ 的计算结果表明，在混凝土强度不变的情况下，系数 γ 的值随着轴向比的增大而提高；而在轴压比相差不大的情况下，随着混凝土强度的变化，系数 γ 的变化却不是很明显。

轴压力对混凝土施加了一个方向的约束，提高了混凝土的抗裂、抗剪能力，对提高节点的抗裂与抗剪能力有一定的帮助，但轴压力同时又降低了钢骨腹板的抗剪能力。此外，轴向压力使得节点的耗能能力和延性降低，从而在破坏阶段会加速节点的破坏速度，反映在滞回曲线上，轴压比越大，滞回曲线衰减越快，面积也小，变形能力差。所以目前国内外相关资料对是否应该考虑轴压比对节点的抗剪承载能力的有力作用尚无明确的定论。考虑到竖向地震时会对节点轴压比产生影响，建议通过系数 γ 综合考虑轴压比以及其他诸多因素对节点抗剪能力的作用。应当注意的是，γ 值不仅反映了混凝土的抗剪作用，实际上还综合反映了钢骨翼缘、柱轴向压力以及箍筋、梁柱纵筋等对混凝土的约束作用，这些约束虽然不能明确的用数值来表达其大小，但可以肯定的是会间接地提高混凝土强度。将轴压比 n 和系数 γ 的对应关系进行线性回归可以得到下式

$$\gamma = 0.3 + 0.05n \tag{5.5.23}$$

对于边节点和角节点而言，其剪应力分布不均匀，混凝土斜压杆的范围较中节点小。参考国内外相关资料，在上述公式中引入折减系数 ϕ_j 以考虑节点位置的影响，对中节点取 $\phi_j=1.0$，对边柱节点及顶层中间节点取 $\phi_j=0.7$，对顶层边节点取 $\phi_j=0.4$。

直交梁对节点核心区混凝土形成了另一个方向的约束，对混凝土抗剪能力有一定的提高，由于条件的限制本章对其未进行深入研究，同样参考国内外相关资料在公式中引入约束影响系数 η_j 以考虑直交梁的影响，对于两个正交方向有梁约束的中间节点，当梁的截面宽度均大于柱截面宽度的$\frac{1}{2}$时，取 $\eta_j=1.5$，其他情况的节点则取 $\eta_j=1.0$。故式(5.5.21)可写为

$$V_c = \phi_j\eta_j(0.3 + 0.05n)f_c b_j h_j \tag{5.5.24}$$

综上所述，将混凝土、钢骨腹板和箍筋三项叠加，即得到钢骨混凝土节点的抗剪承载能力公式如下，式中各参数的意义如前文所述。

$$V_j = \phi_j\eta_j(0.3 + 0.05n)f_c b_j h_j + 0.58f_a t_w h_w + \frac{f_{yv}A_{sv}}{S}(h_0 - a_s') \tag{5.5.25}$$

抗震计算时尚应考虑抗力调整系数，即

$$V_j = \frac{1}{\gamma_{RE}}\left(\phi_j\eta_j(0.3 + 0.05n)f_c b_j h_j + 0.58f_a t_w h_w + \frac{f_{yv}A_{sv}}{S}(h_0 - a_s')\right) \tag{5.5.26}$$

5.5.4 框架梁柱节点核心区内力的传递

对于框架节点设计，必须保证应力能够可靠地从梁传到柱，根据节点核心区的平衡条件，柱端的抗弯承载能力应与梁端的抗弯承载力相同。但是梁柱节点的内力传递机理较复杂，对于钢骨混凝土构件，如果钢骨部分和钢筋混凝土部分分担弯矩的比例不协调，则会导致二者之间的内力传递不协调。根据日本的相关试验结果，当梁为钢骨混凝土梁或钢梁时，如果钢骨混凝土柱中的钢骨过小，使钢骨混凝土柱中的钢骨部分与梁钢骨的弯矩分配比在40%以下时，即不能充分发挥柱中钢骨的抗弯承载力且在反复荷载作用下其荷载位移滞回曲线将出现捏拢现象。由此设计中如果使节点域柱端、梁端钢骨部分抗弯承载力的比值及节点域柱端、梁端钢筋混凝土部分抗弯承载力的比值满足式(5.5.27)，则可以认为柱和梁的钢骨配置均衡，梁柱之间应力能够有效传递。

$$0.5 \leqslant \frac{\sum M_c^s}{\sum M_b^s} \leqslant 2.0, 且 \frac{\sum M_c^{rc}}{\sum M_b^{rc}} \geqslant 0.5 \tag{5.5.27}$$

式中：$\sum M_c^s$—— 节点上、下柱端钢骨部分受弯承载力之和；

$\sum M_b^s$—— 节点左、右梁端钢骨部分受弯承载力之和；

$\sum M_c^{rc}$—— 节点上、下柱端钢筋混凝土部分受弯承载力之和；

$\sum M_b^{rc}$—— 节点左、右梁端钢筋混凝土部分受弯承载力之和。

§5.6 钢骨的拼接

5.6.1 钢骨拼接的基本要求

钢骨拼接的位置，应选择在内力较小的截面位置，并避免与钢筋连接在同一截面位置。这是由于钢骨拼接处有螺栓孔使截面缺损，如果拼接部位在产生塑性铰以前就破坏，钢骨混凝土结构所特有的优良延性就难以发挥。因此，钢骨的拼接应该避开应力较大位置，钢筋的连接与钢骨拼接也不应设置在同一部位。而且，应注意拼接部位的构造细节，以免影响混凝土浇筑的密实性。关于钢骨混凝土结构中钢筋的连接要求，应符合现行国家标准《混凝土结构设计规范》(GB 50010—2002)中的相关规定。

5.6.2 钢骨拼接处的内力计算

由于螺栓孔使拼接截面缺损，因此在设计时，应使钢骨拼接处的承载力不小于该截面处钢骨所承担的内力设计值，并要求构件在达到相当大的塑性之前，拼接处不发生破坏。

此外，钢骨拼接一般都设在内力较小的位置，设计内力也很小。即使这样，从确保安全性的观点出发，还应保证钢骨拼接处的承载力不小于钢骨母材的$\frac{1}{2}$。

梁、柱中钢骨拼接处钢骨连接所承担的内力设计值按以下方法确定：

1. 对于非抗震结构以及设防烈度为 6 度和 7 度的结构，按式(5.6.1)～式(5.6.3)确定。

$$N_j^{ss} = N^{ss} \tag{5.6.1}$$

$$M_j^{ss} = \frac{M^{ss}}{M} M_j \tag{5.6.2}$$

$$V_j^{ss} = \frac{M^{ss}}{M} V_j \tag{5.6.3}$$

式中：N_j^{ss}，M_j^{ss}，V_j^{ss}——钢骨拼接处钢骨连接的轴力、弯矩、剪力设计值；

M_j、V_j——钢骨拼接处构件的弯矩、剪力设计值；

N^{ss}，M^{ss}——邻近拼接处构件端部钢骨截面部分承担的轴力和弯矩设计值；

M——邻近拼接处构件端部截面承担的弯矩设计值。

2. 对于设防烈度为 8 度和 9 度的结构，梁中钢骨拼接处的弯矩设计值 M_j^{ss} 和剪力设计

值 V_j^s，按下列公式计算。

$$M_j^{ss} = \left[\frac{M_b^{ss}}{M}M_{j0} + \upsilon_j\left\{M_{by,l}^{ss} - \frac{l_j}{l_n}(M_{by,l}^{ss} + M_{by,t}^{ss})\right\}\right]，且\ M_j^{ss} \leqslant \upsilon_j M_{by}^{ss} \tag{5.6.4}$$

$$V_j^{ss} = \left\{\frac{M_b^{ss}}{M}V_{j0} + \frac{\upsilon_j}{l_n}(M_{by,l}^{ss} + M_{by,r}^{ss})\right\}，且\ V_j^{ss} \leqslant \upsilon_j V_y^{ss} \tag{5.6.5}$$

式中：$M_{by,l}^{ss}$，$M_{by,r}^{ss}$——框架梁左、右两端钢骨考虑抗震承载力调整系数后的受弯承载力，应分别按顺时针和逆时针方向计算，并取其较大值。计算时应根据钢骨实际截面和钢骨材料的屈服强度按(5.5.16)式计算；

M_{j0}，V_{j0}——跨中竖向荷载作用下，按简支梁计算的钢骨拼接位置处的弯矩和剪力设计值；

M_{by}^{ss}，V_y^{ss}——钢骨拼接位置处钢骨母材的受弯和受剪承载力，按不扣除孔洞计算；

$\frac{M_b^{ss}}{M}$——近似按邻近拼接处梁端部的弯矩；

l_j，l_n——钢骨拼接位置到邻近梁端的距离和梁的净跨度；

υ_j——考虑塑性铰处钢骨进入强化阶段的增大系数，对 Q235 钢材取 1.2，对 Q345 钢材取 1.1。

3. 对于设防烈度为 8 度和 9 度的结构，柱中钢骨拼接处的弯矩设计值 M_j^{ss} 和剪力设计值 V_j^{ss}，按下列公式计算。

$$M_j^{ss} = \upsilon_j\left\{M_{cy,t}^{ss} - \frac{H_j}{H_n}(M_{cy,t}^{ss} + M_{cy,b}^{ss})\right\} \tag{5.6.6}$$

$$V_j^{ss} = \frac{\upsilon_j}{H_n}(M_{cy,t}^{ss} + M_{cy,b}^{ss}) \tag{5.6.7}$$

式中：$M_{cy,t}^{ss}$，$M_{cy,b}^{ss}$——框架柱上、下端钢骨部分考虑抗震承载力调整系数的受弯承载力，应分别按顺时针和逆时针方向计算，并取其较大值。当任一端钢骨部分的受弯承载力 $M_{cy}^{ss} \geqslant \frac{1}{2}(M_{bu,l} + M_{bu,r}) - M_{cu}^{rc}$ 时，可以取 $M_{cy}^{ss} = \frac{1}{2}(M_{bu,l} + M_{bu,r}) - M_{cu}^{rc}$。$M_{bu,l}$，$M_{bu,r}$ 分别为与该柱端相连左右梁端的受弯承载力；

M_{cu}^{rc}——柱端钢筋混凝土部分的受弯承载力，按承受轴向力 $N - N_c^{ss}$ 计算。对最上层的柱端不乘 $\frac{1}{2}$；

M_{cy}^{ss}，V_y^{ss}——钢骨拼接位置处钢骨母材的受弯和受剪承载力，按不扣除孔洞计算；

H_j，H_n——钢骨拼接位置到柱上端的距离和柱的净高度。

应进行钢骨拼接的受弯承载力和受剪承载力验算，按现行国家标准《钢结构设计规范》(GB 50017—2003)进行，并应符合相应的构造要求。

应验算钢骨拼接处的钢筋混凝土部分的承载力，由钢骨拼接处截面的轴力、弯矩及剪力设计值分别扣除钢骨部分的内力设计值 N_j^{ss}，M_j^{ss}，V_j^{ss} 后进行设计，以保证其安全。

当钢骨拼接的受弯承载力或受剪承载力小于 M_j^{ss} 或 V_j^{ss} 时，不足部分可以让钢筋混凝土部分承担，但要验算拼接附近钢骨和混凝土部分的粘结力，以保证应力传递。

§5.7 钢骨混凝土构件的构造要求

5.7.1 一般构造要求

钢骨混凝土构件中，纵向钢筋直径不宜小于16mm。纵向钢筋净间距分别不应小于30mm（梁）和50mm（柱），且不小于粗骨料最大粒径的1.5倍及钢筋直径的1.5倍。纵向钢筋与钢骨的净间距不应小于30mm，且不小于粗骨料最大粒径的1.5倍。

对于有抗震要求的结构，其梁、柱构件端部箍筋加密区的箍筋末端应做成135°弯钩，且弯钩末端平直段长度不应小于箍筋直径的10倍（见图5.7.1(a)梁，(b)柱），也可以采用焊接封闭箍筋（见图5.7.1(c)梁，(d)柱）。当梁两侧有现浇楼板，且箍筋弯钩在楼板内时，箍筋的一端可以采用90°弯钩，弯钩末端平直段长度不应小于箍筋直径的10倍（见图5.7.1(e)）。对于梁、柱构件非箍筋加密区，箍筋末端可以做成一端135°弯钩，另一端90°弯钩，弯钩末端平直段长度也不应小于箍筋直径的10倍。

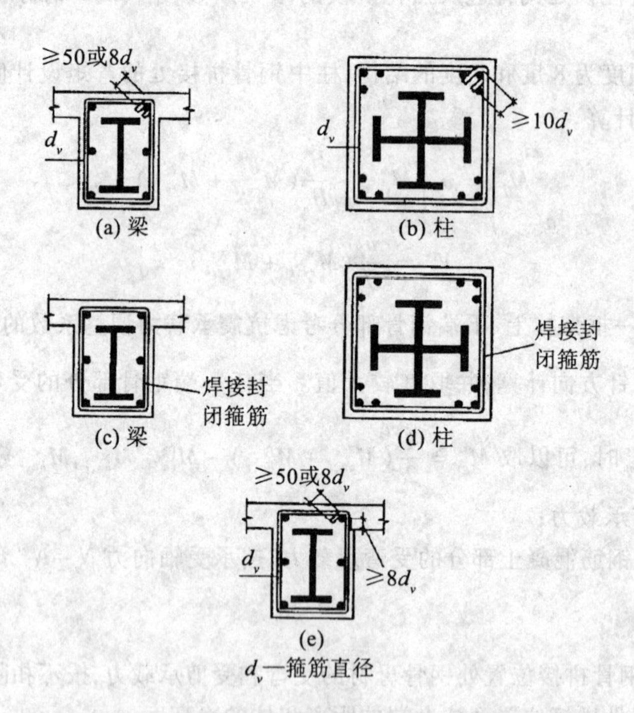

图5.7.1 钢骨混凝土梁柱构件的箍筋弯钩构造图

5.7.2 含钢率

钢骨混凝土梁、柱的钢骨含钢率宜符合下列要求：

对于非抗震和三、四级抗震结构，不小于2%；对于一、二级抗震结构，不小于4%；对于特一级抗震结构，不小于6%；含钢率也不宜大于15%。

5.7.3　钢骨宽厚比限值

钢骨混凝土构件中，钢骨板材的厚度不小于 6mm，宽厚比不应大于表 5.7.1 的限值，表 5.7.1 中符号的意义如图 5.7.2 所示。当$\frac{h_w}{t_w}$（梁）大于表 5.7.1 中数值时，可以按《钢结构设计规范》（GB 50017—2003）第 4.3 条规定设置横向加劲肋、纵向加劲肋，并满足局部稳定计算要求。

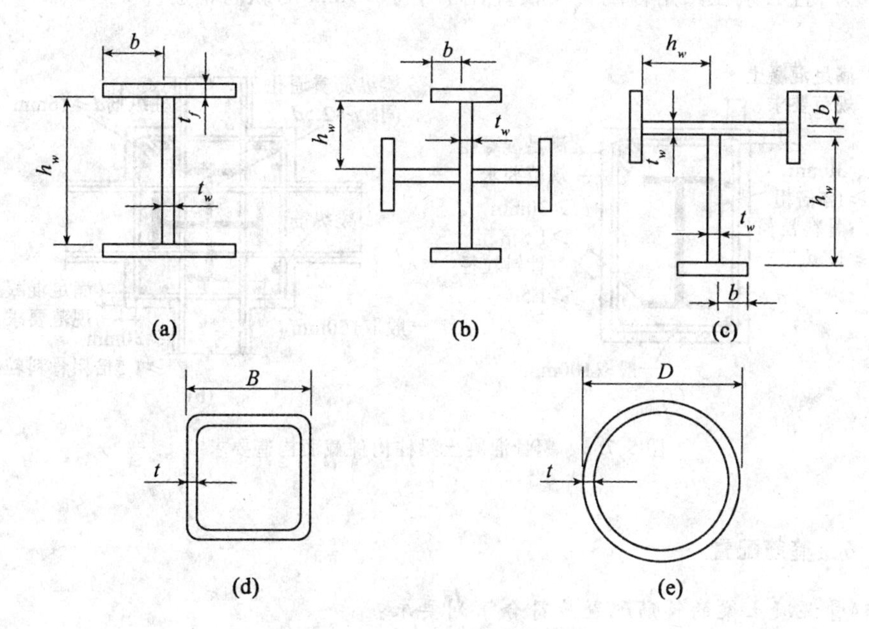

图 5.7.2　钢骨板材宽厚比图

表 5.7.1　　钢骨的宽厚比限值

钢　号	$\frac{b}{t_f}$	$\frac{h_w}{t_w}$（梁）	$\frac{h_w}{t_w}$（梁）	$\frac{B}{t}$（柱）	$\frac{D}{t}$（柱）
Q235	23	107	96	72	150
Q345	20	91	81	61	109

5.7.4　保护层厚度

钢筋的保护层厚度，按现行国家标准《混凝土结构设计规范》（GB 50010—2002）采用。梁、柱构件钢骨的保护层厚度宜分别采用 100mm（梁）和 150mm（柱）。

5.7.5 纵向钢筋配筋率

钢骨混凝土梁受拉纵向钢筋配筋率不应小于0.2%，受压侧角部必须各配置一根直径不小于16mm的纵向钢筋。受拉侧和受压侧纵筋的配置均不宜超过两排，且梁中纵向钢筋应避免穿过柱中钢骨翼缘。当梁的腹板高度大于600mm时，在梁的两个侧面应沿高度配置纵向构造钢筋。纵向构造钢筋的间距不宜大于300mm，如图5.7.3所示。

钢骨混凝土柱受压侧纵向钢筋的配筋率不应小于0.2%，全部纵向钢筋的配筋率不应小于0.6%，且必须在四角各配置一根直径不小于16mm的纵向钢筋。

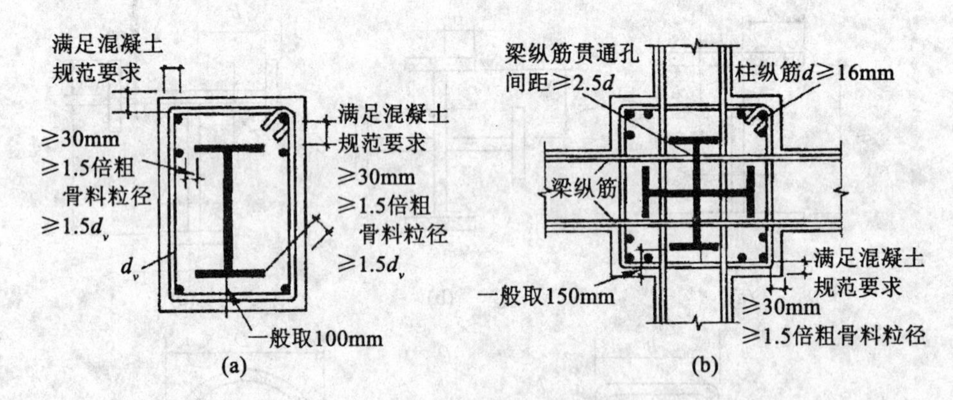

图5.7.3 钢骨混凝土梁柱构件截面构造要求

5.7.6 箍筋配置

1. 钢骨混凝土梁的箍筋配置应符合下列要求：

梁中箍筋的最小面积配箍率不应小于0.3（特一级抗震），0.25（一、二级抗震）、0.2（三、四级抗震和非抗震）。箍筋直径和间距应符合表5.7.2中的要求，箍筋间距也不应大于梁高的$\frac{1}{2}$。

抗震设防结构中框架梁端部箍筋应加密。在距梁端1.5倍梁高的范围内，箍筋直径和间距应符合表5.7.2中的要求；当梁净跨小于梁截面高度的4倍时，全跨箍筋按加密要求配置。如图5.7.4所示。

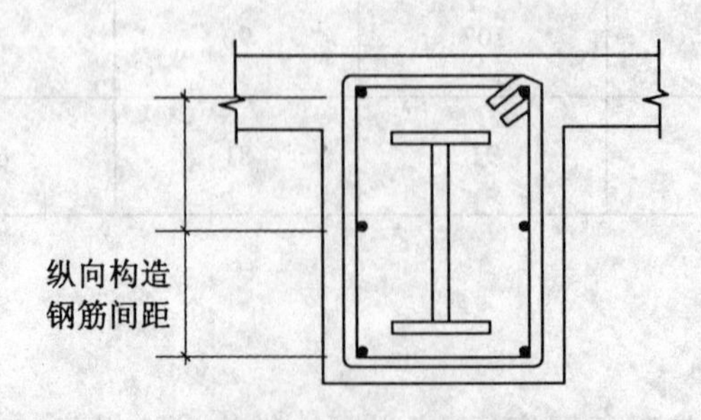

图5.7.4 钢骨混凝土梁纵向构造钢筋间距简图

表 5.7.2　梁中箍筋直径和间距的要求

抗震等级	箍筋直径	箍筋间距	加密区箍筋最大间距（取小值）
非抗震	≥8mm	≤250mm	200mm
三、四级	≥8mm	≤250mm	$\frac{h_b}{4}$,6d,150mm
一、二级	≥10mm	≤200mm	$\frac{h_b}{4}$,6d,100mm
特一级	≥12mm	≤200mm	$\frac{h_b}{4}$,6d,100mm

2. 钢骨混凝土柱的箍筋配置应符合下列要求

抗震设防的结构中，柱上、下端1.5倍截面高度的范围内箍筋应加密；当柱净高小于柱截面高度的4倍时，柱全高箍筋应加密。

柱箍筋加密区的最小体积配箍率应符合表5.7.3中的要求。表5.7.3中轴压力系数$n=\frac{N}{f_cA_c+f_{ss}A_{ss}}$。其中$N$为考虑地震作用组合时柱的轴压力设计值。非加密区的体积配箍率不应小于加密区体积配箍率的$\frac{1}{2}$。

柱中的箍筋直径、间距应符合表5.7.4中的要求。箍筋无支长度（即纵筋间距，见图5.7.5）不宜大于300mm。

表 5.7.3　柱箍筋加密区的最小体积配箍率

抗震等级	轴压力系数 $n<0.4$	轴压力系数 $n>0.7$	$0.4<$轴压力系数$n<0.7$
三	0.4%	0.8%	线性插值
一、二级	0.5%	0.9%	
特一级	0.6%	1.0%	

注：对于柱内为封闭式钢骨（例如钢管），计算体积时的混凝土截面面积可以扣除封闭钢骨内的面积。

表 5.7.4　柱中箍筋直径和间距的要求

抗震等级	箍筋直径	箍筋间距	加密区箍筋最大间距（取小值）
非抗震	≥8mm	≤200mm	—
三、四级	≥10mm	≤200mm	8d,150mm
一、二级	≥10mm	≤150mm	8d,100mm
特一级	≥12mm	≤150mm	8d,100mm

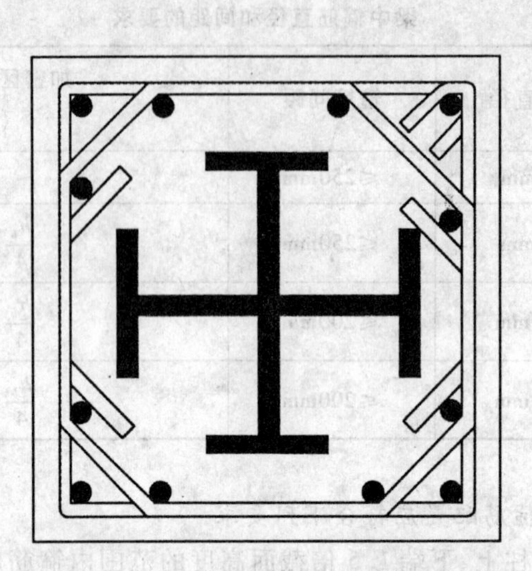

图 5.7.5 钢骨混凝土柱中箍筋构造简图

5.7.7 抗剪连接件

钢骨混凝土梁、柱构件的钢骨上一般不设置抗剪连接件，但对于过渡层、过渡段及钢骨与混凝土之间传力较大部位经计算需要在钢骨上设置抗剪连接件时，宜采用栓钉。栓钉的直径规格宜选用19mm，22mm，栓钉的直径不应大于与其焊接的母材钢板厚度的2.5倍，其长度不应小于栓钉直径的4倍。栓钉的间距不应小于栓钉直径的6倍，且不宜大于300mm。栓钉中心至钢骨板材边缘的距离不应小于60mm，栓钉顶面的混凝土保护层厚度不应小于15mm，如图5.7.6所示。

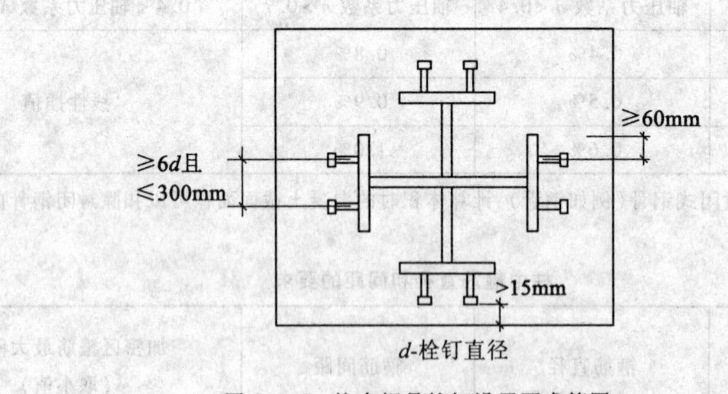

图 5.7.6 柱中钢骨栓钉设置要求简图

5.7.8 剪力墙

无边框剪力墙的厚度或有边框剪力墙腹板部分的厚度应符合表5.7.5中的要求。

表5.7.5 剪力墙截面最小厚度

序号	抗震等级	剪力墙部位	最小厚度(二者中之较大者)			
			底部加强部位		其他部位	
1	一、二级	有边框或有翼墙	$\frac{H}{16}$	200mm	$\frac{H}{20}$	160mm
		无边框或无翼墙	$\frac{h}{12}$	200mm	$\frac{h}{15}$	180mm
2	三、四级	有边框或有翼墙	$\frac{H}{20}$	160mm	$\frac{H}{25}$	160mm
		无边框或无翼墙	$\frac{h}{16}$	180mm	$\frac{h}{20}$	180mm
3	非抗震	有边框或有翼墙	$\frac{H}{25}$	160mm	$\frac{H}{25}$	160mm
		无边框或无翼墙	$\frac{h}{20}$	180mm	$\frac{h}{20}$	180mm

注:表内符号 H 为层高及净宽(无支长度)二者之较小者,h 为层高。

无边框剪力墙或有边框剪力墙腹板部分的竖向及水平分布筋应符合下列要求:

(1)非抗震设防及四级抗震结构,面积配筋率不小于0.2%,直径不小于8mm,间距不大于300mm。

(2)抗震等级特一级、一、二、三级时,面积配筋率不小于0.25,直径不小于8mm。间距不大于200mm。

(3)与室外直接接触的剪力墙,或由于其他原因导致剪力墙混凝土产生较高温度涨缩应力的部位,靠近墙表面的两层钢筋面积配筋率不小于0.25,直径不小于8mm,间距不大于200mm。

抗震结构的钢骨混凝土剪力墙底部加强区水平分布筋应加密。加强区高度可以取结构总高的$\frac{1}{10}$,也不小于1层楼高(10层及10层以下结构)或2层楼高(10层以上结构)。加强区范围内水平分布筋的间距不大于150mm(抗震等级三、四级)、100mm(抗震等级特一级、一级、二级)。特一级抗震等级剪力墙加密区面积配筋率尚不宜小于0.4%。

无边框钢骨混凝土剪力墙端部应设置构造边缘构件。边缘构件范围内应配置钢骨、纵向钢筋和钢箍,共同组成暗柱,暗柱内钢骨面积可以由截面承载力计算确定。抗震等级为特一级、一级、二级时,暗柱含钢率不应小于4%,其他情况不小于2%。暗柱尺寸及面积、纵筋及箍筋的最小要求宜符合国家现行行业标准《高层建筑混凝土结构技术规程》(JGJ 3-2002)中剪力墙构造边缘构件的构造规定。端部钢骨宜采用工字钢或槽钢等截面形式,其惯性矩较大的形心轴(强轴)宜与墙面平行,宜放置在暗柱面积内靠外边缘一侧,钢骨保护层不得小于50mm。

无边框钢骨混凝土剪力墙在楼板标高处应设置暗梁。暗梁可以由钢骨、箍筋与纵向钢筋组成,或仅采用钢箍与纵向钢筋组成,暗梁不参加剪力墙受力计算。抗震等级为特一级和一级时,暗梁内应设置钢骨(见图5.7.7(a));当为二级抗震等级时,暗梁内宜配置钢骨。

暗梁钢骨与暗柱内钢骨组成框架。其他情况可以按构造或施工要求设计暗梁。

腹板中水平钢筋应在钢骨外绕过,或与钢骨焊接,或水平钢筋伸入暗柱,其锚固长度应符合现行国家标准《混凝土结构设计规范》(GB 50010—2002)中的规定(见图5.7.7 (b))。

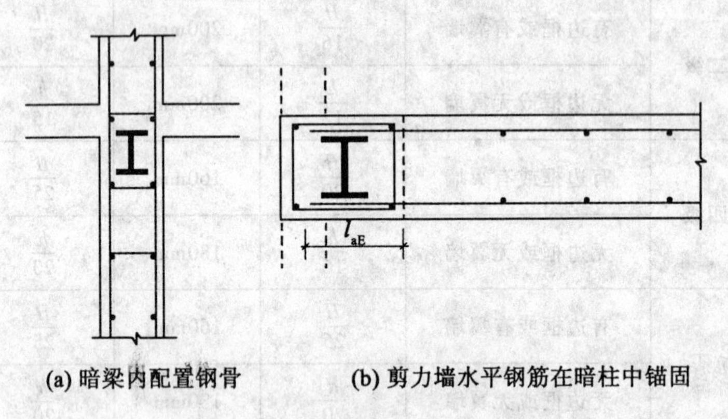

(a) 暗梁内配置钢骨　　(b) 剪力墙水平钢筋在暗柱中锚固

图5.7.7　剪力墙暗梁、暗柱构造简图

有边框钢骨混凝土剪力墙边框柱中配置钢骨、纵筋与箍筋,形成剪力墙的边缘构件,其中钢骨面积可以按承载力计算确定,同时必须符合钢骨混凝土柱最小含钢率的要求,钢骨配置和钢筋的构造要求与钢骨混凝土柱相同。剪力墙腹板内的水平钢筋应伸入边柱,且满足锚固长度要求。

有边框钢骨混凝土剪力墙在楼层标高处应设置钢骨梁,与边框柱钢骨组成框架。非抗震设计时,也可以采用钢筋混凝土暗梁。钢骨混凝土暗梁或钢筋混凝土暗梁不参与承载力计算,可以按构造要求或施工阶段对钢骨的要求设置。

允许在剪力墙的部分高度内设置钢骨,上部改变为钢筋混凝土剪力墙。无论设置全高或部分高度的钢骨混凝土剪力墙,其钢骨应贯通直至嵌固端,钢骨均应在嵌固端中有可靠的锚固。当部分高度设置钢骨混凝土剪力墙时,应注意在钢骨混凝土剪力墙和上部钢筋混凝土剪力墙之间设置过渡层。

第6章　钢管混凝土结构

§6.1　钢管混凝土柱的类型及特点

钢管混凝土结构是指在钢管中填充混凝土的结构,这种结构形式是在劲性钢筋混凝土结构、螺旋配筋混凝土结构以及钢管结构的基础上演变发展起来的结构形式,通常管内不配钢筋,其截面形式如图6.1.1中(a)、(b)、(c)、(d)、(e)所示;当构件承受特别大的压力或小压力而大弯矩时,可以在管内或管外配置纵向钢筋和箍筋,形成内填型、外包型和内填外包型钢管混凝土柱,其截面形式如图6.1.1中(f)、(g)、(h)、(i)所示。近年来,随着高层建筑形体和使用功能的复杂化,又出现了异形钢管混凝土柱,其截面形式如图6.1.1中(j)、(k)、(l)所示。圆形钢管多为钢板卷制焊接而成,方形、矩形和异形钢管则由钢板弯折后焊接而成。

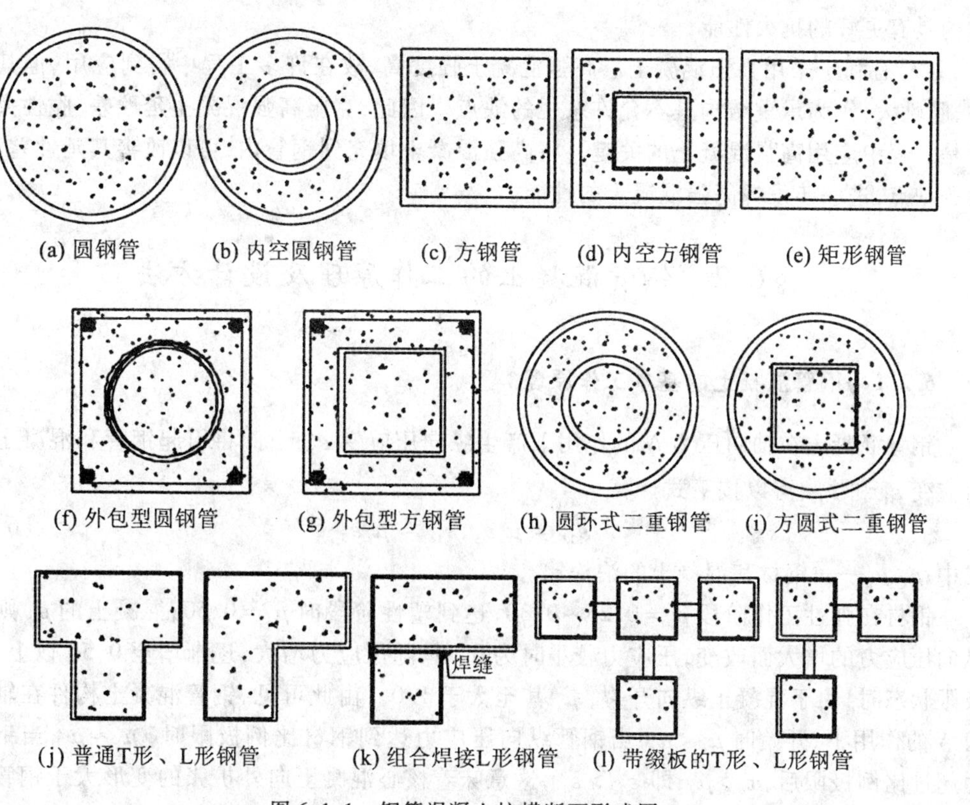

图6.1.1　钢管混凝土柱横断面形式图

钢管混凝土利用钢管和混凝土两种材料在受力过程中的相互作用,即钢管对其核心混凝土的约束作用,使混凝土处于复杂应力状态之下,从而使混凝土强度得以提高,塑性和韧性性能得到改善。同时,由于混凝土的存在可以延缓或避免钢管过早地发生局部屈曲,从而可以保证其材料性能充分发挥,钢管混凝土的优点主要有如下几点:

(1)承载力高。在钢管中填充混凝土,保证了薄壁钢管的局部稳定性,不至于发生局部屈曲,而混凝土受到钢管的约束,改变了受力性能,变单向受压为三向受压,使混凝土的抗压强度得以提高,因此,钢管混凝土整体抗压承载力远远大于钢管与混凝土承载力之和;

(2)塑性性能好。在钢管混凝土中,混凝土受到钢管的约束,处于三向受力状态,不仅改善了使用阶段的弹性性质,而且破坏时产生了较大的塑性变形,相关试验表明,钢管混凝土受压构件属于塑性破坏;

(3)经济效益显著。钢管混凝土结构与钢结构相比较,可以节省钢材50%左右;与钢筋混凝土结构相比较可以减少混凝土50%左右,用钢量大致相当,减少自重50%以上,并且由于构件截面尺寸大大减小,增加了建筑物的使用面积和有效空间,可见,其经济效益非常显著;

(4)施工简单,缩短工期。在钢管混凝土结构中,钢管既是模板,又是纵向受力钢筋和箍筋,因此,可以省去模板的制作与安装,节省脚手架、绑扎钢筋等工序,施工简单,节省时间。

(5)抗震性能良好。钢管混凝土结构自重轻,可以减小地震作用,特别是由于钢管的存在增加了结构延性,从而改善了构件及结构的抗震性能;

(6)抗火性能优越。在钢管混凝土结构中,由于管内混凝土能够吸收大量热能,在遭受火灾时,钢管截面温度场分布不均匀,能增加构件的耐火时间,因此,钢管混凝土结构比纯钢结构具有更好的抗火性能;

(7)有利于采用高强混凝土。高强混凝土强度高,故在许多工程中得到应用,但其延性差、脆性大,作为承重结构是不允许忽视的缺点。因此,克服高强混凝土延性差、脆性大的缺点是工程中应用高强混凝土的关键。将高强混凝土填充到钢管内,可以改善其延性差、脆性大的缺点,进一步发挥高强混凝土的性能。

§6.2 钢管混凝土的工作原理及设计方法

6.2.1 钢管混凝土的基本工作原理

钢管混凝土在轴向压力 N 的作用下产生纵向压应变 ε_3,由此将引起钢管和混凝土的环向应变 ε_{1s}和 ε_{1c},可以按下式计算

$$\varepsilon_{1s} = \mu_s\varepsilon_3 , \varepsilon_{1c} = \mu_c\varepsilon_3 \tag{6.2.1}$$

式中:μ_s、μ_c——钢材和混凝土的泊松比。

钢材在弹性工作阶段 $\mu_s = 0.25 \sim 0.30$,达到塑性阶段时 $\mu_s = 0.50$;混凝土的 μ_c 则随着纵向压应力的增大而改变,压应力较小时为0.17,随压应力增大,逐渐增至0.50以上,达到极限状态时,由于混凝土纵向开裂,μ_c 甚至大于1.0。由此可见,钢管混凝土构件在轴向压力 N 的作用下,开始时 $\mu_c < \mu_s$,当钢管纵向压应力达到钢材比例极限时,$\mu_c \approx \mu_s$,当钢管应力超过比例极限后,$\mu_c > \mu_s$,即 $\varepsilon_{1c} > \varepsilon_{1s}$,这意味着核心混凝土向外扩张的变形大于钢管的直径扩张变形,因此,钢管对核心混凝土产生紧箍力 p,这样使钢管和核心混凝土均处于三向

受力状态。钢管纵向受压、径向受压和环向受拉作用力,核心混凝土纵向受压、径向受压和环向受压作用力如图6.2.1(a)所示;钢管对核心混凝土的紧箍力 p 如图6.2.1(b)所示。

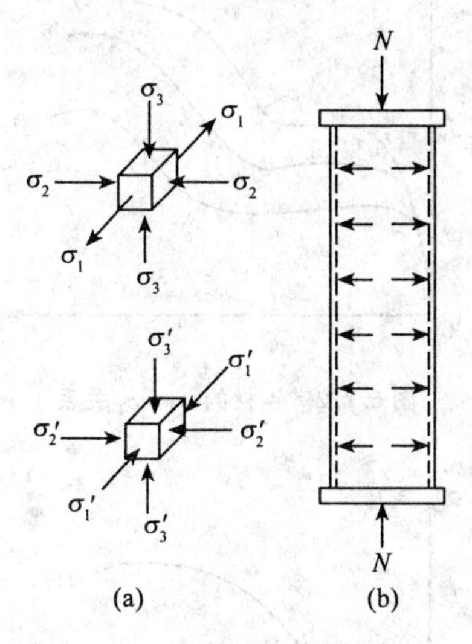

图6.2.1 钢管和混凝土三向受力状态

紧箍力 p 在钢管内的分布与钢管形状有很大关系。圆钢管中紧箍力均匀分布;方钢管中由于直线边在紧箍力作用下发生弯曲,因而紧箍力在直线边的中部大为减小,而在四角部紧箍力最大;八边形也是各边中部紧箍力小,而各角部紧箍力大。所以,从紧箍力的效应来说,圆钢管最大,方钢管最小,多边形介于上述二者之间。在钢管混凝土结构中,钢管和核心混凝土的环向应力与径向应力是被动力,环向应力与径向应力随纵向应力的产生而产生,随着纵向应力的增大而增大。

钢管混凝土轴心受压时产生紧箍效应,是钢管混凝土具有特殊性能的基本原因。因为钢管混凝土构件在轴心压力作用下,钢管和核心混凝土都处于三向应力状态,与单向受压时不同,其性能发生了改变。图6.2.2为钢材在三向应力状态下的应力与应变关系曲线,曲线中①号曲线为单向受压时应力与应变的关系;②号曲线为三向应力状态异号应力场时应力与应变的关系,可见在三向受力状态下钢材的屈服强度降低,而极限应变却增大,即强度下降,塑性变形能力增大。图6.2.3为混凝土三向受压时的应力与应变关系,图中③号曲线为单向受压时的应力与应变关系,①、②号曲线为有紧箍力时,混凝土三向受压时的应力与应变关系。随着紧箍力增大,混凝土的抗压强度提高,弹性模量也提高,而且塑性变形能力也大大增加,当紧箍力大到一定程度时,混凝土的应力与应变关系曲线无下降段,塑性变形能力将无穷增大。

总之,用做受压构件的钢管混凝土,由于钢管对核心混凝土的紧箍作用,使混凝土的抗压强度大大提高,而且还由脆性材料转变为塑性材料,其基本性能起了质的变化。同时,薄壁钢管的承载力决定于薄壁的局部稳定,屈服强度经常得不到充分利用。用做钢管混凝土时,内部填充混凝土,提高了薄壁管的局部稳定性,其屈服强度可以充分利用。在钢管混凝土构件中,钢材与混凝土两种材料能相互弥补对方的弱点,发挥各自的长处,因而是钢材与混凝土最佳的组合作用。

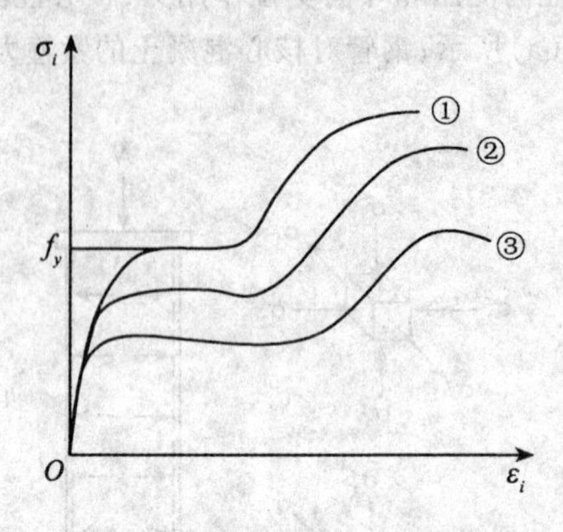

图 6.2.2 钢材的 $\sigma_i - \varepsilon_i$ 关系

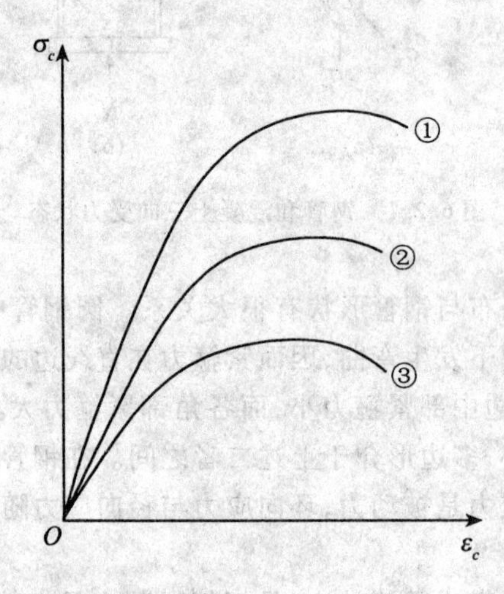

图 6.2.3 混凝土的 $\sigma_i - \varepsilon_i$ 关系

6.2.2 钢管混凝土的基本设计参数

1. 含钢率

钢管混凝土柱的含钢率是指钢管截面面积 A_s 与内填混凝土截面面积 A_c 的比值，通常用 α 来表示，即

$$\alpha = \frac{A_s}{A_c} \tag{6.2.2}$$

式中：A_s——钢管的横截面面积（除特殊说明外本章中不再另行解释）；

A_c——核心混凝土的横截面面积（除特殊说明外本章中不再另行解释）。

2. 约束效应系数

为反映钢管混凝土柱中钢管对核心混凝土约束作用的大小，引入约束效应系数 ξ（《现代钢管混凝土结构技术》中的表达方法），也可以看做套箍指标 θ（《钢管混凝土结构设计与施工规程》中的表达方法），定义为

$$\xi = \theta = \frac{A_s}{A_c} \cdot \frac{f_y}{f_{ck}} = \alpha \frac{f_y}{f_{ck}} \tag{6.2.3}$$

式中：f_y——钢管的屈服强度；

f_{ck}——核心混凝土的抗压强度标准值。

约束效应系数 ξ 反映了钢管混凝土截面钢材和混凝土的几何特性及物理特性，ξ 值越大，钢材所占的比重就越大，钢管对核心混凝土的约束作用就越强，混凝土强度和延性的提高幅度也相对较大；反之，ξ 值越小，钢材所占的比重就越小，钢管对核心混凝土的约束作用就越小，混凝土强度和延性的提高幅度也相对较小。

3. 长径比与长细比

短柱是指可以忽略压曲效应发生强度破坏的柱，长柱是指由于压曲而产生弹性失稳破坏的柱，长、短柱一般由长径比 φ 来界定，根据柱截面形式的不同，定义如下

$$\varphi = \frac{L}{B}(\text{矩形}) \text{ 或 } \varphi = \frac{L}{D}(\text{圆形}) \tag{6.2.4}$$

式中：L——柱的计算长度；

B——矩形截面短边尺寸；

D——圆形截面的直径。

长细比 λ 为实际工程中常用的概念，对于钢管混凝土柱的长细比 λ 可以用下列公式计算，对于非抗震结构，钢管混凝土框架中的轴心受压杆件长细比不宜超过 80，钢管混凝土桁架中的杆件长细比不宜超过 120。

$$\lambda = \frac{L}{i} \tag{6.2.5}$$

式中：i——构件截面回转半径。

4. 径厚比与宽厚比

径厚比是对圆形截面钢管混凝土柱而言的，是指钢管外径与壁厚的比值，即 $\frac{D}{t}$，为防止钢管管壁发生局部屈曲破坏，轴心受压圆形截面钢管混凝土杆件的径厚比宜限制在 20 至 85 $\sqrt{\frac{235}{f_y}}$ 之间，钢管外径不宜小于 100mm，管壁厚度不宜小于 4mm；宽厚比是针对矩形截面钢管混凝土柱而言的，是指杆件截面短边或长边与壁厚的比值，即 $\frac{B}{t}$ 或 $\frac{H}{t}$，为防止钢管管壁发生局部屈曲破坏，轴心受压矩形截面钢管混凝土杆件的宽厚比不宜超过 60 $\sqrt{\frac{235}{f_y}}$，钢管最小边长不宜小于 100mm，管壁厚度不宜小于 4mm 。f_y 为钢材的屈服强度，对 Q235、Q345 和 Q390 钢取值分别为 235MPa、345 MPa 和 390 MPa。

5. 工作承担系数

矩形钢管混凝土受压构件中混凝土的工作承担系数 α_c 应控制在 0.1～0.7 之间，可以按下式计算

$$\alpha_c = \frac{f_c A_c}{f A_s + f_c A_c} \tag{6.2.6}$$

6.2.3 钢管混凝土结构的设计原则

1. 设计原则

(1)钢管混凝土结构设计采用以概率理论为基础的极限状态设计法,用分项系数的设计表达式进行计算。

(2)钢管混凝土结构或构件设计,应按承载能力极限状态和正常使用极限状态进行设计。

(3)当结构构件按承载能力极限状态设计时,应根据现行国家标准《建筑结构荷载规范》(GB50009—2001)的规定,采用荷载效应的基本组合和偶然组合;在抗震设防区,还应根据现行国家标准《建筑抗震设计规范》(GB50011—2001)考虑荷载和地震作用效应组合,并符合下列要求

$$\gamma_0 S \leqslant R \tag{6.2.7}$$

式中:γ_0——结构重要性系数,对安全等级为一级、二级、三级的结构构件,可以分别取1.1、1.0和0.9,在抗震设计中,不考虑结构构件的重要性系数;

S——内力组合设计值;

R——结构构件的承载力设计值。

(4)当结构构件按正常使用极限状态设计时,结构构件应分别按荷载的短期效应组合和长期效应组合进行验算,并应保证变形限值符合现行国家标准《钢结构设计规范》、(GB50017—2003)、《建筑抗震设计规范》(GB50011—2001)及其他相关规范的规定。

2. 基本假定

(1)把钢管和混凝土视为由钢管和混凝土两种材料组成的结构体系;

(2)钢管的极限条件服从VonMises屈服条件,混凝土的侧限强度为侧压指标$\dfrac{p}{f_c}$的函数;

(3)在极限状态时,对于径厚比$\dfrac{D}{t} \geqslant 20$的薄壁钢管,其径向应力远小于环向应力与纵向应力,可以忽略不计。钢管的应力状况简化为纵向受压,环向受拉的双向异号应力状态,且沿壁厚应力分布均匀。

§6.3 钢管混凝土轴向受压构件承载力计算

6.3.1 钢管混凝土轴向受压构件工作性能

1. 钢管混凝土轴心受压短柱工作性能

从20世纪70年代以来,国内外许多高校和科研院所开展钢管混凝土构件力学性能研究,相关试验结果表明,对于钢管混凝土轴心受压短试件,随着截面几何特征和材料物理特征的变化,钢管混凝土的荷载—变形关系曲线有的出现下降段,有的不出现下降段,其组合性能曲线形状和破坏形态随约束效应系数ξ的变化而不同,根据大量相关试验结果统计,可以归纳为以下三种类型:

(1)当$\xi < 1.0$时,$N-\varepsilon$曲线关系如图6.3.1中曲线①所示,这种情况下,钢管对核心混凝土的约束力不大,曲线有下降段,随着套箍系数减小,塑性阶段越来越短,下降段越明显。

(2)当$\xi=1.0$时,$N-\varepsilon$曲线关系如图6.3.1中曲线②所示,这种情况下钢管对核心混凝土的约束力较大,曲线下降段趋于水平。

(3)当$\xi>1.0$时,$N-\varepsilon$曲线关系如图6.3.1中曲线③所示,这种情况下钢管对核心混凝土的约束力很大,曲线在下降段略有上翘,且随着套箍系数的增加,塑性阶段曲线上翘越明显。

实际工程中,$\xi>1.0$的情况是常见的,只有含钢率很低,而混凝土强度又很高时,才会遇到第一种类型。现结合图6.3.1中的曲线③对钢管混凝土柱的工作过程进行分析。

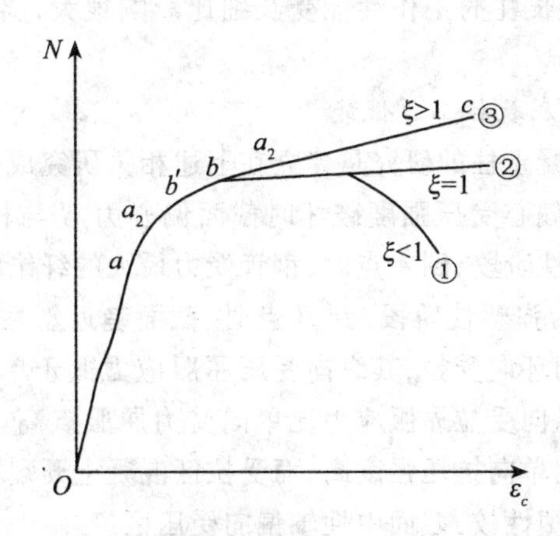

图6.3.1　钢管混凝土典型的轴心受压$N-\varepsilon$关系曲线

(1)Oa段为弹性工作阶段。这一阶段直到钢管应力达到比例极限f_P(曲线上a点),混凝土截面应力均匀分布,这时的荷载约为极限荷载的70%~80%,超过a点钢材进入弹塑性阶段。

(2)ab段为弹塑性工作阶段。这一阶段钢管应力进入弹塑性阶段,在这一阶段中,钢材的弹性模量E_s不断减小,混凝土弹性模量变化不大,这就引起钢管与混凝土轴力分配比例不断变化,混凝土所受压力增加,而钢管受力减小,荷载—应变关系偏离直线形成过渡曲线。混凝土由于受力增加,泊松比μ_c超过了钢材的泊松比μ_s,钢管对核心混凝土产生紧箍力,两种材料均处于三向应力状态,钢管纵向和径向受压,而环向受拉,混凝土则三向受压。

(3)bc段为强化阶段。从b点开始,由于钢管塑性的发展,混凝土受力增加,变形增大,因而径向推挤钢管,促使钢管环向应力增大,钢材对混凝土产生的紧箍力增大。此时,钢管的纵向压应力和环向拉应力将服从VonMises屈服条件,环向拉应力增加,纵向压应力必然下降。与此同时,混凝土由于侧压力的增大而提高其承载力,因而弥补了钢管纵向压应力的减小,如此便形成强化段。当管壁较厚,套箍作用较强时,试件的承载能力又有所增长,如图6.3.1中曲线③所示。

钢材进入强化段后产生塑流,因此,在管壁最不利位置,例如靠近柱端部有边缘效应的影响,或钢材厚度不均处,或存在缺陷的应力集中处等将首先发生局部屈服,该处钢管负担的压力立即传递给核心混凝土,并沿着最大剪切角方向产生滑移,当剪切滑移面偏于试件一端时,在形成一个剪切面后,顺剪切方向滑移的混凝土将迫使钢管中部产生凸曲,进而形成第二个滑移面。因此,对于钢管混凝土短试件而言,其轴心受压破坏形态有两种,即剪切型破坏和局部凸曲型破坏。

2. 钢管混凝土轴心受压长柱工作性能

钢管混凝土长柱轴心受压力学性能比短柱复杂得多,分强度破坏和稳定破坏。对于长细比很小的短柱,其破坏是由于钢管在双向应力下的屈服和核心混凝土在三向受压下的强度破坏所致;对于长细比很大的长柱,其破坏是由于弹性失稳,即发生侧向挠度和弯曲,破坏时的纵向应变尚处于弹性范围,其极限荷载可以用欧拉公式计算;介于短柱和长柱之间中等长细比的中长柱,其破坏是弹塑性失稳,其极限荷载可以用修正的欧拉公式计算。由于钢管混凝土轴心受压长柱和中长柱的工作性能受长细比影响很大,要结合具体的情况说明,因此,在这里不详细探讨。

3. 钢管混凝土偏心受压长柱工作性能

对于偏心受压钢管混凝土柱的研究是建立在上述相关研究成果基础上的。图 6.3.2 中曲线①是钢管混凝土长柱偏心受压强度破坏时截面偏心力 N 与杆件中部挠度的关系。工作分两个阶段:OA 段为弹性阶段,到 A 点时,钢管受力最大的纤维应力达到屈服点。过 A 点后,截面发展塑性;AB 段为弹塑性阶段,到 B 点时,截面趋近塑性铰,变形将无限增长。这时,受压区钢管纵向受压而环向受拉,其纵向受压屈服应力低于单向受力屈服点,受拉区钢管纵向与环向均受拉,故纵向受拉屈服应力比单向受力屈服点高。受压区混凝土的抗压强度由于紧箍效应而提高,比单向抗压强度高,而受拉区混凝土开裂不参加受力。偏压构件强度极限承载力为形成偏心塑性铰,截面中性轴偏向受压区。

当钢管混凝土柱长细比 $\lambda > 12$ 时,偏心受压构件承载力由稳定性决定。图 6.3.2 中曲线②、③是 $\lambda > 12$ 时压力 N 与杆件中部挠度的关系曲线,由上升段和下降段组成。显然,曲线的最高点是偏压构件稳定承载力的极限。曲线上的 OA 段为弹性工作阶段,过了 A 点,截面受压区不断发展塑性,钢管和受压混凝土间产生了非均匀的紧箍力,工作呈弹塑性。随着荷载的继续增大,塑性区继续深入,到达曲线的最高点时,内外力不再保持平衡,构件遂失去承载力。由此可见,钢管混凝土偏心受压构件的工作性能具有自身特点,在接近破坏时,外荷载增量很小,而变形却发展很快。但和钢构件相比较,曲线过 B 点后平缓很多,说明由于有紧箍力的作用,不但提高了核心混凝土的承载力,而且还增加了构件的延性。因此,钢管混凝土偏心受压构件的工作比轴心受压时复杂,构件长细比和荷载偏心率是影响其极限承载力的两个重要参数。

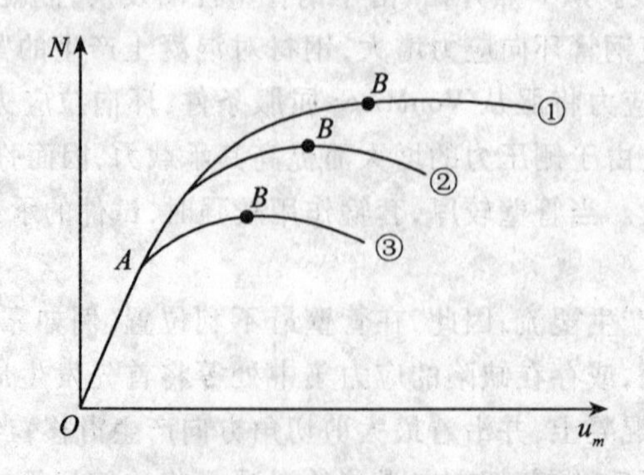

图 6.3.2 偏心受压构件 N 与杆中挠度关系曲线

6.3.2　钢管混凝土轴心受压构件承载力计算

近年来,国内外相关学者对钢管混凝土结构力学性能和设计方法开展了深入细致的研究,取得了丰硕成果。国外有关钢管混凝土的设计规程主要有欧洲规范 EC4(1994),德国规范 DIN18806(1997),美国规范 ACI(1999)、SSLC(1979)和 AISC - LRFD(1999),日本规范 AIJ(1997)等。自20世纪50~60年代以来,我国相关学者也进行了钢管混凝土力学性能和设计方法方面的研究工作,取得了令人瞩目的成就,已先后由国家建材总局、中国工程建设标准化委员会、国家经济贸易委员会和中国人民解放军总后勤部颁布发行了相关设计规程,分别有《矩形钢管混凝土结构技术规程》(CECS159—2004)、《钢—混凝土组合结构设计规程》(DL/T5085—1999)和《战时军港抢修早强型组合结构技术规程》(GJB4142—2000)。总结各国规范可知,国内外相关学者对钢管混凝土柱的计算理论有拟钢理论、拟混凝土理论、统一理论和叠加理论,下面结合我国相关规范以及国外的相关规范分别对圆形截面和矩形截面的钢管混凝土柱承载力计算方法进行介绍。

1. 圆形截面钢管混凝土柱轴心受压承载力计算方法

我国《钢管混凝土结构设计与施工规程》(CECS28—1990)介绍圆形截面钢管混凝土轴心受压柱的承载力计算方法如下:

(1)圆形截面钢管混凝土柱轴向受压承载力计算公式

圆形截面钢管混凝土单肢柱的轴向受压承载力应满足下式的要求

$$N \leqslant N_u \tag{6.3.1}$$

式中:N——钢管混凝土柱轴向压力设计值(本节中除特殊说明外不再另行解释);

N_u——钢管混凝土单肢柱的承载力设计值(本节中除特殊说明外不再另行解释)。

(2)圆形截面钢管混凝土柱轴向受压承载力设计值

圆形截面钢管混凝土单肢柱的承载力设计值按下式计算

$$N_u = \varphi_l \varphi_e N_0 \tag{6.3.2}$$

$$N_0 = A_c f_c (1 + \sqrt{\theta} + \theta) \tag{6.3.3}$$

式中:N_0——钢管混凝土轴心受压短柱的承载力设计值;

θ——钢管混凝土的套箍指标;

φ_l——考虑长细比影响的承载力折减系数;

φ_e——考虑偏心率影响的承载力折减系数。

在任何情况下均应满足如下条件

$$\varphi_l \varphi_e \leqslant \varphi_0 \tag{6.3.4}$$

式中:φ_0——按轴心受压柱考虑($k=1$)的 φ_l 值。

(3)偏心率影响的承载力折减系数计算

考虑偏心率影响的圆形截面钢管混凝土柱承载力折减系数应按下列公式计算:

① 当$\dfrac{e_0}{r_c} \leqslant 1.55$时,取

$$\varphi_e = \frac{1}{1 + \dfrac{1.85 e_0}{r_c}} \tag{6.3.5}$$

② 当$\frac{e_0}{r_c}>1.55$时,取

$$\varphi_e = \frac{0.4}{\frac{e_0}{r_c}} \tag{6.3.6}$$

其中偏心距 $$e_0 = \frac{M_2}{N}$$

式中:M_2——柱两端弯矩设计值的较大者;

r_0——核心混凝土的横截面半径;

e_0——柱端轴向压力偏心距的较大者。

(4)长细比影响的承载力折减系数计算

长细比影响的承载力折减系数φ_l应按下式计算:

① 当$\frac{l_e}{d}\leqslant 4$时,取

$$\varphi_l = 1 \tag{6.3.7}$$

②当$\frac{l_e}{d}>4$时,取

$$\varphi_l = 1 - 0.115\sqrt{\frac{l_e}{d} - 4} \tag{6.3.8}$$

式中:l_e——柱的等效计算长度。

(5)柱等效计算长度确定方法

对于两支撑点间无横向荷载作用的框架柱和杆件,其等效长度应按下列公式计算

$$l_e = \mu k l \tag{6.3.9}$$

式中:l——柱的实际长度;

μ——考虑柱端约束条件的计算长度系数,根据梁柱刚度的比值,按表6.3.1或表6.3.2确定;

k——考虑柱身弯矩分布梯度影响的计算长度系数,应根据柱的类型(见图6.3.3和图6.3.4)按下列规定计算。

① 轴心受压柱

$$k = 1 \tag{6.3.10}$$

② 无侧移框架柱

$$k = 0.5 + 0.3\beta + 0.2\beta^2 \tag{6.3.11}$$

式中:β——柱两端弯矩较小者与较大者的比值,$\beta=\frac{M_1}{M_2}$,$|M_1|\leqslant|M_2|$,单曲压弯者取正值,双曲压弯者取负值。

无侧移框架柱是指框架中设有支撑架、剪力墙、电梯井等支撑结构,且支撑结构的抗侧移刚度等于或大于框架本身抗侧移刚度的5倍者。有侧移框架是指框架中未设有上述支撑或支撑结构的抗侧移刚度小于框架本身抗侧移刚度的5倍者。

③ 有侧移框架柱

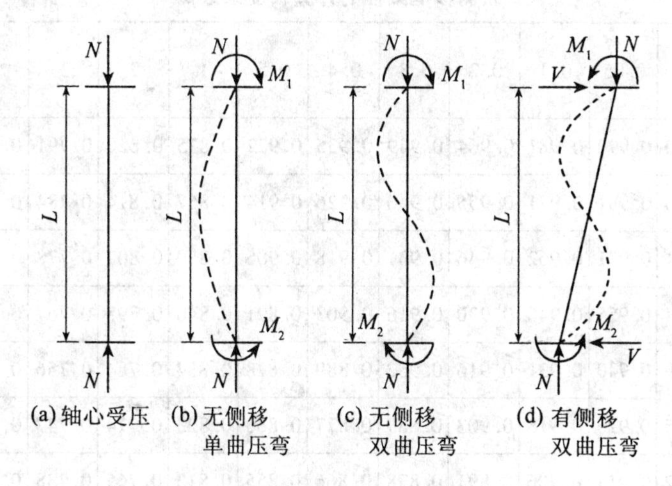

图 6.3.3　框架柱计算简图

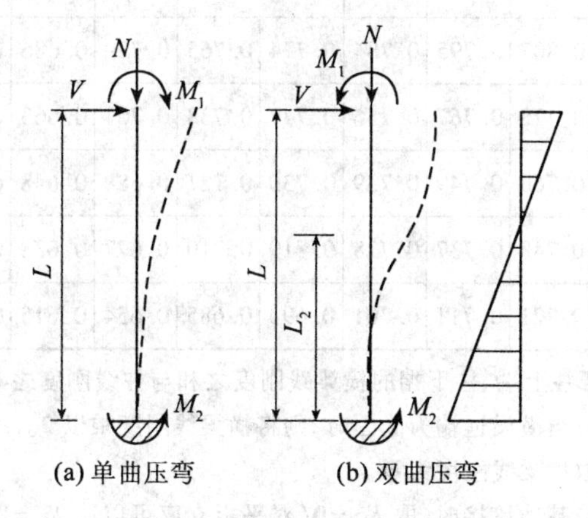

图 6.3.4　悬臂柱计算简图

当$\frac{e_0}{r_c} \geqslant 0.8$时　　　$k = 0.5$　　　(6.3.12)

当$\frac{e_0}{r_c} < 0.8$时　　　$k = 1 - 0.625\frac{e_0}{r_c} \geqslant 0.5$　　　(6.3.13)

④ 悬臂柱

悬臂柱的等效长度系数应按下列规定计算，并取其中较大者。

当嵌固端的偏心率$\frac{e_0}{r_c} \geqslant 0.8$时　　　$k = 1$　　　(6.3.14)

当嵌固端的偏心率$\frac{e_0}{r_c} < 0.8$时　　　$k = 2 - 1.25\frac{e_0}{r_c}$　　　(6.3.15)

当悬臂柱的自由端有力矩 M_1 作用时　$k = 1 + \beta$　　　(6.3.16)

式中：β——悬臂柱自由端的力矩设计值 M_1 与嵌固端的弯矩设计值 M_2 的比值，当 β 为负值（双曲压弯）时，按反弯点所分割成的高度为 L_2 的悬臂柱计算，如图 6.3.4(b) 所示。

表 6.3.1 无侧移框架柱的计算长度系数 μ

K_2 \ K_1	0	0.05	0.1	0.2	0.3	0.4	0.5	1	2	3	4	5	≥10
0	1.000	0.990	0.981	0.964	0.949	0.935	0.922	0.875	0.820	0.791	0.773	0.760	0.732
0.05	0.990	0.981	0.971	0.955	0.940	0.926	0.914	0.867	0.814	0.784	0.766	0.754	0.726
0.1	0.981	0.971	0.962	0.946	0.931	0.918	0.906	0.860	0.807	0.778	0.760	0.748	0.721
0.2	0.964	0.955	0.946	0.930	0.916	0.903	0.891	0.846	0.795	0.767	0.749	0.737	0.711
0.3	0.949	0.940	0.931	0.916	0.902	0.889	0.878	0.834	0.784	0.756	0.739	0.728	0.701
0.4	0.935	0.926	0.918	0.903	0.889	0.877	0.866	0.823	0.774	0.747	0.730	0.719	0.693
0.5	0.922	0.914	0.906	0.891	0.878	0.866	0.855	0.813	0.765	0.738	0.721	0.710	0.685
1	0.875	0.867	0.860	0.846	0.834	0.823	0.813	0.866	0.729	0.704	0.688	0.677	0.654
2	0.820	0.814	0.807	0.795	0.784	0.774	0.765	0.729	0.686	0.663	0.648	0.638	0.615
3	0.791	0.784	0.778	0.767	0.756	0.747	0.738	0.704	0.663	0.640	0.625	0.616	0.593
4	0.773	0.766	0.760	0.749	0.739	0.730	0.721	0.688	0.648	0.625	0.611	0.601	0.580
5	0.760	0.754	0.748	0.737	0.728	0.719	0.710	0.677	0.638	0.616	0.601	0.592	0.570
≥10	0.732	0.726	0.721	0.711	0.701	0.693	0.685	0.654	0.615	0.593	0.580	0.570	0.549

注:1. K_1、K_2 分别相交于柱上端、柱下端的横梁线刚度之和与柱线刚度之和的比值。当梁远端为铰接时,应将横梁线刚度乘以 1.5;当横梁远端为嵌固时,则将横梁线刚度乘以 2。

2. 当横梁与柱铰接时,取横梁线刚度为零。

3. 对底层框架柱:当柱与基础铰接时,取 $K_2=0$(对平板支座可以取 $K_2=0.1$);当柱与基础刚接时,取 $K_2=10$。

表 6.3.2 有侧移框架柱的计算长度系数 μ

K_2 \ K_1	0	0.05	0.1	0.2	0.3	0.4	0.5	1	2	3	4	5	≥10
0	∞	6.02	4.46	3.42	3.01	2.78	2.64	2.33	2.17	2.11	2.08	2.07	2.03
0.05	6.02	4.16	3.47	2.86	2.58	2.42	2.31	2.07	1.94	1.90	1.87	1.86	1.83
0.1	4.46	3.47	3.01	2.56	2.33	2.20	2.11	1.90	1.79	1.75	1.73	1.72	1.70
0.2	3.42	2.86	2.56	2.23	2.05	1.94	1.87	1.70	1.60	1.57	1.55	1.54	1.52
0.3	3.01	2.58	2.33	2.05	1.90	1.80	1.74	1.58	1.49	1.46	1.45	1.44	1.42
0.4	2.78	2.42	2.20	1.94	1.80	1.71	1.65	1.50	1.42	1.39	1.37	1.37	1.35

续表

K_2 \ K_1	0	0.05	0.1	0.2	0.3	0.4	0.5	1	2	3	4	5	≥10
0.5	2.64	2.31	2.11	1.87	1.74	1.65	1.59	1.45	1.37	1.34	1.32	1.32	1.30
1	2.33	2.07	1.90	1.70	1.58	1.50	1.45	1.32	1.24	1.21	1.20	1.19	1.17
2	2.17	1.94	1.79	1.60	1.49	1.42	1.37	1.24	1.16	1.14	1.12	1.12	1.10
3	2.11	1.90	1.75	1.57	1.46	1.39	1.34	1.21	1.14	1.11	1.10	1.09	1.07
4	2.08	1.87	1.73	1.55	1.45	1.37	1.32	1.20	1.12	1.10	1.08	1.08	1.06
5	2.07	1.86	1.72	1.54	1.44	1.37	1.32	1.19	1.12	1.09	1.08	1.07	1.05
≥10	2.03	1.83	1.70	1.52	1.42	1.35	1.30	1.17	1.10	1.07	1.06	1.05	1.03

注：1. K_1、K_2 分别相交于柱上端、柱下端的横梁线刚度之和与柱线刚度之和的比值。当梁远端为铰接时，应将横梁线刚度乘以 0.5；当横梁远端为嵌固时，则将横梁线刚度乘以$\frac{2}{3}$。

2. 当横梁与柱铰接时，取横梁线刚度为零。

3. 对底层框架柱：当柱与基础铰接时，取 $K_2=0$（对平板支座可以取 $K_2=0.1$）；当柱与基础刚接时，取 $K_2=10$。

2. 矩形截面钢管混凝土柱轴心受压承载力计算方法

我国行业标准《矩形钢管混凝土结构技术规程》(CECS159—2004)中规定，矩形钢管混凝土轴心受压构件的承载力应满足下式的要求：

(1)轴心受压承载力

$$N \leqslant \frac{N_u}{\gamma} \tag{6.3.17}$$

$$N_u = fA_s + f_cA_c \tag{6.3.18}$$

式中：N——轴心压力设计值；

N_u——轴心受压时截面受压承载力设计值；

γ——系数，无地震作用组合时，$\gamma=\gamma_0$；有地震作用组合时，$\gamma=\gamma_{RE}$，γ_0 按国家标准《建筑结构可靠度设计统一标准》(GB50068—2001)中的规定选取，γ_{RE}按表 6.3.3 选用。

表 6.3.3　γ_{RE}取值表

构件名称	梁	柱	支撑	节点板件	连接焊缝	连接螺栓
γ_{RE}	0.75	0.80	0.80	0.85	0.9	0.85

(2)轴心受力构件的稳定性计算

轴心受力构件的稳定性应满足下式的要求

$$N \leqslant \frac{\varphi N_u}{\gamma} \tag{6.3.19}$$

当 $\lambda_0 \leqslant 0.215$ 时

$$\varphi = 1 - 0.65\lambda_0^2 \tag{6.3.20}$$

当 $\lambda_0 > 0.215$ 时

$$\varphi = \frac{1}{2\lambda_0^2}\left[(0.965 + 0.3\lambda_0 + \lambda_0^2) - \sqrt{(0.965 + 0.3\lambda_0 + \lambda_0^2)^2 - 4\lambda_0^2}\right] \tag{6.3.21}$$

式中：φ——轴心受压构件的稳定系数，其值可以从表 6.3.4 查得；

λ_0——相对长细比，按下式计算

$$\lambda_0 = \frac{\lambda}{\pi}\sqrt{\frac{f_y}{E_s}} \tag{6.3.22}$$

$$\lambda = \frac{l_0}{r_0} \tag{6.3.23}$$

$$r_0 = \sqrt{\frac{I_s + \dfrac{I_c E_c}{E_s}}{A_s + \dfrac{A_c f_c}{f}}} \tag{6.3.24}$$

式中：f_y——钢材的屈服强度；

λ——矩形钢管混凝土轴心受压构件的长细比；

l_0——轴心受压构件的计算长度；

r_0——矩形钢管混凝土轴心受压构件截面的当量回转半径。

表 6.3.4 轴心受压构件的稳定系数 φ

	0	1	2	3	4	5	6	7	8	9
0	1.000	1.000	1.000	0.999	0.999	0.998	0.997	0.996	0.995	0.994
10	0.992	0.991	0.989	0.987	0.985	0.983	0.981	0.978	0.976	0.973
20	0.970	0.967	0.963	0.960	0.957	0.953	0.950	0.946	0.943	0.939
30	0.936	0.932	0.929	0.925	0.922	0.918	0.914	0.910	0.906	0.903
40	0.899	0.895	0.891	0.887	0.882	0.878	0.874	0.870	0.865	0.861
50	0.856	0.852	0.847	0.842	0.830	0.833	0.828	0.823	0.818	0.813
60	0.807	0.802	0.797	0.791	0.786	0.780	0.774	0.769	0.763	0.757
70	0.751	0.745	0.739	0.732	0.726	0.720	0.714	0.707	0.701	0.694
80	0.688	0.681	0.675	0.668	0.661	0.655	0.648	0.641	0.635	0.628
90	0.621	0.614	0.608	0.601	0.594	0.588	0.581	0.575	0.568	0.561
100	0.555	0.549	0.542	0.536	0.529	0.523	0.517	0.511	0.505	0.499
110	0.493	0.487	0.481	0.475	0.470	0.464	0.458	0.453	0.447	0.442
120	0.437	0.432	0.426	0.421	0.416	0.411	0.406	0.402	0.397	0.392
130	0.387	0.383	0.378	0.374	0.370	0.365	0.361	0.357	0.353	0.349
140	0.345	0.341	0.337	0.333	0.339	0.326	0.322	0.318	0.315	0.311
150	0.308	0.304	0.301	0.298	0.295	0.291	0.288	0.285	0.282	0.279

续表

	0	1	2	3	4	5	6	7	8	9
160	0.276	0.273	0.270	0.267	0.265	0.262	0.259	0.256	0.254	0.251
170	0.249	0.246	0.244	0.241	0.239	0.236	0.234	0.232	0.229	0.227
180	0.225	0.223	0.220	0.218	0.216	0.214	0.212	0.210	0.208	0.206
190	0.204	0.202	0.200	0.198	0.197	0.195	0.193	0.191	0.190	0.188
200	0.186	0.184	0.183	0.181	0.180	0.178	0.176	0.175	0.173	0.172
210	0.170	0.169	0.167	0.166	0.165	0.163	0.162	0.160	0.159	0.158
220	0.156	0.155	0.154	0.153	0.151	0.150	0.149	0.148	0.146	0.145
230	0.144	0.143	0.142	0.141	0.140	0.138	0.137	0.136	0.136	0.134
240	0.133	0.132	0.131	0.130	0.129	0.128	0.127	0.126	0.125	0.124
250	0.123	—	—	—	—	—	—	—	—	—

(3)压弯构件的计算

弯矩作用在一个主平面内的矩形钢管混凝土压弯构件,其承载力应满足下式要求

$$\frac{N}{N_{un}} + (1 - \alpha_c)\frac{M}{M_{un}} \leqslant \frac{1}{\gamma} \tag{6.3.25}$$

同时满足下式的要求

$$\frac{M}{M_{un}} \leqslant \frac{1}{\gamma} \tag{6.3.26}$$

$$M_{un} = [0.5A_{sn}(h - 2t - d_n) + bt(t + d_n)]f \tag{6.3.27}$$

$$d_n = \frac{A_s - 2bt}{(b - 2t)\dfrac{f_c}{f} + 4t} \tag{6.3.28}$$

式中:M——弯矩设计值;

α_c——混凝土工作承担系数;

M_{un}——只有弯矩作用时净截面的受弯承载力设计值;

f——钢材抗弯强度设计值;

b、h——分别为矩形钢管截面平行、垂直于弯曲轴的边长;

t——钢管壁厚;

d_n——管内混凝土受压区高度。

弯矩作用在一个主平面内(绕 Ox 轴)和矩形钢管混凝土压弯构件,其弯矩作用平面内的稳定性应满足下式的要求

$$\frac{N}{\varphi_x N_u} + (1 - \alpha_c)\frac{\beta M}{\left(1 - 0.8\dfrac{N}{N'_{Ex}}\right)M_{ux}} \leqslant \frac{1}{\gamma} \tag{6.3.29}$$

$$M_{ux} = [0.5A_s(h - 2t - d_n) + bt(t + d_n)]f \tag{6.3.30}$$

$$N'_{Ex} = \frac{N_{Ex}}{1.1} \tag{6.3.31}$$

$$N_{Ex}=N_u\frac{\pi^2E_s}{\lambda_x^2f} \tag{6.3.32}$$

并应满足下式的要求

$$\frac{\beta M_x}{\left(1-0.8\frac{N}{N'_{Ex}}\right)M_{ux}}\leqslant\frac{1}{\gamma} \tag{6.3.33}$$

同时,弯矩作用平面外的稳定性应满足下式要求

$$\frac{N}{\varphi_y N_u}+\frac{\beta M_x}{1.4M_{ux}}\leqslant\frac{1}{\gamma} \tag{6.3.34}$$

式中:φ_x、φ_y——分别为弯矩作用平面内和平面外的轴心受压稳定系数,按上述公式计算;

N_{Ex}——欧拉临界力;

M_{ux}——只有弯矩 M_x 作用时截面的受弯承载力设计值;

β——等效弯矩系数。

等效弯矩系数应根据稳定性的计算方向按下列规定采用:

(1)在计算方向内有侧移的框架柱和悬臂构件,$\beta=1.0$。

(2)在计算方向内无侧移的框架柱和两端支承的构件:

①无横向荷载作用时,$\beta=0.65+0.35\frac{M_2}{M_1}$,$M_1$ 和 M_2 为端弯矩,使构件产生相同曲率时取同号,使构件产生反向曲率时取异号,$|M_1|\geqslant|M_2|$。

② 有端弯矩和横向荷载作用时:

使构件产生同向曲率时,$\beta=1.0$;

使构件产生反向曲率时,$\beta=0.85$。

③ 无端弯矩但有横向荷载作用时,$\beta=1.0$。

3. 国外相关规范介绍

(1)规程 ACI(1999)

规程 ACI(1999)在计算钢管混凝土构件的承载力时,是将其等效为钢筋混凝土构件,按照钢筋混凝土的方法进行。计算时采用了如下基本假设:

①钢材和混凝土变形协调;

②钢材采用理想弹塑性应力—应变关系模型;

③混凝土受压边缘的应变为 0.003;

④混凝土压应力分布和混凝土应变分布之间的关系,可以假定为矩形、梯形或在强度计算上能符合多次综合试验结果的其他形状。若假定等效受压区为矩形分布,等效受压区高度系数,当混凝土圆柱体强度不超过 30N/mm² 时,取为 0.85;超过 30 N/mm² 时,每增加 7N/mm²,其数值减小 0.05,但不得小于 0.65。

对于轴心受压短柱,其强度承载力可以按以下公式计算

$$N\leqslant N_u \tag{6.3.35}$$

式中:N_u——轴压短柱强度承载力,$N_u=0.85\phi\cdot(A_sf_y+0.85f'_c\cdot A_c)$;

ϕ——折减系数,取值为 0.85;

A_s、A_c——分别为钢管和核心混凝土的截面面积;

f_y——钢材的屈服强度；

f_c'——混凝土圆柱体抗压强度。

对于长细比 $\lambda=\frac{L}{r}>22$ 的轴压长柱，应考虑长细比的影响，按压弯构件的方法进行计算，并给定最小偏心矩为 $15+0.03D$ 或 $15+0.03B$(mm)。其中，L 为构件的计算长度，D 和 B 为钢筋混凝土截面外尺寸，r 为回转半径，按如下公式进行计算

$$r=\sqrt{\frac{E_sI_s+0.2E_cI_c}{E_sA_s+0.2E_cA_c}} \tag{6.3.36}$$

式中：E_s 和 E_c——钢材和混凝土的弹性模量，$E_s=2\times10^5\text{N/mm}^2$，$E_c=4733\sqrt{f_c'}$，$f_c'$以 N/mm² 为单位代入；

I_s 和 I_c——钢管和核心混凝土的惯性矩。

对于压弯构件，采用弯矩放大的方法考虑二阶效应的影响。弯矩放大系数的计算公式为

$$\delta=\frac{1}{1-\frac{N}{0.75N_E}} \tag{6.3.37}$$

式中：N_E——临界力，$N_E=\frac{\pi^2\cdot(E_sI_s+0.2E_cI_c)}{L^2}$。

(2)规程 AIJ(1997)

1)轴心受压构件

①轴压强度承载力

当$\frac{L}{D}\leqslant4$ 或$\frac{L}{B}\leqslant4$ 时，称为短柱，其轴压强度承载力按以下公式计算

$$N\leqslant N_u \tag{6.3.38}$$

对于圆钢管混凝土

$$N_u=1.27A_s\cdot F+0.85f_c'\cdot A_c \tag{6.3.39}$$

对于方形、矩形钢管混凝土

$$N_u=A_s\cdot F+0.85f_c'\cdot A_c \tag{6.3.40}$$

式中：A_s、A_c——钢管和混凝土的截面面积；

F——钢材的强度标准值，$F=\min(f_y,0.7f_u)$；

f_c'——混凝土圆柱体抗压强度。

②轴压稳定承载力

当$\frac{L}{D}<4$ 或$\frac{L}{B}\leqslant12$ 时，称为中长柱，其轴压稳定承载力按以下公式计算

$$N\leqslant N_{cr} \tag{6.3.41}$$

式中：N_{cr}——中长柱轴压稳定承载力。

对于圆钢管混凝土

$$N_{cr}=N_{u1}-\frac{N_{u1}-N_{u2}}{8}\cdot\left(\frac{L}{D}-4\right) \tag{6.3.42}$$

对于方形、矩形钢管混凝土

$$N_{cr}=N_{u1}-\frac{N_{u1}-N_{u2}}{8}\cdot\left(\frac{L}{B}-4\right) \quad (6.3.43)$$

式中：N_{u1}——同条件下短柱的强度承载力，按式(6.3.39)或式(6.3.40)计算；

N_{u2}——当$\frac{L}{D}=12$或$\frac{L}{B}=12$时构件的轴压稳定承载力，按式(6.3.44)确定。

当$\frac{L}{D}>12$或$\frac{L}{B}>12$时，称为细长柱，其轴压稳定承载力按以下公式计算

$$N_{cr}={}_sN_{cr}+{}_cN_{cr} \quad (6.3.44)$$

式中：${}_sN_{cr}$——钢管的轴压稳定承载力，按以下公式进行计算

$$ {}_sN_{cr}=\begin{cases} {}_sN_y & (\bar{\lambda}\leqslant 0.3) \\ [1-0.545(\bar{\lambda}-0.3)]\cdot {}_sN_y & (0.3<\bar{\lambda}\leqslant 1.3) \\ \dfrac{{}_sN_y}{(1.3\bar{\lambda}^2)} & (\bar{\lambda}>1.3) \end{cases} \quad (6.3.45)$$

式中

$${}_sN_y=f_y\cdot F$$

$\bar{\lambda}$——钢管的相对长细比，$\bar{\lambda}=\sqrt{\frac{{}_sN_y}{{}_sN_E}}$；

${}_sN_E$——钢管的欧拉临界力，${}_sN_E=\frac{\pi^2\cdot E_s\cdot I_s}{L^2}$；

E_s——钢材弹性模量，$E_s=208\ 800\text{N/mm}^2$；

I_s——钢管截面惯性矩；

L——构件计算长度；

${}_cN_{cr}$——混凝土的轴压稳定承载力，其计算公式为

$${}_cN_{cr}={}_c\sigma_{cr}\cdot {}_cA_c \quad (6.3.46)$$

其中，${}_c\sigma_{cr}$为混凝土的极限应力，其计算公式为

$${}_c\sigma_{cr}=\left[1-\left(1-\frac{{}_c\varepsilon_{cr}}{\varepsilon_u}\right)^{\alpha}\right]\times 0.85f_c' \quad (6.3.47)$$

式中：ε_u——混凝土的极限压应变，$\varepsilon_u=0.52\times\sqrt[4]{\frac{0.85f_c'}{0.098\times 10^{-3}}}$；

${}_c\varepsilon_{cr}$——混凝土长柱的临界应变，按如下方程确定

$$(1-x)^{\alpha}+\alpha\cdot K\cdot(1-x)^{\alpha-1}-1=0 \quad (6.3.48)$$

式中

$$x=\frac{{}_c\varepsilon_{cr}}{\varepsilon_u}$$

$$\alpha=\frac{{}_cE_i\cdot\varepsilon_u}{\frac{0.85f_c}{0.098}}$$

$${}_cE_i=\left[0.106\times\sqrt{\frac{0.85f_c'}{0.098}}+0.703\right]\times 10^5\text{N/mm}^2$$

对于圆钢管混凝土

$$K=\frac{\pi^2}{16\left(\frac{L}{D_c}\right)^2\cdot\varepsilon_u}$$

对于方形、矩形钢管混凝土　$K=\dfrac{\pi^2}{16\left(\dfrac{L}{B_c}\right)^2\cdot\varepsilon_u}$

式中：D_c、B_c——核心混凝土的直径和边长。

2）压弯构件

在计算压弯构件极限承载力时，规程 AIJ(1997)给出的计算公式如下：

当 $N\leqslant {}_cN_{cu}$ 或 $M\geqslant {}_sM_{u0}\left(1-\dfrac{{}_cN_{cu}}{N_k}\right)$ 时

$$N\leqslant {}_cN_u,M\geqslant {}_sM_{u0}\left(1-\frac{{}_cN_{cu}}{N_k}\right)+{}_cM_u \tag{6.3.49}$$

当 $N>{}_cN_{cu}$ 或 $M<{}_sM_{u0}\left(1-\dfrac{{}_cN_{cu}}{N_k}\right)$ 时

$$N\leqslant {}_cN_u+{}_sN_u,M\geqslant {}_sM_u\left(1-\frac{{}_cN_{cu}}{N_k}\right) \tag{6.3.50}$$

式中：M——构件弯矩设计值；

N_k——钢管混凝土的欧拉临界力，$N_k=\pi^2\cdot\dfrac{0.2E_cI_c+E_sI_s}{L^2}$；

E_c——混凝土弹性模量，$E_c=20\ 580\times\left(\dfrac{\gamma}{2.3}\right)^{1.5}\cdot\sqrt{\dfrac{f_c'}{19.6}}$。

以上各式中的 ${}_cN_u$，${}_cM_u$ 按混凝土的相关方程确定；${}_sN_u$，${}_sM_u$ 按钢材的相关方程确定。

下面分别给出混凝土和钢管的轴力—弯矩相关方程的表达式：

①混凝土的相关方程

对于圆钢管混凝土

$$\frac{{}_cN_u}{D_c^2\times0.85f_c'}=\frac{\theta-\sin\theta\cdot\cos\theta}{4} \tag{6.3.51}$$

$$\frac{{}_cM_u}{D_c^3\times0.85f_c'}=\frac{\sin^3\theta}{12}\cdot\frac{1}{1-\dfrac{{}_cN_u}{{}_cN_k}} \tag{6.3.52}$$

对于方形、矩形钢管混凝土

$$\frac{{}_cM_u}{{}_cb\cdot B_c^2\times0.85f_c'}=\frac{{}_cN_u}{2{}_cb\cdot B_c\cdot0.85f_c'}\left(1-\frac{{}_cN_u}{0.85{}_cb\cdot B_c\cdot f_c'}\right)\cdot\frac{1}{1-\dfrac{{}_cN_u}{{}_cN_k}} \tag{6.3.53}$$

式中：D_c、B_c——核心混凝土的直径或边长；

${}_cN_k$——混凝土的欧拉临界力，${}_cN_k=\pi^2\times0.2\dfrac{E_cI_c}{L^2}$。

以上相关方程进行计算时，给定最小偏心距为 $0.05D_c$ 和 $0.05B_c$。

②钢管的轴力—弯矩相关方程

$$\frac{{}_sN_u}{{}_sN_{cr}}+\frac{{}_sM_u}{{}_sM_{u0}}\cdot\frac{1}{1-\dfrac{{}_sN_u}{{}_sN_E}}=1 \tag{6.3.54}$$

式中：${}_sN_{cr}$——钢管的轴压稳定承载力，按式(6.3.45)进行计算；

${}_sM_{u0}$——钢管的抗弯承载力，${}_sM_{u0}=Z\cdot f_y$；

Z——钢管截面的塑性抗弯模量，按式(6.5.5)或式(6.5.6)计算；

${}_sN_E$——钢管的欧拉临界力，${}_sN_E=\pi^2\cdot\dfrac{E_sI_s}{L^2}$。

(3)规程 AISC—LRFD(1999)

① 轴心受压构件

钢管混凝土轴心受压构件承载力按下式计算

$$N\leqslant\phi_c\cdot N_u \tag{6.3.55}$$

式中：N_u——钢管混凝土轴心受压承载力，$N_u=F_{cr}\cdot A_s$；

ϕ_c——折减系数，其值为 0.85；

A_s——钢管截面面积；

F_{cr}——临界应力，按以下公式计算

$$F_{cr}=\begin{cases}\left(\dfrac{0.658}{\lambda_c^2}\right)F_{my} & (\lambda_c\leqslant 1.5)\\[2ex]\left(\dfrac{0.877}{\lambda_c^2}\right)F_{my} & (\lambda_c>1.5)\end{cases} \tag{6.3.56}$$

式中：λ_c——构件相对长细比，$\lambda_c=\dfrac{k\cdot L}{r\cdot\pi}\sqrt{\dfrac{F_{my}}{E_m}}$；

k——计算长度系数；

r——钢管的回转半径；

F_{my}、E_m——钢管混凝土等效的屈服强度和弹性模量，计算公式如下

$$F_{my}=f_y+0.85f_c'\cdot\left(\frac{A_c}{A_s}\right) \tag{6.3.57}$$

$$E_m=E_s+0.4E_c\left(\frac{A_c}{A_s}\right) \tag{6.3.58}$$

式中：A_c——核心混凝土截面面积；

A_s——钢管截面面积；

E_s、E_c——钢材和混凝土的弹性模量；

f_y——钢材屈服强度；

f_c'——混凝土圆柱体抗压强度。

②压弯构件

规程 AISC-LRFD(1999)给出了轴力和弯矩共同作用下构件承载力的计算公式，具体为

$$\begin{cases}\dfrac{N}{\phi_c\cdot N_u}+\dfrac{8M}{9\phi_b\cdot M_u}\leqslant 1 & \dfrac{N}{\phi_c\cdot N_u}\geqslant 0.2\\[2ex]\dfrac{N}{2\phi_c\cdot N_u}+\dfrac{M}{\phi_b\cdot M_u}\leqslant 1 & \dfrac{N}{\phi_c\cdot N_u}<0.2\end{cases} \tag{6.3.59}$$

式中：M——构件弯矩设计值；

ϕ_c——折减系数，其值为 0.85；

ϕ_b——折减系数,其值为0.9;

N_u——轴心受压构件的极限承载力,按式(6.3.55)计算;

M_u——钢管混凝土抗弯承载力,按式(6.5.4)计算。

(4)规程 BS5400(1979)

1)轴心受压构件

①圆钢管混凝土

考虑核心混凝土在三向受压时强度的提高,其轴压承载力按下式计算

$$N \leqslant N_u \tag{6.3.60}$$

式中:N_u——构件轴压强度承载力,其计算公式为

$$N_u = A_s \cdot \frac{f_{yr}}{\gamma_s} + 0.675A_c \cdot \frac{f_{cc}}{\gamma_c} \tag{6.3.61}$$

A_s、A_c——钢管的截面面积和核心混凝土的截面面积;

γ_s——钢材的材料分项系数,其值为1.1;

γ_c——混凝土的材料分项系数,其值为1.5;

f_{cc}——核心混凝土在三向受压时的极限抗压强度,按如下方法确定

$$f_{cc} = f_{cu} + f_y \cdot C_1 \cdot \frac{t}{D} \tag{6.3.62}$$

式中:f_{cu}——混凝土立方体抗压强度;

C_1——计算系数,按表6.3.5确定;

t——管壁厚度;

D——钢管外直径;

f_{yr}——折减后的钢材屈服强度,按下式确定

$$f_{yr} = C_2 \cdot f_y \tag{6.3.63}$$

式中:C_2——计算系数,按表6.3.5确定。

表6.3.5　计算系数 C_1 和 C_2 值

$\frac{L}{D}$	C_1	C_2
0	9.47	0.76
5	6.40	0.80
10	3.81	0.85
15	1.80	0.90
20	0.48	0.95
25	0	1.0

②方形、矩形钢管混凝土

轴压强度承载力计算公式为

$$N \leqslant N_u \tag{6.3.64}$$

式中：N_u——构件轴压强度承载力

$$N_u = f_y \cdot \frac{A_s}{\gamma_s} + 0.675 f_{cu} \cdot \frac{A_c}{\gamma_c} \tag{6.3.65}$$

轴压稳定承载力按如下方法计算

$$N \leqslant k_1 \cdot N_u \tag{6.3.66}$$

其中，k_1 为稳定系数，其计算公式为

$$k_1 = \begin{cases} 1 & \lambda < 0.2 \\ \dfrac{A - \sqrt{A^2 - 4\lambda^2}}{2\lambda^2} & \lambda \geqslant 0.2 \end{cases} \tag{6.3.67}$$

式中：A——系数，$A = 1 + 0.158\sqrt{\lambda^2 - 0.04} + \lambda^2$；

λ——相对长细比，$\lambda = \dfrac{L}{l_e}$，l_e 等于轴压强度承载力时的构件临界长度

$$l_e = \pi \cdot \sqrt{\frac{E_s \cdot I_s + E_c \cdot I_c}{N_u}}$$

E_s、E_c——钢材和混凝土的弹性模量；

I_s、I_c——钢管和核心混凝土的截面惯性矩；

N_u——轴压强度承载力。

2）压弯构件

规程 BS5400(1979)给出了轴力和弯矩共同作用下构件承载力计算公式，具体如下

$$N \leqslant N_u \cdot \left[k_1 - (k_1 - k_2 - 4k_3) \cdot \frac{M}{M_u} - 4k_3 \cdot \left(\frac{M}{M_u} \right)^2 \right] \tag{6.3.68}$$

式中：M——构件弯矩设计值；

N_u——轴压强度承载力，按式(6.3.61)或式(6.3.65)计算；

M_u——构件抗弯承载力，按式(6.5.8)或式(6.5.10)计算；

k_1 按式(6.3.67)进行计算，k_2、k_3 按如下公式计算。

①对于圆钢管混凝土

$$k_2 = k_{20} \cdot \frac{115 - 30 \times (1.8 - \alpha_c) - 100\lambda}{55} \quad (0 \leqslant k_2 \leqslant k_{20}) \tag{6.3.69}$$

$$k_{20} = 0.9\alpha_c^2 + 0.2 \quad (0 \leqslant k20 \leqslant 0.75) \tag{6.3.70}$$

$$k_3 = k_{30} + \frac{[0.9 \times (\alpha_c^2 - 0.5) + 0.15] \cdot \lambda}{1 + \lambda^3} \quad (k_3 \geqslant 0) \tag{6.3.71}$$

$$k_{30} = 0.04 - \frac{\alpha_c}{15} \quad (k_{30} \geqslant 0) \tag{6.3.72}$$

$$\alpha_c = \frac{0.675 \times f_{cc} A_c}{N_u} \quad (0.1 < \alpha_c < 0.8) \tag{6.3.73}$$

②对于方形、矩形钢管混凝土

$$k_2 = k_{20} \cdot \frac{90 - 25 \times (1.8 - \alpha_c) - 100\lambda}{45} \quad (0 \leqslant k_2 \leqslant k_{20}) \tag{6.3.74}$$

式中，k_{20}按式(6.3.70)计算。

$$k_3 = 0 \tag{6.3.75}$$

$$\alpha_c = \frac{0.675 \times f_{cu} A_c}{N_u} \quad (0 < \alpha_c < 0.8) \tag{6.3.76}$$

在计算压弯构件极限承载力时，给定最小偏心距为0.03D或0.03B，D和B为钢管混凝土截面外直径或外边长。

(5)规程 EC4(1994)

1) 轴心受压构件

钢管混凝土轴压强度承载力按下式计算

$$N \leqslant N_u \tag{6.3.77}$$

式中：N_u——构件轴压强度承载力，其计算公式为

$$N_u = A_s \cdot \frac{f_y}{\gamma_s} + A_c \cdot \frac{f'_c}{\gamma_c} \tag{6.3.78}$$

对于圆钢管混凝土，当同时满足 $\lambda \leqslant 0.5$ 和荷载偏心距 $e \leqslant \frac{D}{10}$时，应考虑钢管对核心混凝土的约束作用，其轴压强度承载力按下式计算

$$N_2 = \eta_2 \cdot \frac{f_y}{\gamma_s} \cdot A_s + \left(1 + \eta_1 \cdot \frac{t}{D} \cdot \frac{f_y}{f'_c}\right)\frac{f'_c}{\gamma_c} \cdot A_c \tag{6.3.79}$$

式中

$$\eta_1 = \eta_{10}\left(1 - 10\frac{e}{D}\right) \quad (\eta_1 \geqslant 0)$$

$$\eta_{10} = 4.9 - 18.5\lambda + 17\lambda^2 \quad (\eta_{10} \geqslant 0)$$

$$\eta_2 = \eta_{20} + (1 - \eta_{20}) \cdot \left(10\frac{e}{D}\right) \quad (\eta_2 \leqslant 0)$$

$$\eta_{20} = 0.25 \cdot (3 + 2\lambda) \quad (\eta_{20} \leqslant 1)$$

式中：A_s、A_c——钢管和混凝土的截面面积；

f_y——钢材的屈服强度；

f'_c——混凝土圆柱体抗压强度；

γ_s——钢材的材料分项系数，其值为1.1；

γ_c——混凝土的材料分项系数，其值为1.5。

对于轴心受压长柱，其稳定承载力的计算公式如下

$$N \leqslant N_{cr} = k_1 \cdot N_u \tag{6.3.80}$$

式中：k_1——轴压稳定系数，按如下公式计算

$$k_1 = \begin{cases} 1 & (\lambda \leqslant 0.2) \\ \dfrac{1}{\phi + \sqrt{\phi^2 - \lambda^2}} & (\lambda > 0.2) \end{cases} \tag{6.3.81}$$

式中：λ——构件相对长细比，$\lambda = \sqrt{\frac{N_k}{N_E}}$，$N_k$的计算公式如下

$$N_k = f_y \cdot A_s + f'_c \cdot A_c \tag{6.3.82}$$

对于圆钢管混凝土，当同时满足 $\lambda \leqslant 0.5$ 和荷载偏心距 $e \leqslant \frac{D}{10}$时，应考虑钢管对核心混

凝土的约束作用,其轴压强度承载力按下式计算

$$N_k = \eta_2 \cdot f_y \cdot A_s + \left(1 + \eta_1 \cdot \frac{t}{D} \cdot \frac{f_y}{f_c'}\right) \cdot f_c' \cdot A_c \tag{6.3.83}$$

式中:N_E——欧拉临界力,按下式计算

$$N_E = \frac{\pi^2 \cdot (E_s I_s + 0.6 E_c I_c)}{L^2} \tag{6.3.84}$$

式中:E_s、E_c——钢材和混凝土的弹性模量;$E_s = 2.1 \times 10^5 \mathrm{N/mm^2}$,$E_c = 9500 \times (f_c' + 8)^{\frac{1}{3}}$;

I_s、I_c——钢管和核心混凝土的惯性矩;

L——构件计算长度;

ϕ——计算参数,按下式确定

$$\phi = 0.5 \times [1 + 0.21(\lambda - 0.2) + \lambda^2] \tag{6.3.85}$$

2)压弯构件

在计算钢管混凝土压弯构件承载力时,规程 EC4(1994)给出了四段直线的轴力—弯矩相关方程,具体如下

$$\delta \cdot M \leqslant \frac{(N_{cr} - N)}{N_{cr} - N_{Erd}} \cdot M_{Erd} - \frac{N \cdot M_x}{N_{cr}} \quad (N_{Erd} \leqslant N \leqslant N_{cr}) \tag{6.3.86}$$

$$\delta \cdot M \leqslant M_{Erd} + \frac{(N_{Erd} - N) \cdot (M_u - M_{Erd})}{N_{Erd} - N_p} - \frac{N \cdot M_x}{N_{cr}} \quad (N_p \leqslant N \leqslant N_{Erd}) \tag{6.3.87}$$

$$\delta \cdot M \leqslant M_u + \frac{(N_p - N) \cdot (M_{\max} - M_u)}{0.5 N_p} - \frac{N \cdot M_x}{N_{cr}} \quad (0.5 N_p \leqslant N \leqslant N_p) \tag{6.3.88}$$

$$\delta \cdot M \leqslant M_u + \frac{N \cdot (M_{\max} - M_u)}{0.5 N_p} - \frac{N \cdot M_x}{N_{cr}} \quad (0 \leqslant N \leqslant 0.5 N_p) \tag{6.3.89}$$

其中,当 $N_u \geqslant N_{cr} \geqslant N_{Erd}$ 时 $M_x = \dfrac{(N_u - N_{cr}) \cdot M_{Erd}}{N_u - N_{Erd}}$

当 $N_{Erd} > N_{cr} \geqslant N_p$ 时 $M_x = M_{Erd} + \dfrac{(N_{Erd} - N_{cr}) \cdot (M_u - M_{Erd})}{N_{Erd} - N_p}$

当 $N_p > N_{cr} \geqslant 0.5 N_p$ 时 $M_x = M_u + \dfrac{(N_p - N_{cr}) \cdot (M_{\max} - M_u)}{0.5 N_p}$

当 $0.5 N_p > N_{cr} > 0$ 时 $M_x = M_u + \dfrac{N_{cr} \cdot (M_{\max} - M_u)}{0.5 N_p}$

规程 EC4(1994)给出的弯矩放大系数 δ 的计算公式为

$$\delta = \frac{1}{1 - \dfrac{N}{N_E}} \tag{6.3.90}$$

其中,N_E 为构件的欧拉临界力,按式(6.3.84)计算,以上各式中

$$N_p = A_c \cdot \frac{f_c'}{\gamma_c} \tag{6.3.91}$$

$$M_{\max} = W_{pa} \cdot \frac{f_y}{\gamma_s} + \frac{1}{2} W_{pc} \cdot \frac{f_c'}{\gamma_c} \tag{6.3.92}$$

$$N_{Erd} = W_{pa} \cdot \frac{f_y}{\gamma_s} + \frac{1}{2}W_{pc} \cdot \frac{f'_c}{\gamma_c} - W_{pan1} \cdot \frac{f_y}{\gamma_s} - \frac{1}{2}W_{pcn1} \cdot \frac{f'_c}{\gamma_c} \tag{6.3.93}$$

①对于圆钢管混凝土

$$h_e = \frac{h_n}{2} + \frac{D}{4} \tag{6.3.94}$$

$$N_{Erd} = D \cdot (h_e - h_n) \cdot \frac{f'_c}{\gamma_c} + 2t \cdot (h_e - h_n) \cdot \left(2\frac{f_y}{\gamma_s} - \frac{f'_c}{\gamma_c}\right) + N_p \tag{6.3.95}$$

$$W_{pcn1} = (D - 2t) \cdot h_e^2 \tag{6.3.96}$$

$$W_{pan1} = D \cdot h_e^2 - W_{pcn1} \tag{6.3.97}$$

②对于方形、矩形钢管混凝土

$$h_e = \frac{h_n}{2} + \frac{B}{4} \tag{6.3.98}$$

$$N_{Erd} = B \cdot (h_e - h_n) \cdot \frac{f'_c}{\gamma_c} + 2t \cdot (h_e - h_n) \cdot \left(2\frac{f_y}{\gamma_s} - \frac{f'_c}{\gamma_c}\right) + N_p \tag{6.3.99}$$

$$W_{pcn1} = (B - 2t) \cdot h_e^2 \tag{6.3.100}$$

$$W_{pan1} = B \cdot h_e^2 - W_{pcn1} \tag{6.3.101}$$

§6.4 钢管混凝土轴心受拉构件承载力计算

6.4.1 钢管混凝土轴心受拉构件的工作原理

钢管混凝土结构主要用于受压构件，但在实际工程中有时也出现受拉情况。钢管混凝土轴心受拉时，钢管纵向伸长，径向收缩，由于钢管内混凝土限制钢管直径的径向收缩，在钢管与混凝土之间产生了紧箍力。但混凝土的抗拉强度很低，在拉力较小时，混凝土就已横向开裂，其受力特点是纵向、环向受拉，径向受压；核心混凝土受环向等值侧向压力作用，而纵向不受力。由于核心混凝土限制了钢管的径向收缩，从而提高了钢管的纵向承载力。

6.4.2 钢管混凝土轴心受拉构件承载力计算

《矩形钢管混凝土结构技术规程》(CECS159—2004)中规定，矩形钢管混凝土轴心受拉构件的承载力应满足下式要求

$$N \leqslant \frac{1}{\gamma}A_{sn}f \tag{6.4.1}$$

式中：N——构件轴心拉力设计值；

f——钢材的抗拉强度设计值；

A_{sn}、γ——符号意义同§6.2节。

钟善桐·《钢管混凝土结构》(第三版，清华大学出版社出版)中提出，长细比在200以内的钢管混凝土轴心受拉构件的承载力直接按钢管受拉计算，即

$$N_t = 1.1A_s f \tag{6.4.2}$$

式中：N_t——轴心拉力构件承载力。

§6.5 钢管混凝土纯弯构件承载力计算

6.5.1 钢管混凝土纯弯构件的工作原理

钢管混凝土最适宜用做轴心受压构件，当大偏心受压时可以采用格构式构件，把弯矩变成轴力。对于受弯构件，采用钢管混凝土并无优越性，因此关于研究钢管混凝土抗弯性能的文献较少。但是，钢管混凝土构件受弯矩作用的情况很多，如压弯构件和拉弯构件等。钢管混凝土虽然不单独用于受弯构件，但研究其抗弯性能仍很必要，有助于加深对钢管混凝土偏心受力构件工作性能的认识。钟善桐教授等学者的研究表明：钢管混凝土受弯构件的 $M-\delta$ 关系曲线或 $M-\phi$ 关系曲线包括弹性、弹塑性和塑性等三个阶段，并把构件最大纤维应变达 $10000\mu\varepsilon$ 时对应的弯矩作为构件抗弯强度极限值，同时，应用有限元分析得到弯矩和构件挠度 $M-u_m$ 曲线，如图 6.5.1 所示。图 6.5.1 中曲线分为三个阶段：

(1)弹性阶段 OA，在这一阶段，弯矩与挠度呈线性关系。受压区钢管处于弹性工作状态，钢管与混凝土之间的紧箍力不大，且只局限于边缘部位，可以近似认为单向受压，混凝土也处于单向受压应力状态。在受拉区，钢管的横向变形受到内部混凝土的约束，产生环向拉应力和径向压应力，处于三向受力状态。这时，混凝土不承担纵向拉应力，为双向受压，只对钢管起横向约束作用。

(2)弹塑性阶段 AB，过 A 点后随着荷载的增加，构件的变形速度明显加快。在受压区，部分钢管的应力超过比例极限，混凝土的纵向压应力继续增加，达 B 点时，压区产生紧箍力。在受拉区，随着构件的变形增长，钢管应力超过比例极限的范围大幅度增加，达 B 点时，钢管边缘屈服，紧箍力也逐渐增大。

(3)强化阶段 BC，在这一阶段，随着构件的变形增加，弯矩缓慢增加。在受压区，钢管最大纤维应力达到屈服点，并逐渐向内部扩展；混凝土在纵向压应力作用下，横向变形不断增加，紧箍力也逐渐增大。

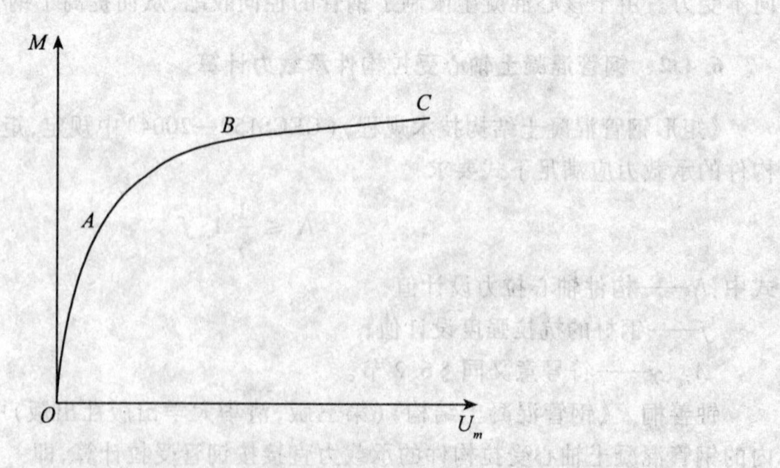

图 6.5.1 纯弯构件工作性能曲线

6.5.2　钢管混凝土纯弯构件承载力计算

我国相关规范中涉及钢管混凝土构件纯弯力学性能计算的有:《钢—混凝土组合结构设计规程》(DL/T5085—1999)、《钢管混凝土结构设计规程》(GJB4142—2000),《钢管混凝土结构技术规程》(DBJ13—51—2003)等规定,纯弯构件承载力按下式计算

$$M \leqslant M_u \tag{6.5.1}$$

$$M_u = \gamma_m W_{sc} f_{sc} \tag{6.5.2}$$

式中:γ_m——构件截面抗弯塑性发展系数,对于圆钢管混凝土:$\gamma_m = 1.1 + 0.48\ln(\xi + 0.1)$,对于方钢管混凝土:$\gamma_m = 1.04 + 0.48\ln(\xi + 0.1)$;

f_{sc}——钢管混凝土柱组合轴压强度设计值,对于圆钢管混凝土:$f_{sc} = (1.14 + 1.02\xi_0) f_c$,对于方钢管混凝土:$f_{sc} = (1.18 + 0.85\xi_0) f_c$;

W_{sc}——钢管混凝土构件截面抗弯模量,对于圆钢管混凝土:$W_{sc} = \pi \cdot \dfrac{D^3}{32}$,对于方钢管混凝土:$W_{sc} = \dfrac{B^3}{6}$。

规程 DL/T5085—1999 和规程 GJB4142—2000 与 DBJ13—51—2003 规范的计算表达式基本相同,仅 γ_m 的取值不同,DL/T5085—1999 规程中,$\gamma_m = -0.4047\xi + 1.7629\sqrt{\xi}$;规程 GJB4142—2000 中 $\gamma_m = -0.2428\xi + 1.4103\sqrt{\xi}$。

6.5.3　国外相关规范介绍

1. 规程 AIJ(1997)

对于钢管混凝土纯弯构件的承载力,按以下公式进行计算

$$M \leqslant M_u \tag{6.5.3}$$

式中:M——构件弯矩设计值;

M_u——构件抗弯承载力,在计算钢管混凝土抗弯承载力时,忽略了混凝土的贡献,仅考虑钢管的作用,按下式计算

$$M_u = {}_sM_{u0} = Z \cdot f_y \tag{6.5.4}$$

Z——钢管截面的塑性抗弯模量,按下式计算。

对于圆钢管混凝土

$$Z = \frac{D^3 - (D - 2t)^3}{6} \tag{6.5.5}$$

对于方形、矩形钢管混凝土

$$Z = \left(B + \frac{D}{2}\right) \cdot D \cdot t - (B + 2D) \cdot t^2 + 2t^3 \tag{6.5.6}$$

规程 AISC-LRFD(1999)与规程 AIJ(1997)计算方法相同。

2. 规范 BS5400(1979)

(1)圆钢管混凝土抗弯承载力按下式计算

$$M \leqslant M_u \tag{6.5.7}$$

式中:M——构件弯矩设计值;

M_u——钢管混凝土抗弯承载力，其计算公式为

$$M_u = S \cdot \frac{f_y}{\gamma_s} \cdot (1 + 0.01m) \tag{6.5.8}$$

$$S = t^3 \cdot \left(\frac{D}{t} - 1\right)^2 \tag{6.5.9}$$

式中：t——钢管管壁厚度；

D——钢管截面外直径；

f_y——钢材屈服强度；

m——计算参数。

计算参数 m 可以由图 6.5.2 查得，图 6.5.2 中，参数 $\rho = 0.6\dfrac{\frac{f_{cu}}{\gamma_c}}{\frac{f_y}{\gamma_s}}$。

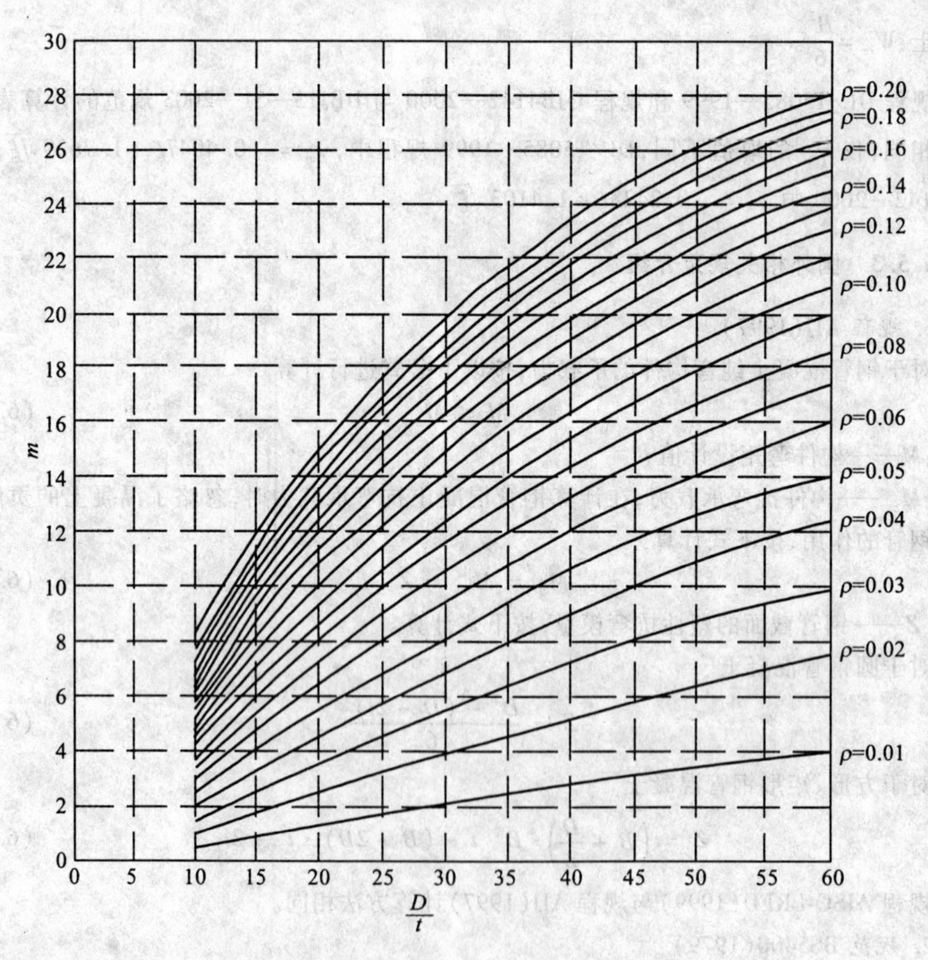

图 6.5.2 m—$\frac{D}{t}$关系曲线

(2)方形、矩形钢管混凝土抗弯承载力按下式计算

$$M_u = \frac{f_y}{\gamma_s}\left[A_s \cdot \frac{B - 2t - d_c}{2} + D \cdot t(t + d_c)\right] \tag{6.5.10}$$

式中：d_c——截面中和轴距受压区边缘距离，其计算公式为

$$d_c = \frac{A_s - 2D \cdot t}{(D - 2t) \cdot \rho + 4t} \tag{6.5.11}$$

式中：ρ——混凝土破坏时平均应力与钢材屈服强度的比值，$\rho = 0.6\dfrac{\dfrac{f_{cu}}{\gamma_c}}{\dfrac{f_y}{\gamma_s}}$。

3. 规程 EC4(1994)

钢管混凝土纯弯构件承载力，按以下公式计算

$$M \leqslant W_{pa}\frac{f_y}{\gamma_s} + \frac{1}{2}W_{pc} \cdot \frac{f_c'}{\gamma_c} - W_{pan} \cdot \frac{f_y}{\gamma_s} - \frac{1}{2}W_{pcn} \cdot \frac{f_c'}{\gamma_c} \tag{6.5.12}$$

式中：M——构件弯矩设计值；

参数 W_{pa}，W_{pc}，W_{pan}，W_{pcn} 按以下公式进行计算：

(1)对于圆钢管混凝土：

$$W_{pc} = \frac{(D-2t)^3}{4} - \frac{2}{3}r^3 - r^2 \cdot (4 - \pi) \cdot (0.5D - t - r) \tag{6.5.13}$$

$$W_{pa} = \frac{D^3}{4} - \frac{2}{3}(r + t)^3 - (r + t)^2 \cdot (4 - \pi) \cdot (0.5D - t - r) - W_{pc} \tag{6.5.14}$$

$$W_{pcn} = (D - 2t) \cdot h_n^2 \tag{6.5.15}$$

$$W_{pan} = D \cdot h_n^2 - W_{pcn} \tag{6.5.16}$$

以上各式中

$$r = \frac{D}{2} - t \tag{6.5.17}$$

$$h_n = \frac{A_c \cdot \dfrac{f_c'}{\gamma_c}}{2D \cdot \dfrac{f_c'}{\gamma_c} + 4t \cdot \left(2\dfrac{f_y}{\gamma_s} - \dfrac{f_c'}{\gamma_c}\right)} \tag{6.5.18}$$

对于方形、矩形钢管混凝土：

$$W_{pc} = \frac{(B - 2t) \cdot (D - 2t)^2}{4} \tag{6.5.19}$$

$$W_{pa} = \frac{BD^2}{4} - \frac{2}{3}t^3 - t^2 \cdot (4 - \pi) \cdot (0.5D - t) - W_{pc} \tag{6.5.20}$$

$$W_{pcn} = (B - 2t) \cdot h_n^2 \tag{6.5.21}$$

$$W_{pan} = B \cdot h_n^2 - W_{pcn} \tag{6.5.22}$$

以上各式中

$$h_n = \frac{A_c \cdot \dfrac{f_c'}{\gamma_c}}{2B \cdot \dfrac{f_c'}{\gamma_c} + 4t \cdot \left(2\dfrac{f_y}{\gamma_s} - \dfrac{f_c'}{\gamma_c}\right)} \tag{6.5.23}$$

§6.6 钢管混凝土纯剪构件承载力计算

6.6.1 钢管混凝土纯剪构件的工作原理

国内外相关学者对普通钢管混凝土柱的轴心受压、偏心受压和压弯性能研究较为深入，对钢管混凝土柱抗剪性能虽然进行了一些试验，但研究尚不充分。钢管混凝土柱在水平荷载作用下的抗剪承载力往往决定整个结构的承载能力，因此，对钢管混凝土柱抗剪性能的研究亦十分重要。近年来，我国学者钟善桐、蔡绍怀和钱稼茹等在钢管混凝土构件的抗剪性能研究方面做了大量工作。钟善桐教授做了最大剪应力 $\bar{\tau}$ 和最大纤维剪应变 γ 的全过程曲线，如图 6.6.1 所示。并将纯剪构件的工作过程分成三个阶段。

(1)弹性阶段 OA，在这一阶段，应力较小，没有产生紧箍力，钢管和混凝土单独工作，A 点对应钢材进入弹塑性阶段的起点。

(2)弹塑性阶段 AB，这一阶段，随着应力的增加，钢材首先进入弹塑性，a_0 点相应于核心混凝土开始发展微裂缝，产生了紧箍力，但其值不大，钢管和混凝土处于双向受剪状态。

(3)塑性强化阶段，钢管屈服后，核心混凝土虽已发展微裂缝，但仍能有效地约束钢管不发生局部凹陷，因而构件的抗扭承载力继续增长，表现出良好的塑性性能。

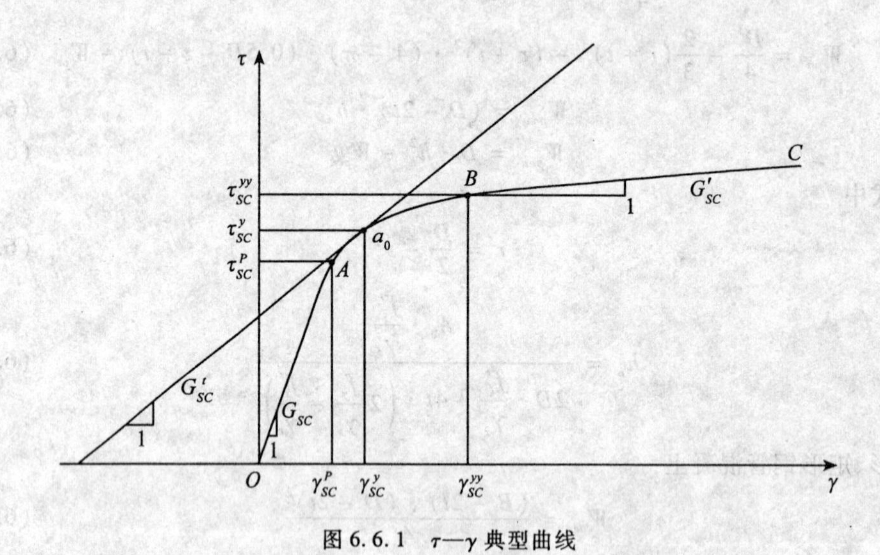

图 6.6.1 $\tau—\gamma$ 典型曲线

6.6.2 钢管混凝土纯剪构件承载力计算

1.《钢—混凝土组合结构设计规程》(DL/T5085—1999)中对圆钢管混凝土横向受剪给出了如下计算方法

$$V \leqslant \gamma_v A_{sc} f_{scv} \tag{6.6.1}$$

式中：V——剪力设计值；

γ_v——构件截面抗剪塑性发展系数，当 $\gamma_v \geqslant 0.85$ 时，$\gamma_v = 0.85$，当 $\gamma_v < 0.85$ 时，$\gamma_v = 1$；

A_{sc}——构件横截面面积；

f_{scv}——组合抗剪强度设计值，$f_{scv}=(0.385+0.25\alpha^{1.5})\cdot\xi_0^{0.125}\cdot f_{sc}$

上述规程计算方法与钟善桐教授提出的算法基本相同。

2. 蔡绍怀教授在计算钢管混凝土构件抗剪承载力时提出，当剪跨比等于零时，钢管混凝土受剪承载力的上限 $V_0^{(+)}$ 可以按下式计算，即

$$V_0^{(+)}=A_c f_{cv}+A_s f_{sv} \tag{6.6.2}$$

式中：A_c、A_s——混凝土和钢材的横截面面积；

f_{cv}——核心混凝土的抗剪强度，一般取 $0.2f_c$；

f_{sv}——钢材的抗剪强度，一般取 $0.6f_y$。

3. 钱稼如教授认为单纯考虑钢管的作用来计算钢管混凝土的抗剪承载力是偏于保守的，钢管混凝土构件的抗剪承载力可以看做由钢管的作用 V_s、混凝土的作用 V_c 和轴向压力的作用 V_n 组成，根据不同的剪跨比和轴压比，采用相应的计算方法，总体可以用相关公式表达。

当剪跨比 $0<\lambda_a<0.5$ 时，抗剪承载力计算公式为

$$V_u=\left[0.6-0.7\lambda_a+\frac{\lambda_a}{2(1+\alpha)}\right]f_yA_s+0.05\frac{N}{\lambda_a}+\frac{1.5}{\lambda_a+0.25}f_tA_c \tag{6.6.3}$$

当剪跨比 $\lambda_a\geqslant 0.5$ 时，抗剪承载力计算公式为

$$V_u=\frac{(2+\alpha)f_yA_s}{8(1+\alpha)\lambda_a}+0.1N+2.0f_tA_c \tag{6.6.4}$$

6.6.3 国外相关规范介绍

1. 规程 AIJ1997(1997)

规程 AIJ1997(1997)在计算钢管混凝土抗剪承载力时仅考虑了钢管截面的抗剪能力，没有考虑混凝土的贡献，给出了如下计算公式

$$V\leqslant V_u \tag{6.6.5}$$

$$V_u=\frac{A_sf_y}{2\sqrt{3}} \tag{6.6.6}$$

2. 规程 EC4(1994)

规程 EC4(1994)在计算钢管混凝土抗剪承载力时仅考虑了钢管截面的抗剪能力，没有考虑核心混凝土的贡献，给出了如下计算公式

$$V_{sd}\leqslant V_{plrd} \tag{6.6.7}$$

式中：V_{sd}——剪力设计值；

V_{plrd}——钢管截面塑性抗剪承载力，其计算公式如下

$$V_{plrd}=\frac{A_sf_y}{\sqrt{3}\gamma_s} \tag{6.6.8}$$

式中：A_s——钢管截面面积；

f_y——钢材的屈服强度；

γ_s——钢材的材料分项系数，取值为 1.1。

§6.7 钢管混凝土格构柱承载力计算

当轴心受压构件长度较大时,为了节约材料,常采用格式载面,如图 6.7.1 所示。钢管混凝土格构式柱主要用于跨度比较大的工业厂房柱,按载面形式不同可以分为双肢柱、三肢柱和四肢柱。双肢柱常用于轻工业厂房,而荷载较大的重工业厂房则需要采用三肢柱或四肢柱。由于格构柱的整体承载力随长细比和偏心率的变化而变化,格构柱依然采用单肢柱那样的双系数乘积公式计算。由双肢或多肢钢管混凝土柱肢组成的格构柱,规程中分单肢承载力和整体承载力两种情况进行计算。

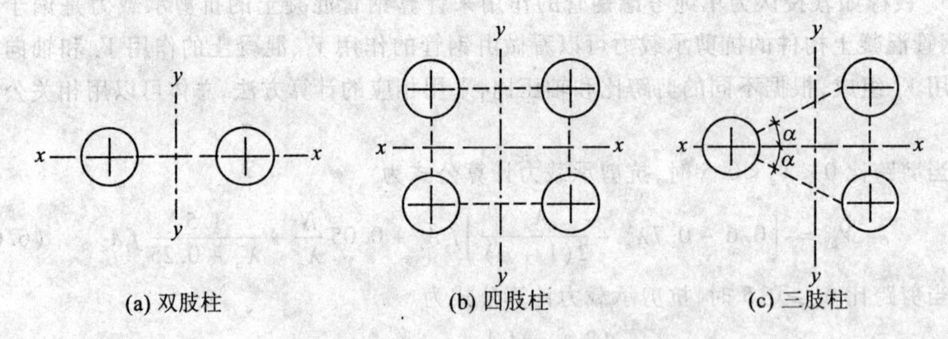

图 6.7.1 格构柱截面

6.7.1 格构柱的单肢承载力计算

对于计算格构柱的单肢承载力,可以按桁架确定其单肢的轴向力,再分别对压肢和拉肢进行承载力计算。压肢的承载力按照如前所述的单肢柱承载力计算公式计算,其长度在桁架平面内取格构柱节间长度,如图 6.7.2 所示;在垂直于桁架平面方向则取侧向支撑点的间距。由于混凝土的抗拉强度非常低,拉肢的承载力按钢结构拉杆计算,不考虑混凝土的抗拉强度。

6.7.2 格构柱的整体承载力计算

1. 格构柱的整体承载力应满足下列要求

$$N \leqslant N_u^* \tag{6.7.1}$$

式中:N_u^*——格构柱的整体承载力设计值。

2. 格构柱的整体承载力设计值应按下列公式计算

$$\begin{aligned} N_u^* &= \varphi_l^* \varphi_e^* N_0^* \\ N_0^* &= \sum_1^i N_{0i} \end{aligned} \tag{6.7.2}$$

式中:N_{0i}——格构柱各单肢柱的轴心受压短柱承载力设计值;

φ_l^*——考虑长细比影响的整体承载力折减系数;

φ_e^*——考虑偏心率影响的整体承载力折减系数。

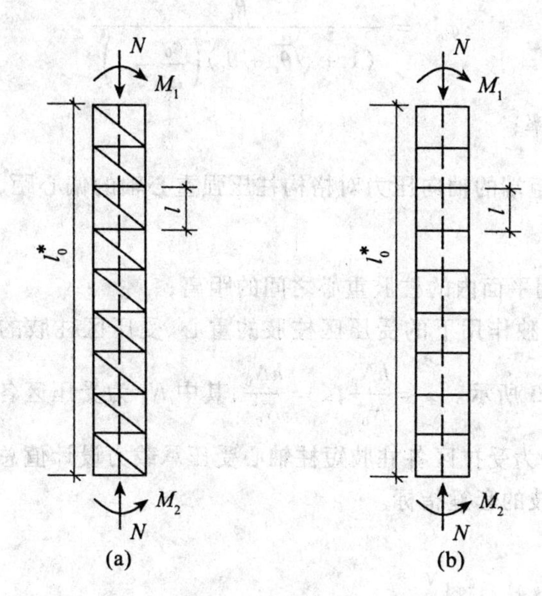

图 6.7.2　格构柱

并且,在任何情况下都应满足下列条件

$$\varphi_l^* \varphi_e^* \leqslant \varphi_0^* \tag{6.7.3}$$

式中:φ_0^*——按轴心受压柱考虑的 φ_l^* 值。

3. 格构柱考虑偏心率影响的整体承载力折减系数 φ_e^*,应按下列公式计算:

(1)对于对称截面的双肢柱和四肢柱:

当偏心率$\dfrac{e_0}{h} \leqslant \varepsilon_b$ 时

$$\varphi_e^* = \frac{1}{1 + 2\dfrac{e_0}{h}} \tag{6.7.4}$$

当偏心率$\dfrac{e_0}{h} > \varepsilon_b$ 时

$$\varphi_e^* = \frac{\theta_t}{(1 + \sqrt{\theta} + \theta_t)\left(2\dfrac{e_0}{h} - 1\right)} \tag{6.7.5}$$

(2)对于三肢柱和不对称截面的多肢柱:

当偏心率$\dfrac{e_0}{h} \leqslant \varepsilon_b$ 时

$$\varphi_e^* = \frac{1}{1 + \dfrac{e_0}{a_t}} \tag{6.7.6}$$

当偏心率$\dfrac{e_0}{h} > \varepsilon_b$ 时:

$$\varphi_e^* = \frac{\theta_t}{(1+\sqrt{\theta_t}+\theta_t)\left(\frac{e_0}{a_t}-1\right)} \tag{6.7.7}$$

式中：ε_b——界限偏心率；

e_0——柱较大弯矩端的轴向压力对格构柱压强重心轴的偏心距，$e_0=\frac{M_2}{N}$，其中 M_2 为柱两端弯矩中较大者；

h——在弯矩作用平面内的柱肢重心之间的距离；

a_t、a_c——弯矩单独作用下的受压区柱肢的重心、受压区柱肢的重心至格构柱压强重心轴的距离，如图 6.7.3 所示。$a_t=\frac{hN_0^c}{N_0^*}$，$a_c=\frac{hN_0^t}{N_0^*}$，其中 N_0^c 为受压区各柱肢短柱轴心受压承载力设计值的总和，N_0^t 为受拉区各柱肢短柱轴心受压承载力设计值总和，$N_0^*=N_0^c+N_0^t$；

θ_t——受拉区柱肢的套箍指标。

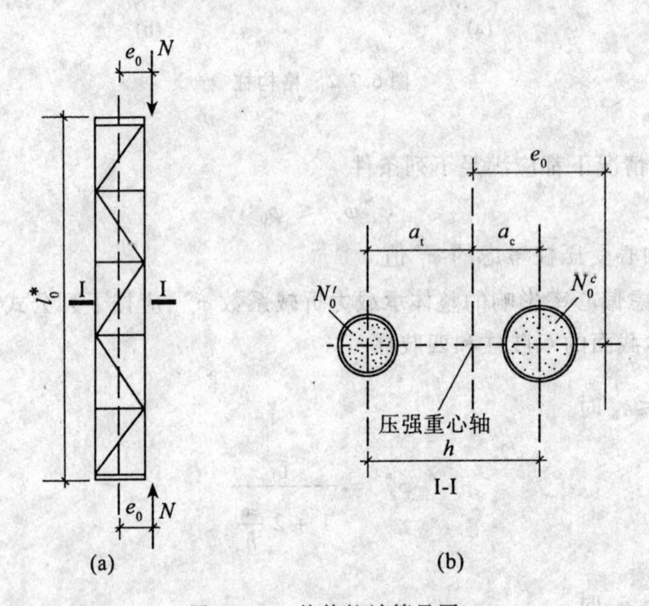

图 6.7.3　格构柱计算见图

4. 格构柱的界限偏心率 ε_b 应按下列公式计算：

(1) 对于对称截面的双支柱和四肢柱

$$\varepsilon_b = 0.5+\frac{\theta_t}{1+\sqrt{\theta_t}} \tag{6.7.8}$$

(2) 对于三肢柱和不对称截面的多肢柱

$$\varepsilon_b = \frac{2N_0^t}{N_0^*}\left[0.5+\frac{\theta_t}{1+\sqrt{\theta_t}}\right] \tag{6.7.9}$$

5. 格构柱考虑长细比影响的整体承载力折减系数 φ_l^*，应按下列公式计算

$$\varphi_l^* = 1-0.0575\sqrt{\lambda^*-16} \tag{6.7.10}$$

当 $\lambda^* \leqslant 16$ 时，取 $\varphi_l^* = 1$，格构柱的换算长细比 λ^* 应按下列公式计算：

(1) 双肢格构柱（见图 6.7.1）

当缀件为缀板时

$$\lambda_y^* = \sqrt{\left(l_e^* \Big/ \sqrt{\frac{I_y}{A_0}}\right)^2 + 16\left(\frac{l}{d}\right)^2} \tag{6.7.11}$$

当缀件为缀条时

$$\lambda_y^* = \sqrt{\left(l_e^* \Big/ \sqrt{\frac{I_y}{A_0}}\right)^2 + 27\frac{A_0}{A_1}} \tag{6.7.12}$$

(2) 四肢格构柱

当缀件为缀板时

$$\lambda_x^* = \sqrt{\left(l_e^* \Big/ \sqrt{\frac{I_x}{A_0}}\right)^2 + 16\left(\frac{l}{d}\right)^2} \tag{6.7.13}$$

$$\lambda_y^* = \sqrt{\left(l_e^* \Big/ \sqrt{\frac{I_y}{A_0}}\right)^2 + 16\left(\frac{l}{d}\right)^2} \tag{6.7.14}$$

当缀件为缀条时

$$\lambda_x^* = \sqrt{\left(l_e^* \Big/ \sqrt{\frac{I_x}{A_0}}\right)^2 + 40\frac{A_0}{A_{1x}}} \tag{6.7.15}$$

$$\lambda_y^* = \sqrt{\left(l_e^* \Big/ \sqrt{\frac{I_y}{A_0}}\right)^2 + 40\frac{A_0}{A_{1y}}} \tag{6.7.16}$$

当缀件为缀条的三肢格构柱

$$\lambda_x^* = \sqrt{\left(l_e^* \Big/ \sqrt{\frac{I_x}{A_0}}\right)^2 + \frac{42A_0}{A_1(1-\cos^2\alpha)}} \tag{6.7.17}$$

$$\lambda_y^* = \sqrt{\left(l_e^* \Big/ \sqrt{\frac{I_y}{A_0}}\right)^2 + \frac{42A_0}{A_1\cos^2\alpha)}} \tag{6.7.18}$$

式中：l_e^*——格构柱的等效计算长度；

I_x、I_y——格构柱横截面换算面积对 Ox 轴、Oy 轴的惯性矩；

A_0——格构柱横截面所截各分肢换算截面面积之和，$A_0 = \sum_1^i A_{ai} + \frac{E_c}{E_a}\sum_1^i A_{ci}$，其中 A_{ai}、A_{ci} 分别为第 i 分肢的钢管横截面面积和钢管内混凝土横截面面积；

l——格构柱的节间长度；

d——钢管外径；

A_{1x}、A_{1y}——格构柱横截面中垂直于 Ox 轴、Oy 轴的各斜缀条毛截面面积之和；

a——缀件截面内缀条所在平面与 Ox 轴的夹角，如图 6.7.4 所示，应在 40°～70°范围内。

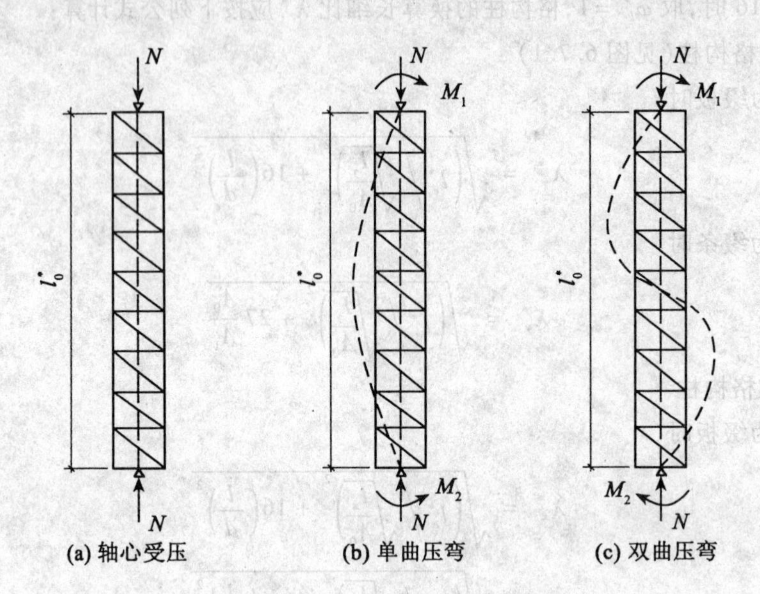

图 6.7.4 格构式无侧移框架柱

6.7.3 柱端约束和沿柱长的弯矩分布图对构件承载力的影响

1. 对于两支承点之间无横向力作用的格构式框架柱和构件，其等效计算长度应按下列公式确定

$$\begin{cases} l_e^* = kl_0^* \\ l_0^* = \mu l^* \end{cases} \tag{6.7.19}$$

式中：l_0^*——格构柱或构件的计算长度；

l^*——格构柱或构件的长度；

k——等效长度系数；

μ——框架柱的计算长度系数，对无侧移框架应按表 6.3.1 确定，对有侧移框架，应按表 6.3.2 确定。

2. 等效长度系数应按下列规定计算（见图 6.7.2）：

（1）轴心受压柱和杆件

$$k = 1 \tag{6.7.20}$$

（2）无侧移框架柱

$$k = 0.5 + 0.3\beta + 0.2\beta^2 \tag{6.7.21}$$

（3）侧移框架柱：

当$\frac{e_0}{h} \geqslant 0.5\varepsilon_b$ 时

$$k = 0.5 \tag{6.7.22}$$

当$\frac{e_0}{h} < 0.5\varepsilon_b$ 时

$$k = 1 - \frac{e_0}{bh} \tag{6.7.23}$$

式中:β——柱两端弯矩设计值之较小者与较大者的比值,$\beta = \frac{M_1}{M_2}$,$|M_1| \leq |M_2|$,单曲压弯者取正值,双曲压弯者取负值。

6.7.4　格构柱中缀件的计算

格构柱缀件的构造和计算,遵循国家标准《钢结构设计规范》(GB50017—2003)中的相关规定。格构柱的缀件,应能承受下列剪力中之较大者,剪力 V 值可以认为沿格构柱全长不变。

1. 实际作用于格构柱上的横向剪力设计值;

2.
$$V = \frac{N_0^*}{85} \tag{6.7.24}$$

式中:N_0^*——格构柱轴心受压短柱的承载力设计值。

§6.8　计 算 实 例

例 6.1　某两端铰支的钢管混凝土轴心受压柱,柱长 $L = 6000\text{mm}$,采用 $\phi325 \times 12.5\text{mm}$ 钢管,Q235 钢材,内填 C40 混凝土,试计算其承载力。

解　按《钢管混凝土结构设计与施工规程》(CECS28—1990)计算,过程如下:

(1) 基本参数

$$f = 215\text{MPa},\quad f_c = 19.1\text{MPa}$$

$$A_s = \frac{\pi}{4}(325^2 - 300^2) = 12\,265.6\text{mm}^2$$

$$A_c = \frac{\pi}{4} \times 300^2 = 70\,650\text{mm}^2$$

套箍指标
$$\theta = \frac{fA_s}{f_c A_c} = \frac{215 \times 12\,265.6}{19.1 \times 70\,650} = 1.95$$

因两端铰支和轴心受压,故 $\mu = 1, k = 1$

$$l_e = \mu k l = 1 \times 1 \times 5\,000 = 6\,000\text{mm}$$

$$\frac{l_e}{d} = \frac{6\,000}{325} = 18.46 > 4$$

则钢管混凝土柱的稳定系数为

$$\varphi_l = 1 - 0.115\sqrt{\frac{l_e}{d} - 4} = 1 - 0.115\sqrt{18.46 - 4} = 0.562$$

(2)短柱受压承载力

$$N_0 = A_c f_c (1 + \sqrt{\theta} + \theta) = 70\,650 \times 19.1 \times (1 + \sqrt{1.95} + 1.95) = 5\,872.9\text{kN}$$

(3)柱极限承载力

$$N_u = \varphi_l \varphi_e N_0 = 0.562 \times 1 \times 5\,872.9 = 3\,304.6\text{kN}。$$

例 6.2 钢管混凝土柱同例题 6.1,但两端轴压力的偏心距 $e_0=100\text{mm}$,试计算其极限承载力。

解 (1)偏心影响系数

$$r_c=\frac{300}{2}=150\text{mm}$$

$$\frac{e_0}{r_c}=\frac{100}{150}=0.667<1.55$$

$$\varphi_e=\frac{1}{1+1.85\dfrac{e_0}{r_0}}=\frac{1}{1+1.85\times0.667}=0.45$$

(2)柱极限承载力

由例题 6.1 所得 φ_l 和 N_0,由此可得该柱的极限承载力值,即

$$N_u=\varphi_l\varphi_eN_0=0.562\times0.45\times5\ 872.9=1\ 487.05\text{kN}$$

例 6.3 某钢管混凝土柱门式框架,下端完全嵌固,柱长 $L=12\ 000\text{mm}$,采用 $\phi1\ 200\times25\text{mm}$ 钢管,Q235 钢材,内填 C40 混凝土,柱顶设计荷载为:轴心压力 15 000kN、水平剪力 1 000kN,钢梁的端部弯矩为 1 000 kN · m,试验算其承载力是否满足要求。

解 (1)基本参数

$$f=215\text{MPa},f_c=19.1\text{MPa}$$

$$A_s=\frac{\pi}{4}(1\ 200^2-1\ 150^2)=92\ 237.5\text{mm}^2$$

$$A_c=\frac{\pi}{4}\times1\ 150^2=1\ 130\ 400\text{mm}^2$$

套箍指标 $\theta=\dfrac{fA_s}{f_cA_c}=\dfrac{215\times92\ 237.5}{19.1\times1130\ 400}=0.92$

立柱上端的弯矩 $1\ 000\text{kN}\cdot\text{m}$

立柱下端的弯矩 $12\times\dfrac{1\ 000}{2}-1\ 000=5\ 000\text{kN}\cdot\text{m}$

梁端剪力 $\dfrac{(1\ 000+1\ 000)}{5}=400\text{kN}$

根据立柱弯矩分布情况判断,立柱为双曲压弯悬臂柱,故按下部柱高为 10m 的悬臂柱计算,由此得到柱子的轴向压力设计值

$$N=15\ 000+400=15\ 400\text{kN}$$

(2)短柱受压承载力

$$N_0=A_cf_c(1+\sqrt{\theta}+\theta)=1\ 130\ 400\times19.1\times(1+\sqrt{0.92}+0.92)=62\ 113.9\text{kN}$$

(3)计算偏心影响系数

$$e_0=\frac{M_2}{N+Q}=\frac{5\ 000\times1\ 000}{15\ 400}=325\text{mm}$$

$$\frac{e_0}{r_c}=\frac{325}{600-25}=0.565<1.55$$

$$\varphi_e = \frac{1}{1 + 1.85 \dfrac{e_0}{r_0}} = \frac{1}{1 + 1.85 \times 0.565} = 0.489$$

(4)计算长细比影响系数

$$k = 1 - 0.625 \frac{e_0}{r_c} = 1 - 0.625 \times 0.565 = 0.647 > 0.5$$

对于固端悬臂柱,计算长度系数$\mu = 2$,故有效计算长度为

$$l_e = \mu k l = 2 \times 0.647 \times 10\ 000 = 12\ 940\text{mm}$$

$$\frac{l_e}{d} = \frac{12\ 940}{1\ 200} = 10.78 > 4$$

$$\varphi_l = 1 - 0.115 \sqrt{\frac{l_e}{d} - 4} = 1 - 0.115 \sqrt{10.78 - 4} = 0.70$$

(5)柱极限承载力

$$N_u = \varphi_l \varphi_e N_0 = 0.70 \times 0.489 \times 62\ 113.9 = 21\ 272.3\text{kN}$$

(6)校核的限制条件

以上计算是以有侧向力同时作用为前提的,当无侧向力时,仅有轴向力作用,框架立柱将如同12000mm高的轴心受压悬臂柱,此时,$k = 1$,$\mu = 2$,于是

$$l_e = \mu k l = 2 \times 1 \times 12\ 000 = 24\ 000\text{mm}$$

$$\frac{l_e}{d} = \frac{24\ 000}{1\ 200} = 20 > 4$$

此时

$$\varphi_0 = 1 - 0.115 \sqrt{\frac{l_e}{d} - 4} = 1 - 0.115 \sqrt{20 - 4} = 0.54$$

$$\varphi_l \varphi_e = 0.70 \times 0.489 = 0.34 < \varphi_0 = 0.54$$

故满足要求。

例6.4　某两端铰接单向偏心受压方钢管混凝土柱,无侧移,柱长$L = 5\ 000$mm,柱截面尺寸500mm×500mm,钢管壁厚15mm,Q235钢材,内填C40混凝土,承受偏心压力设计值$N = 5500$kN,偏心距$e = 100$mm,不考虑抗震,试验算柱的强度和稳定性。

解　(1)验算构件的强度

$$A_{sn} = (500 \times 500 - 470 \times 470) = 29\ 100\text{mm}^2$$

$$N_{un} = A_{sn} f + A_c f_c = (29\ 100 \times 215 + 470 \times 470 \times 19.1) = 10\ 475.7\text{kN}$$

$$d_n = \frac{A_s - 2bt}{(b - 2t)\dfrac{f_c}{f} + 4t} = \frac{29\ 100 - 2 \times 500 \times 15}{(500 - 2 \times 15) \times \dfrac{19.1}{215} + 4 \times 15} = 138.57\text{mm}$$

$$M_{un} = [0.5 A_{sn}(h - 2t - d_n) + bt(t + d_n)] f$$

$$= [0.5 \times 29\ 100 \times (500 - 30 - 138.57) + 500 \times 15 \times (15 + 138.57)] \times 215 = 1284.4\text{kN} \cdot \text{m}$$

$$\alpha_c = \frac{f_c A_c}{f A_s + f_c A_c} = \frac{19.1 \times 470 \times 470}{215 \times 29\ 100 + 19.1 \times 470 \times 470} = 0.40$$

$$\frac{N}{N_{un}} + (1 - \alpha_c)\frac{M}{M_{un}} = \frac{5\ 500}{10475.7} + (1 - 0.40) \times \frac{550}{1\ 284.4} = 0.78 < 1$$

同时，$\frac{M}{M_{un}}=\frac{550}{1\ 284.4}=0.43<1$，所以强度满足要求。

(2) 验算整体稳定性

因为钢管无削弱，故 $N_u=N_{un}=10475.7\text{kN}$，$M_{ux}=M_{un}=1\ 284.4\text{kN}\cdot\text{m}$

$$r=\sqrt{\frac{I_c+\frac{I_cE_c}{E_s}}{A_s+\frac{A_cf_c}{f}}}=\sqrt{\frac{1.14\times10^9+4.06\times10^9\times\frac{32\ 500}{206\ 000}}{29\ 100+220\ 900\times\frac{19.1}{215}}}=191.3\text{mm}$$

$$\lambda=\frac{l_0}{r}=\frac{5\ 000}{191.3}=26.13$$

$$\lambda_0=\frac{\lambda}{\pi}\sqrt{\frac{f_y}{E_s}}=\frac{26.13}{3.14}\times\sqrt{\frac{215}{206\ 000}}=0.268>0.215$$

因为 $\lambda_0>\lambda$，故

$$\varphi=\frac{1}{2\lambda_0^2}\left[(0.965+0.3\lambda_0+\lambda_0^2)-\sqrt{(0.965+0.3\lambda_0+\lambda_0^2)^2-4\lambda_0^2}\right]$$

$$=\frac{1}{2\times0.268}\times\left[(0.965+0.3\times0.268+0.268^2)\right.$$

$$\left.-\sqrt{(0.965+0.3\times0.268+0.268^2)^2-4\times0.268^2}\right]=0.953$$

$$\varphi_x=\varphi_y=\varphi=0.953$$

(3) 弯矩作用平面内的稳定

$$N_{Ey}=N_u\frac{\pi^2E_s}{\lambda_y^2f}=10475.7\times\frac{3.14^2\times206\ 000}{26.13^2\times215}=144\ 941.3\text{kN}$$

$$N_{EY}'=\frac{N_{EY}}{1.1}=\frac{144\ 941.3}{1.1}=131\ 764.9\text{kN}$$

两端铰支无横向荷载作用和柱端弯矩时，等效弯矩系数 $\beta=0.65$

$$\frac{N}{\varphi_xN_u}+(1+\alpha_c)\frac{\beta M}{\left(1-0.8\frac{N}{N_{Ex}'}\right)M_{ux}}$$

$$=\frac{5\ 500}{0.953\times10475.7}+(1-0.4)\times\frac{0.65\times550}{\left(1-0.8\times\frac{5\ 500}{131\ 764.9}\right)\times1\ 284.4}=0.724<1$$

(4) 弯矩作用平面外的稳定性

$$\frac{N}{\varphi_yN_u}+\frac{\beta M_x}{1.4M_{uy}}=\frac{5\ 500}{0.953\times10\ 475.7}+\frac{0.65\times550}{1.4\times1\ 284.4}=0.75$$

故构件整体稳定性满足要求。

例 6.5 某轴心受压四肢格构柱，计算长度为 $l_{0x}=16\ 000\text{mm}$，$l_{0y}=32\ 000\text{mm}$，格构柱节间长度为 1 500mm。采用 Q235 钢材（$f=215\text{N/mm}^2$，$f_v=120\text{N/mm}^2$，$E_s=206\times10^3\text{N/mm}^2$）C40 混凝土，$f_c=19.1\text{N/mm}^2$，截面如图 6.8.1 所示，试求其承载力。

解 1. 整体稳定

(1) 基本参数

钢管 $\phi194\times5$

$A_{sc}=295.6\times10^2\text{mm}^2$

$A_s=29.7\times10^2\text{mm}^2$

$A_c=265.9\times10^2\text{mm}^2$

$I_{sc}=6\,953.1\times10^2\text{mm}^4$

钢管 $\phi150\times5$　$A_1=2\,280\text{mm}^2$

钢管 $\phi76\times3$　$A_1=688\text{mm}^2$

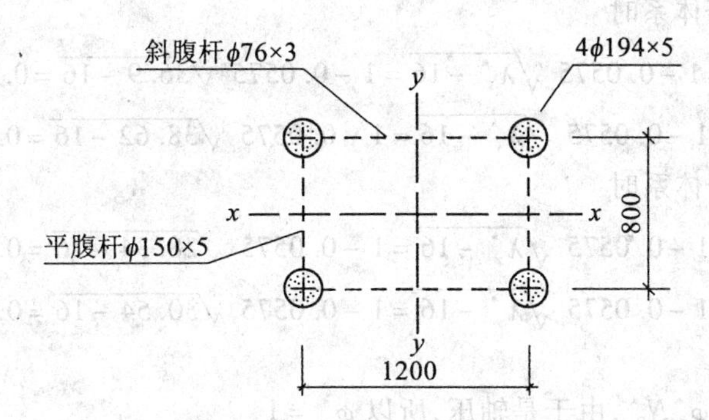

图 6.8.1　四肢格构柱平面图

(2) 对 Ox 轴与 Oy 轴的惯性矩

$$I_x=\sum_{i=1}^{m}(I_{sc}+a^2A_{sc})=4\times(6\,953.1\times10^4+400^2\times295.6\times10^2)=17\,295\,724\,000\text{mm}^4$$

$$I_y=\sum_{i=1}^{m}(I_{sc}+b^2A_{sc})=4\times(69\,531\,000+700^2\times295.6\times10^2)=52\,394\,524\,000\text{mm}^4$$

(3) 确定有效计算长度 l_e^*，由于题目已给出计算长度 $l_{0x}=16\,000\text{mm}$，$l_{0y}=32\,000\text{mm}$

则 $l_e^*=kl_0^*$　又由于是轴心受压，所以 $k=1$，即

$$l_{e0x}^*=l_{e0x}^*=16\,000\text{mm},\ l_{e0y}^*=l_{e0y}^*=32\,000\text{mm}$$

(4) 计算换算长细比 λ^*

$$A_0=A_0=\sum_i A_{si}+\frac{E_c}{E_s}\sum_i A_{ci}=4\times29.7\times10^2+\frac{3\times10^4}{206\,000}\times4\times26\,590=27\,369.3\text{mm}^2$$

$$l=1\,500\text{mm},A_{1x}=A_{1y}=2\,752\text{mm}^2,d=194\text{mm}$$

当缀件为平腹杆体系时

$$\lambda_x^*=\sqrt{\left(\frac{l_{ex}^*}{\sqrt{\frac{I_x}{A_0}}}\right)^2+16\left(\frac{l}{d}\right)^2}=\sqrt{\left(\frac{16\,000}{\sqrt{\frac{17\,295\,724\,000}{27369.3}}}\right)^2+16\times\left(\frac{1\,500}{194}\right)^2}=36.9$$

同理 $\lambda_v^*=\sqrt{\left(\frac{l_{ev}^*}{\sqrt{\frac{I_y}{A_0}}}\right)^2+16\left(\frac{l}{d}\right)^2}=\sqrt{\left(\frac{32\,000}{\sqrt{\frac{52\,394\,524\,000}{27369.3}}}\right)^2+16\times\left(\frac{1\,500}{194}\right)^2}=38.62$

当缀件为斜腹杆体系时，根据式

$$\lambda_x^* = \sqrt{\left(\frac{l_{ex}^*}{\sqrt{\frac{I_x}{A_0}}}\right)^2 + 40\frac{A_0}{A_{1x}}} = \sqrt{\left(\frac{16\ 000}{\sqrt{\frac{17\ 295\ 724\ 000}{27\ 369.3}}}\right)^2 + 40 \times \frac{27\ 369.3}{2752}} = 28.34$$

$$\lambda_y^* = \sqrt{\left(\frac{l_{ey}^*}{\sqrt{\frac{I_y}{A_0}}}\right)^2 + 40\frac{A_0}{A_{1y}}} = \sqrt{\left(\frac{32\ 000}{\sqrt{\frac{52\ 394\ 524\ 000}{27\ 369.3}}}\right)^2 + 40 \times \frac{27\ 369.3}{2\ 752}} = 30.54$$

(5) 计算长细比影响整体承载力折减系数 φ_l^*

当缀件为平腹杆体系时

$$\varphi_l^* = 1 - 0.0575\sqrt{\lambda_x^* - 16} = 1 - 0.0575\sqrt{36.9 - 16} = 0.737$$

$$\varphi_{ly}^* = 1 - 0.0575\sqrt{\lambda_y^* - 16} = 1 - 0.0575\sqrt{38.62 - 16} = 0.727$$

当缀件为斜腹杆体系时

$$\varphi_{lx}^* = 1 - 0.0575\sqrt{\lambda_x^* - 16} = 1 - 0.0575\sqrt{28.34 - 16} = 0.798$$

$$\varphi_{ly}^* = 1 - 0.0575\sqrt{\lambda_y^* - 16} = 1 - 0.0575\sqrt{30.54 - 16} = 0.781$$

(6) 计算承载力

根据式 $N_u^* = \varphi_l^* \varphi_e^* N_0^*$，由于是轴压，所以 $\varphi_e^* = 1$

根据式 $$N_0^* = \sum_1^i N_0$$

根据式 $$N_0 = f_c A_c (1 + \sqrt{\theta} + \theta)$$

根据式 $$\theta = \frac{fA_s}{f_c A_c} = \frac{215}{19.1} \times \frac{2\ 970}{26\ 590} = 1.26$$

$$N_0 = 19.1 \times 26\ 590 \times (1 + \sqrt{1.26} + 1.26) = 1715.9\text{kN}$$

$$N_0^* = 4N_0 = 6\ 863.6\text{kN}$$

当缀件为平腹杆体系时

$$N_{ux}^* = \varphi_{lx}^* \varphi_{ex}^* N_0^* = 0.737 \times 1 \times 6\ 863.6 = 5\ 058.5\text{kN}$$

$$N_{uy}^* = \varphi_{ly}^* \varphi_{ey}^* N_0^* = 0.727 \times 1 \times 6\ 863.6 = 4\ 989.8\text{kN}$$

当缀件为斜腹杆体系时

$$N_{ux}^* = \varphi_{lx}^* \varphi_{ex}^* N_0^* = 0.798 \times 1 \times 6\ 863.6 = 5\ 477.1\text{kN}$$

$$N_{uy}^* = \varphi_{ly}^* \varphi_{ey}^* N_0^* = 0.781 \times 1 \times 6\ 863.6 = 5\ 360.4\text{kN}$$

因此，承载力决定于平面外稳定，承载力为 $N_{uy} = 4\ 989.8\text{kN}$

2. 单肢稳定

通常不必进行单肢稳定验算，单肢稳定能够保证，但应满足下列条件：

平腹杆格构式构件 $\lambda_1 \leqslant 40$ 且 $\lambda_1 \leqslant 0.5\lambda_{max}$

斜腹杆格构式构件 $\lambda_1 \leqslant 0.7\lambda_{max}$

式中：λ_{max}——构件在 Ox 轴和 Oy 轴方向换算长细比的较大值；

λ_1——单肢长细比。

通过计算能够满足要求。

3. 腹杆承载力计算

(1)斜腹杆

钢管 $\phi76\times3$

$$I_1=459\ 100\text{mm}^4$$

$$i=\sqrt{\frac{I_1}{A_1}}=25.8\text{mm}$$

$$V=\frac{N_0^*}{85}=\frac{6\ 863.6}{85}=80.75\text{kN}$$

斜腹杆长度:

$$l_1=\sqrt{1\ 200^2+1\ 500^2}=1\ 920.9\text{mm}$$

$$\lambda_1=\frac{l_1}{i_1}=\frac{1\ 920.9}{25.8}=74.5$$

由于管内无混凝土,属于空钢管查《钢结构设计规范》(GB50017—2003)得 $\varphi_d=0.81$

则斜腹杆的承载力为

$$N_d=\varphi_d fA_1=0.81\times215\times688=112419(\text{N})=119.8\text{kN}$$

实际受到的轴心力为

$$N=\frac{V}{2\cos45°}=\frac{1}{2}\times80.75\times\frac{1\ 920.9}{1\ 200}=64.6(\text{kN})<N_d$$

故满足要求。

(2)平腹杆验算

$$I_1=5\ 993\ 079\text{mm}^4$$

$$i=\sqrt{\frac{I_1}{A_1}}=51.3\text{mm}$$

$$l_1=750\text{mm}$$

$$W=61\ 948\text{mm}^3$$

水平杆所受剪力

$$T=\frac{2\times750}{800}\times\frac{V}{4}=\frac{1\ 500}{800}\times\frac{80.75}{4}=37.85\text{kN}$$

$$M_1=\frac{800}{2}\times T=\frac{800}{2}\times37.85=15\ 140.6\text{kN}\cdot\text{mm}=15.14\text{kN}\cdot\text{m}$$

$$\sigma=\frac{M_1}{W_1}=\frac{15\ 140\times10^3}{61\ 948}=244.4\text{N/mm}^2>f=215\text{N/mm}^2$$

$$\tau=\frac{T}{A_1}=\frac{37.85\times10^3}{2\ 280}=16.6\text{N/mm}^2<f_v=120\text{N/mm}^2$$

以上可以看出水平腹杆不满足要求($\sigma>f$),可以把管壁加厚,或管径加粗。

习　题　6

1. 什么是含钢率？什么是套箍系数？两者之间有何关系？
2. 简述短柱和长柱随套箍系数变化可能出现的破坏情况。

3. 简述纯弯构件的工作原理。

4. 某两端铰接的圆钢管混凝土轴心受压柱，柱长 15m，钢管为 $\phi273\times8$，采用 Q235 钢材，管内填 C45 混凝土，试按三种不同规范计算其轴心受压承载力。

5. 题目条件与第 4 题相同，但两端轴向压力的偏心距为 100mm，试按三种不同规范计算其轴心受压承载力。

6. 某两端铰接的钢管混凝土轴心受压柱，柱长 6m，压力设计值为 2 400kN，采用 Q235 钢材和 C40 混凝土，试按圆形截面和方形截面设计该构件。

7. 一偏心受压方钢管混凝土柱，两端铰接，柱截面尺寸 $bh=500\text{mm}\times500\text{mm}$，管壁厚度 10mm，采用 Q235 钢材，柱长 5m，承受偏心压力设计值 6 200kN，偏心距 150mm，不考虑抗震，钢管无削弱，试验计算构件的强度和稳定性。

8. 某轴心受压四肢格构柱，计算长度为 $l_{0x}=17\ 500\text{mm}$，$l_{oy}=35\ 000\text{mm}$，格构柱节间长度为 1 200mm，采用 Q235 钢材，C30 混凝土，截面同图 6.7.4，试求其承载力。

第7章　其他新型组合结构

纤维混凝土结构是几十年来出现的有别于钢筋混凝土结构和型钢混凝土结构的新型结构形式。纤维混凝土具有良好的抗拉、抗弯、抗剪、抗折、抗冲击及耐疲劳的特性。此外,在混凝土中加配玻璃纤维也能改善构件的受力性能。

钢筋混凝土外包钢板构件是近年来投入研究与应用的一种组合结构形式,可以用于新建工程,也可以用于旧建筑的结构加固。在构件(梁、柱)端部或跨间加包钢板箍后,不仅能局部提高构件抗压强度与抗剪强度,而且能改善构件与结构的延性。钢板箍常加于柱子端部及梁的剪力较大区域。

本章简要介绍钢纤维混凝土的研究和应用,关于钢纤维混凝土结构构件和钢筋混凝土外包钢结构的设计和计算请参考其他相关书籍资料。

§7.1　纤维混凝土的定义、分类与特性

纤维增强混凝土(Fiber Reinforced Concrete,缩写为 FRC)简称纤维混凝土,是在对混凝土改性过程中应运而生的,这种混凝土是以水泥浆、砂浆或混凝土为基体,以非连续的短纤维或连续的长纤维作为增强材料所组成的水泥基复合材料的总称。

纤维混凝土以其基体材料不同,可以分为:

(1) 纤维水泥。由纤维与水泥浆或掺有细粉活性材料或填料的水泥浆组成的复合材料,多用于建筑制品,如石棉水泥瓦、石棉水泥板、玻璃纤维水泥板等;

(2) 纤维砂浆。在砂浆中掺入纤维而形成的,多用于防裂、防渗结构,如聚丙烯纤维抹面砂浆、钢纤维防水砂浆等;

(3) 狭义的纤维混凝土,专指基体含有粗骨料的混凝土。依基体混凝土的特征,又可以分为纤维轻质混凝土、纤维膨胀混凝土、纤维高强混凝土等。

纤维混凝土以纤维弹性模量是否高于基体混凝土的弹性模量,可以分为:

(1) 高弹模纤维混凝土。高弹模纤维有:钢纤维、不锈钢纤维、钢棉等金属纤维;石棉、矿棉、玻璃纤维、碳纤维、陶瓷纤维等无机非金属纤维;芳纶纤维、高弹模聚乙烯纤维等高弹模合成纤维。

(2) 低弹模纤维混凝土。低弹模纤维有:纤维素纤维、麻纤维、草纤维等天然有机纤维;聚丙烯纤维、聚丙烯晴纤维、尼龙纤维等合成纤维。

目前常用的几种纤维混凝土有:钢纤维混凝土(SFRC)、玻璃纤维混凝土(GFRC)、碳纤维混凝土(CFRC)以及合成纤维混凝土(SNFRC),合成纤维混凝土中聚丙烯纤维混凝土应用最广。为了获得需要的纤维混凝土特性和较低成本,有时将两种或两种以上纤维复合使用,称为混杂(混合)纤维混凝土。

通常，纤维是短切、乱向、均匀分布于混凝土基体中，但是有时采用连续的纤维（如单丝、网、布、束等）分布于基体中，这种混凝土称为连续纤维增强混凝土。

在纤维混凝土中，纤维对基体的作用概括起来主要有三种：阻裂、增强、增韧。阻裂作用是指纤维对新拌混凝土早期性收缩裂缝和硬化后的收缩裂缝产生和扩展的阻碍作用；纤维对基体的增强作用主要为对抗拉强度的提高，相应的以拉应力为控制破坏的，如弯拉强度（又称抗折强度、抗弯强度、折断模量）、抗剪强度等也随之提高；材料的韧性通常是指材料在各种受力状态下进入塑性阶段保持一定抗力的变形能力；纤维混凝土与普通混凝土相比各种物理力学性能的改善都和这三种作用有关。与普通混凝土相比，纤维混凝土具有以下特点：

(1) 纤维混凝土的抗拉强度、弯拉强度、抗剪强度均有所提高，尤其是对于高弹模纤维混凝土或高含量纤维混凝土提高的幅度更大。

(2) 纤维在基体中可以明显降低早期裂缝，并可以降低温度裂缝和长期收缩裂缝。

(3) 纤维混凝土的裂后变形性能明显改善，弯曲韧性（P-Δ 曲线下某一变形前的面积）提高数倍到数十倍，压缩韧性也有一定程度的提高，极限应变有所提高。受压破坏时，基体裂而不碎。

(4) 纤维混凝土的收缩变形和徐变变形较基体混凝土有一定程度的降低。

(5) 纤维混凝土的抗压疲劳和抗弯拉疲劳性能，以及抗冲击和抗爆炸性能显著提高。

(6) 高弹模纤维混凝土用于钢筋混凝土和预应力混凝土构件，可以显著提高构件的抗剪强度、抗冲切强度、局部受压强度和抗扭强度并延缓裂缝出现，减小裂缝宽度，提高构件的裂后刚度和延性。

(7) 由于纤维可以减少混凝土微裂缝和阻止宏观裂缝扩展，故可以使其耐磨性、耐侵蚀性、耐冲刷性、抗冻融性和抗渗性均有不同程度的提高；降低侵蚀介质侵入基体的速率，有利于钢筋混凝土构件中钢筋的抗腐蚀。

(8) 纤维混凝土的耐腐蚀和耐老化与纤维品种和基体特性有关。如钢纤维混凝土，当基体混凝土满足耐久性要求时，钢纤维的锈蚀基本在表面5mm范围内，且不锈胀，故可以满足结构耐久性要求。合成纤维耐紫外线老化性能低，如聚丙烯纤维，由于水泥石和骨料的保护，基体内部纤维不产生老化，纤维老化基本在构件表面5mm范围内，细微的老化纤维也不会对表面混凝土强度和密实性产生明显影响。

(9) 在配合比设计和拌合工艺上采取相应措施可以使纤维在基体中分散均匀，使拌合物具有良好的施工性能。由于拌合物粘聚性增加，可以用于某些特殊施工需要。如掺加合成纤维来增加水下混凝土的分散性等。

§7.2 钢—聚丙烯纤维混凝土的增强机理

7.2.1 复合材料力学理论

从复合材料观点来看，一般可以将混凝土材料的组织结构分为三级，即：硬化水泥浆、砂浆和混凝土。第一级混凝土可以看做砂浆为基相，粗骨料为分散相，粗骨料与砂浆的结合面为薄弱面,该处产生结合缝,混凝土的破坏则首先从这些结合缝开始。第二级砂浆可以看做水泥浆为基相,砂为分散相,砂与水泥浆的结合缝是薄弱面,常产生结合缝,其尺寸比砂浆与粗骨料的结合缝至少小一个数量级。第三级硬化水泥浆可以看做硬化水泥浆体为基相,一些缺陷如未水化的水泥颗粒和孔隙可以看做分散相。相关研究表明,这些缺陷的尺寸又比砂和水泥浆的结合缝至少小几个数量级。显然,各种不同尺度的纤维可以阻止各级裂缝的发展,在高性能混凝土中,掺加钢—聚丙烯混杂纤维可以填充各级裂缝,从而实现各种纤维的最佳效能。

将纤维混凝土材料视为多相系统,根据复合材料力学混合律法则,复合材料的强度和弹性模量等性能符合复合体内各组分性能的弹性叠加原理。假定:纤维和水泥基材为各向同性均质材料,均呈弹性变形;纤维沿受力方向均匀平行排列,并且是连续的;纤维与基体变形协调一致,无相对滑移和错动。

根据弹性叠加原理有:在单向受力纤维顺向均匀分布的条件下,纤维混凝土的应力为纤维应力乘以其体积率与基体应力乘以体积率之和,纤维混凝土的弹性模量为纤维弹性模量乘以其体积率与基体弹性模量乘以体积率之和。根据材料力学原理,在相同应变下,纤维的应力与基体应力之比等于两者弹性模量之比。根据这一理论,在纤维掺量相对较低情况下,纤维混凝土的强度和弹性模量提高是有限的。考虑纤维不连续的影响、纤维的方向有效系数(为所有纤维沿纤维方向上的受力在复合体受力方向上投影之和与同体积纤维按复合体受力方向排列时的受力之和的比值)的影响。纤维的方向由于受到试模边壁、骨料界面、浇筑振捣、重力效应等因素的影响,其分布方向较为复杂,很难准确计算出方向系数,但上述模型能为考虑纤维的增强效果提供一个分析的依据。

纤维在基体中的分散均匀性也是影响纤维对基体的增强效果的因素。以钢纤维混凝土为例,对纤维分散度产生不利影响的主要因素有:纤维过于细长或带有不利于分散的弯钩,纤维体积率太高,骨料粒径偏大,拌合物坍落度太低,拌合投料顺序和方法不当,浇筑和振捣方法不当等。

开裂阶段纤维粘结性能的影响。相关试验研究表明,纤维与基体的粘结强度取决于基体的强度和纤维的形状及界面特性。基体强度高,纤维与基体间的粘结和咬合作用强,则粘结力高。基于这种分析,纤维粘结力可以采用下列计算模式

$$\tau \approx \eta_f \sigma_m \tag{7.2.1}$$

这里假定粘结力 τ 与基体抗拉强度成正比。η_f 则为与纤维粘结效能有关的系数,与纤维品种及形状等因素有关。当纤维表面摩阻力大时,η_f 高。对于钢纤维等刚度较高的纤维,纤维形状有很大影响,两端大头形,带弯钩和表面凹凸不平都能增加其与基体的咬合力 η_f 高。

在极限状态时,如果纤维是从基体拔出,则公式(7.2.1)仍适用,如果纤维被拉断,则式(7.2.1)不适用,式中 $\eta_f \tau \dfrac{l_f}{d_f}$ 应代之以纤维拉断强度 l_f,然而由于部分纤维分布的随机性,即使出现纤维被拉断,也有的被拔出,因此准确计算是很困难的,只有针对不同强度等级的基体和不同纤维品种的情况,采用依据试验数据回归分析的方法,才能得出实用公式。

7.2.2 纤维间距理论

1. Romualdi 的经典理论

纤维间距理论又称“纤维阻裂机理”，是1963年由J. P. Romualdi、B. Batson与Mandel提出的，该理论建立在线弹性断裂力学的基础上，认为混凝土内部有尺度不同的微裂缝、孔隙和缺陷，在施加外力时，孔、缝部位产生大的应力集中，引起裂缝的扩展，最终导致混凝土破坏。因此，在脆性基体中掺入纤维后，在复合材料结构形成和受力破坏的过程中，有效地提高了复合材料受力前后阻止裂缝引发与扩展的能力，达到纤维对混凝土增强和增韧的目的。

对顺向连续纤维增强混凝土，假定纤维沿拉力方向以棋盘状均匀分布于基体中。纤维间距为s、裂缝（半宽为a）发生在四根纤维所围成的区域中心。在拉力作用下，在裂缝的纤维周围将产生粘结力τ分布图形。粘结力τ对裂缝尖端产生一个反向的应力场，从而降低裂缝尖端的应力集中程度，纤维对裂缝的扩展起约束作用。此时，裂缝尖端产生一个与基体裂缝尖端相反的应力强度因子，总应力强度因子降低为

$$K_T = K_\sigma - K_f \tag{7.2.2}$$

或

$$K_T = \frac{2\sqrt{a}}{\pi}(\sigma_{fc} - \tau) \leqslant K_{1c} \tag{7.2.3}$$

式中：K_T——复合材料实际应力强度因子；

K_σ、K_f——外力作用下无纤维时应力强度因子，因纤维掺入相反的应力强度因子；

K_{1c}——临界应力强度因子；

σ_{fc}——沿纤维方向施加的均匀拉应力；

τ——纤维对混凝土裂后附加应变的阻力在纤维与基体界面上产生的最大剪应力。

当$K_T \geqslant K_{1c}$时，材料发生断裂破坏，根据这一理论，Romualdi等提出纤维间距s对混凝土抗拉强度有显著影响的观点。若设$2a = s\sqrt{2}$，则纤维混凝土抗拉强度为

$$f_{fc} = \frac{K_{lc}}{Y\sqrt{a}} = \frac{0.84K_{lc}}{Y\sqrt{s}} = \frac{K}{\sqrt{s}} \tag{7.2.4}$$

式中：K_{lc}——钢纤维混凝土临界应力强度因子；

Y——与裂缝形状有关的常数；

K——与K_{1c}、Y有关的常数；

S——定向长纤维平均间距，粘结力τ。

J. P. Romualdi对定向钢纤维混凝土试件进行了弯拉与劈拉试验，进一步提出钢纤维混凝土的强度只由纤维的平均间距控制的观点。

1964年，J. P. Romualdi和J. A. Mandel将上述概念用于均匀分布的乱向短纤维增强混凝土中，经过试验表明，纤维混凝土的初裂应力与纤维间距的平方根成反比。非连续纤维在混凝土中主要起阻裂作用，其阻裂效应很大程度上取决于纤维的平均间距s值与单位体积纤维混凝土中纤维的根数n值。实际上，当乱向短纤维的尺度为0.4mm×0.6mm×25mm，体积率$\rho_f = 2\%$，每立方米钢纤维混凝土纤维重157kg，则有333万根纤维均布于混凝土中；若$\rho_f = 1\%$，则只有166万根纤维在混凝土中均匀又乱向分布，两者纤维间距不同，其增强效率则显著有别。s值和n值分别由下式导出

$$s = 12.5d\sqrt{\frac{l}{\rho_f}} = 12.5d\sqrt{\frac{10r}{W}} \tag{7.2.5}$$

$$n = 1\,\frac{1.27}{d^2 lr}\times 10^6 \tag{7.2.6}$$

式中：s——纤维平均间距（纤维中心间距的平均值），mm；

d——纤维直径，mm；

ρ_f——纤维的体积掺量，%；

r——纤维的密度，g/cm^3；

W——单方纤维混凝土中纤维的重量，kg/cm^3；

n——单方纤维混凝土中纤维的重量，$/m^3$；

l——每根纤维的长度，m。

2. 其他研究者的扩展理论

其他研究者在 Romualdi 理论的基础上根据纤维的不同取向与四周边界条件而提出另外的计算公式，这些计算公式均列于表 7.2.1 中。

表 7.2.1　纤维混凝土中的纤维平均间距计算公式

计算公式	提出者	备　注
$S=13.8d\sqrt{\frac{1}{\rho_f}}$	Romualdi Mandel	d——纤维直径 ρ_f——纤维体积率 v_1——一根纤维的体积 η_0——纤维取向系数 SFS——单位体积纤维混凝土中纤维的表面积 B——矩形截面纤维的宽度 H——矩形截面纤维的厚度 l——纤维长度 l'——纤维长度的半数值 η——常数，取决于纤维的几何形状 K_t——粘结长度系数 σ——纤维的拉应力 d——对照纤维直径
$S=\sqrt[3]{\frac{v_1}{\rho_f}}$	Me Kee	
$S=8.8d\sqrt{\frac{1}{\rho_f}}$（一维，1D） $S=11.0d\sqrt{\frac{1}{\rho_f}}$（二维，2D）	Haynes	
$S=11.1d\sqrt{\frac{1}{\rho_f}}$（三维，3D）	Parimi，Rao	
$S=8.85d\sqrt{\frac{1}{\rho_f}}$（一维，1D） $S=11.1d\sqrt{\frac{1}{\rho_f}}$（二维，2D） $S=12.5d\sqrt{\frac{1}{\rho_f}}$（三维，3D）	Krenchel	
$S=\frac{5}{\sqrt{\frac{\pi}{\eta_0}}}d\sqrt{\frac{1}{\rho_f}}$	小林一辅，赵力采	
$S=3.11\frac{\sqrt{\rho_f}}{SFS}$ $S=3.89\frac{\sqrt{\rho_f}}{SFS}$	沈荣熹	

续表

计算公式	提出者	备注
$S=4.88\frac{\sqrt{\rho_f}}{SFS}$		
$S=15.6\sqrt{\frac{bh}{\rho_f}}$	Bail, Grim	
$S=12.5d\sqrt{\frac{l}{\rho_f}}$	Gtenehoba	
$S=8.85d\sqrt{\frac{1}{\rho_f\eta}}\sqrt{\frac{l'}{K_2 d}}$	Kar, Pal	
$S=8.85d\sqrt{\frac{1}{\rho_f}}$	Swamy, Mangat	

小林一辅根据钢纤维混凝土试验结果，进一步提出了基于纤维间距理论的抗拉强度计算公式

$$f_{fc}=K\left(\frac{1}{\sqrt{S}}-\frac{1}{\sqrt{S_c}}\right)+f_m \tag{7.2.7}$$

式中：s_c——钢纤维产生增强效果的纤维间距上限值；

K——主要由纤维粘结强度决定的常数，对于钢丝切断的直纤维，$K=4.5$，对于薄板剪切钢纤维，$K=5.7$。

式(7.2.7)表明，纤维间距低于 s_c，纤维的增强效果才得以发挥，即纤维的体积率太低时，纤维对抗拉强度就不起改善作用；纤维对基体抗拉强度的增强效果与纤维体积率的四次方根成正比，与纤维直径的平方根成反比，与纤维和基体的粘结强度成正比。但以钢纤维混凝土而论，在一定程度上低估了纤维体积率的作用。

由于纤维在裂缝处的排列分布和方向都是随机的，当发生纤维拉断时，对于粘结长度较短的仍可以拔出，所以准确计算临界纤维体积率是困难的。

纤维混凝土的纤维最小体积率总是与纤维在复合材料中的：阻裂、增强、增韧功能相联系的。对于混凝土、砂浆早龄期防止收缩裂缝，常采用低弹性模量的合成纤维如聚丙烯纤维等，其最小体积率往往是通过平板式或环筒式干缩对比试验确定。目前对聚丙烯纤维混凝土中聚丙烯纤维的最低掺量为 0.5kg/m^3(ρ_{pf}为 0.055%)。

对于钢纤维混凝土，由于应用条件不同，目前尚无统一的最小体积率要求，CECS38：2004 中规定：钢纤维混凝土中的钢纤维体积率应根据设计要求确定，且不应小于 0.35%；对高强度(抗拉强度不低于 1000N/mm^2)的异形钢纤维不应小于 0.25%。根据对纤维混凝土韧性的要求来确定最小体积率，或根据纤维间距理论，结合试验规律得出 s_c 从而确定最小体积率。

§7.3 纤维增强高性能混凝土的发展及应用

纤维混凝土是在对混凝土改性过程中产生的，是以水泥浆、砂浆或混凝土为基材，以非连续的短纤维或连续的长纤维作为增强材料所组成的水泥基复合材料的总称。纤维混凝土

可以分为:钢纤维混凝土(SFRC)、玻璃纤维混凝土(GFRC)、碳纤维混凝土(CFRC)以及合成纤维混凝土(SNFRC)。在实际工程中已经使用的纤维混凝土主要为:钢纤维混凝土、碳纤维混凝土、聚丙烯纤维混凝土;处于研究与开发阶段的则有钢纤维、碳纤维、玻璃纤维和合成纤维的两相或多相混杂纤维混凝土。

7.3.1 钢纤维混凝土的发展及应用

钢纤维增强混凝土的早期应用可以追溯到:1849 年法国花匠莫尼尔在水泥中加入细铁丝网制成花盆和种桔树用的铁丝水泥桶;1855 年法国工程师蓝伯特用细铁条增强水泥制成一艘水泥船并获得专利;1910 年美国学者波特 Porter 把薄钢片掺入混凝土中改善混凝土的抗拉强度和抗冲击性并获得专利;1963 年罗缪第(Romualdi)和巴特森(Baston)发表了《纤维阻裂机理》一文,提出混凝土开裂机理中钢纤维间距影响理论,促进了钢纤维混凝土的开发和应用。1964 年丹麦学者 Krenchel 的博士论文《Fibre Reinforcement》首次应用复合材料理论探讨了纤维增强屋脊胶凝材料的机理。钢纤维混凝土以其优良的抗拉、抗弯、抗剪、阻裂、耐冲击、耐疲劳、高韧性等性能被广泛应用于建筑、公路路面、桥梁、隧洞、机场道面、水工、钢工、军事工程和各种建筑制品领域。

20 世纪 70 年代纤维混凝土技术传入中国,中国土木工程学会纤维水泥与纤维混凝土委员会于 1986 年在大连召开了第一届全国纤维水泥与纤维混凝土学术会议。1991 年在大连成立"中国土木工程学会纤维混凝土委员会",至今,在哈尔滨、武汉、南京等 11 个城市已召开了共 11 届纤维水泥与纤维混凝土学术会议。钢纤维混凝土被广泛应用于高层建筑工程中。

美国推出的钢纤维混凝土的设计和施工规程有:1978 年 ACI544 委员会制定了《纤维混凝土性能测试》,并于 1983 年进行了修订,1984 年制定了《纤维混凝土分类》,《拌和及浇筑成型指南》,并于 1993 年进行了修订。日本土木工程协会(JSCE)于 1982 年制定了《纤维混凝土设计指南》,日本混凝土协会(JCI)于 1984 年制定了《纤维混凝土试验方法标准》。在参考国外这些试验方法和设计施工规程及结合我国科研应用实践的基础上,1989 年中国工程建设标准技术委员会批准颁布了《钢纤维混凝土试验方法》(CECS 13:89)、1992 年颁布《纤维混凝土结构设计与施工规程》(CECS 38:92)、2004 年颁布了《 纤维混凝土结构技术规程》(CECS 38:2004)。《纤维混凝土结构技术规程》中对钢纤维混凝土构件承载力极限状态计算和正常使用极限状态验算都有详细的规定,给出了钢纤维部分增强钢筋混凝土深梁斜截面受剪承载力计算公式以及正截面抗裂弯矩计算公式,但还没有给出正截面受弯承载力计算公式。

7.3.2 聚丙烯纤维混凝土的研究及应用

20 世纪 60 年代,Goldfein 等研究用合成纤维作水泥砂浆增强材料的可能性,发现尼龙、聚丙烯与聚乙烯等纤维能助于提高水泥砂浆的抗冲击性。Zollo 等的试验结果表明:若在混凝土中掺加体积率为 0.1% ~0.3% 的聚丙烯纤维时,可以使混凝土的塑性收缩减少 12% ~25%。德国学者 Messrs P Baremhutes Rheda - Wiedenbruck 研究发现:掺加聚丙烯纤维能提高混凝土的抗裂及抗渗性能,抑制混凝土早期裂缝的产生。美国成立以 Northwestern 大学为主的 ACBM(Advanced Cement Based Materials)研究机构,研究水泥、混凝土及复合材料的技术应用。

20 世纪 70 年代初期,英、美等国已开始将聚丙烯单丝纤维用于某些混凝土制品与工程中,所有纤维的直径与钢纤维相近(0.22 ~ 0.25mm),纤维体积率为 0.5% 左右。20 世纪 70 年代中期美国成功开发聚丙烯膜裂纤维(fibrillated polypropylene fiber),膜裂后的单丝纤维直径减小为 48 ~ 62μm,并使纤维的体积率减少至 0.1% ~ 0.2%。

20 世纪 80 年代初,美国成功开发单丝纤维直径为 23 ~ 62μm,在纤维体积率为 0.05% ~ 0.2% 时即有明显的抗裂与增韧效果。近几十年来,低掺率的合成纤维混凝土在美国与加拿大的地下防水工程、工业与民用建筑屋面、墙体、地坪、水池、道路以及桥梁工程中广泛应用,目前合成纤维混凝土占美国所用混凝土总量的 8% 以上。

20 世纪 90 年代初,美国生产的有机纤维进入中国市场,合成纤维混凝土在中国开始应用,1998 年 5 月 15 日,由国家建设部科技发展促进中心主办的,香港恒律发展有限公司协办的"美国杜拉纤维技术研讨会"在北京举行、国内数十位科研、设计、施工单位的专家出席了会议,《美国杜拉纤维技术研讨会纪要》的印发,推开了合成纤维应用的新局面,许多科研机构进行了聚丙烯纤维混凝土的研究,深圳等地已将杜拉纤维的使用方法写入《建筑防水构造图集》。

国外在聚丙烯纤维混凝土基本性能研究的基础上,已有一定延伸:Sydney Fulan Jr. 等学者对 14 根混凝土梁做了抗剪试验,指出与素混凝土梁相比,抗剪强度、刚度(特别在第一开裂期后)和韧性都有所提高,同时还研究了箍筋对纤维混凝土的影响。G. D. Manolis 等学者试验了一系列纤维含量不同、支撑条件不同的聚丙烯纤维混凝土板抗冲击性能与自振周期,发现纤维的引入对混凝土板的抗冲击性能随纤维含量的增加逐级提高,但对自振周期基本无影响。

2000 年 10 月,复旦大学体育中心游泳馆露天游泳池工程采用纤维混凝土成功解决了超长无遮盖架空式混凝土结构的技术难题,并编制了《钢筋聚丙烯纤维混凝土超长结构抗裂防渗施工方法》。

在中国境内采用美国杜拉纤维混凝土的建筑工程已数以千计,其中重大工程如:

(1)广州新中国大厦的钢管混凝土柱和地下室底板工程中,将杜拉纤维掺加入高强混凝土中,提高了高强混凝土的抗裂性及延性(参见:罗赤宇 纤维高强混凝土 全国第七届纤维水泥与纤维混凝土学术会议论文集,1998.10 中国铁道出版社。朱江 聚丙烯纤维混凝土的防水性能及其应用,防水材料与施工,2000.3)。

(2)重庆世界贸易中心地下停车场地坪工程中:在混凝土中掺加杜拉纤维,混凝土地坪与楼板粘结牢固叠合成整体,提高了楼板的承载能力,增强了地坪的抗冲击能力和耐磨蚀性能(参见:舒华彬 泵送 C20 杜拉纤维混凝土地坪全国第七届纤维水泥与纤维混凝土学术会议论文集,1998.10 中国铁道出版社)。

(3)广州名汇商业大厦工程中:成功配制出大流动度、高抗渗、高抗裂、早期强度高、后期强度不倒缩、体积稳定性和粘聚性良好的纤维高性能混凝土(参见:詹国良等,纤维高性能混凝土,广东土木与建筑,2001.3)。

(4)重庆金厦苑大厦的转换层结构混凝土中掺加杜拉纤维,使高强混凝土的抗裂性及延性得到提高,克服了高强混凝土的脆性。

(5)深圳市市民中心工程西翼底板工程中掺加杜拉纤维提高了混凝土的综合性能、抗渗性能和抗裂性能明显提高,增加了混凝土的抗冲击及抗震能力(参见:范永法,杜拉纤维混凝土在深圳市市民中心工程上的应用,广东建材,2000.9)。

(6)北京中华民族园二期蓝海洋工程的地下三层长年浸在水中,采用掺加杜拉纤维的泵送混凝土有效控制了混凝土的开裂问题。

(7)以色列驻华大使馆工程中聚丙烯纤维混凝土的试验和施工应用证明:聚丙烯纤维混凝土能有效抑制混凝土收缩裂缝的产生,增加混凝土的抗折强度和抗裂性能。

(8)焦炭塔框架顶部现浇大厚板采用杜拉纤维,极为有效地控制了大体积混凝土的塑性收缩、干缩、温度变化引起的裂缝、防止并抑制裂缝的形成和开展,(参见:徐至钧,石化工程焦炭塔框架大厚板采用杜拉纤维混凝土,混凝土,2003/33/01)。杜拉纤维在石化工程、露天结构较多的高塔基础结构中具有广阔的应用前景,如内蒙古克旗风力发电塔基础工程等。

(9)广州市元岗油库综合楼预应力转换大梁中掺加杜拉纤维,缩小构件截面和减少钢筋用量,更便于施工,使转换梁的变形挠度极小并能抵消大体积混凝土的温度和收缩应力,改善结构的耐久性(参见:陈斌,杜拉纤维应用于预应力转换梁的施工技术,广东土木与建筑,2002.1)。

(10)中水广场大厦地下室工程、广州正佳商业广场地下底板工程、广州新白云国际机场航站楼地下工程、广州南方房产实业大厦地下工程、广州景藤大厦地下工程、广州棠下安居工程的8000m^2地下室部分、深圳裕桥花园13700m^2地下室部分、深圳世纪村二期住宅工程地下室工程、西安市南大街地下商业街、重庆市朝天门广场17000m^2观景台工程、福州市华福大厦的转换层大梁、福州市中美大厦的特型宽扁梁、广州花园酒店保龄球馆屋面、深圳怡宝蒸馏水厂7000m^2厂房屋面、广州地铁二号线公园前站结构自防水、深圳市少年宫巨型斜墙、重庆新东方大厦二期工程的转换层结构等工程中也成功地应用了聚丙烯纤维混凝土。

杜拉纤维等聚丙烯纤维在实际工程中的成功应用,推动了我国合成纤维混凝土的应用推广和研究。深圳市建设局制定颁布的《深圳建筑防水构造图集》和广东省建设厅颁布的《轻板墙体工程技术规程》就已经将杜拉纤维砂浆的相关内容写入规范性文件中,对杜拉纤维以至合成纤维的应用推广做了肯定。《纤维混凝土应用技术规程》(CECS38:2004)中也增补了有关合成纤维混凝土的应用规定。

7.3.3　混杂纤维增强高性能混凝土的研究与发展

普通混凝土是以强度作为主要控制指标的,而高性能混凝土是以耐久性为主要控制指标的,强度只起从属作用。配制高性能混凝土要求具有低的水胶比,一般控制在0.38以下,混凝土的单方用水量不超过180kg/m^3,因此,必须采用高效减水剂和活性掺合料作为混凝土的第五组分和第六组分,同时还必须掺加纤维材料作为第七组分。

在纤维混凝土中,纤维对基体的作用概括起来主要有三种:阻裂、增强、增韧。阻裂作用,是指纤维对新拌混凝土早期性收缩裂缝和硬化后的收缩裂缝产生和扩展的阻碍作用;纤维对基体的增强作用,主要为对抗拉强度的提高,相应的以拉应力为控制破坏的,如弯拉强度(又称抗折强度、折断模量)、抗剪强度等也随之提高;材料的韧性,通常是指材料在各种受力状态下进入塑性阶段保持一定抗力的变形能力;纤维混凝土与普通混凝土相比较,各种物理力学性能的改善,都和这三种作用有关。

用单一纤维对水泥基材改性,可以通过提高纤维掺量或增加纤维直径、长度的方法来增加材料的强度,提高韧性。然而,这些方法受一些因素的限制,如在纤维三维乱向分布增强水泥基复合材料中,纤维掺量过大,就难以均匀分布于基体中,超过一定量反而起不到增强、增韧的效果。提高纤维直径可以增韧,但纤维直径长径比低于一定值后其增强效果下降,更何况超细纤维的直径变化很小。纤维长度也不能过大,因为纤维长度太长,不仅难以在混凝土中均匀分散,而且会在搅拌过程中结团,影响纤维作用的发挥。同时当纤维长度大于其临界长度时,纤维将产生拔断破坏,虽其强度作用得到充分发挥,但增韧效果变差。因此,单一纤维的增强、增韧、阻裂作用是有限的。

采用高弹性模量纤维可以明显提高混凝土的强度,而低弹性模量、高延性大变形纤维掺入混凝土后可以明显提高其韧性,要同时提高混凝土的强度与韧性,用单一纤维难以实现。若在混凝土中同时掺入不同性能纤维混杂,能充分发挥各种纤维性能,达到逐级阻裂与强化的功能。因此,混杂纤维是制备高性能混凝土的一种途径。

1955 年在英国举办的"第 100 届国际建筑展览会"上,相关专家预测:未来的建筑技术和建筑材料将会有很大的发展,混凝土技术的发展极有可能采用非金属材料作为加强筋或增强材料,如果考虑"复合优势"的作用,那么更有发展前景的趋势可能是金属材料和非金属材料的联合使用。20 世纪 60 年代后期,纤维混杂(Fibre hybridization)最先用于树脂基复合材料。20 世纪 70 年代中期,Walton 与 Majumdar 最先对两种不同性质的混杂纤维增强水泥基复合材料进行试验研究,后来,许多学者开展了这方面的试验研究。

广义上,混杂纤维增强水泥基复合材料可以分为四种类型:

(1)主要纤维与辅助纤维的混杂。例如某些预制的纤维增强水泥制品中:用维纶、晴纶等在制品中起增强和增韧作用,同时掺加某种木浆纤维或海泡石纤维来吸附水泥浆并控制料浆过滤速率。

(2)不同尺度的同一种纤维的混杂。其中短而细的纤维,称为"微纤维"主要起着对水泥基材的增强作用,阻止与延缓裂缝在基材中的扩展,但当基材局部产生了大裂缝时必须借助于长而粗的"大纤维"来消耗更多的能量以延缓大裂缝的扩展与复合材料的破坏。孙伟等的研究表明:用三种尺度的钢纤维制造的钢纤维增强混凝土比一种尺度的钢纤维制造的混凝土在阻裂、抗渗性能、减少收缩方面均有明显的效果。

(3)尺度相近的不同类纤维的混杂。如将杨氏模量高的钢纤维或碳纤维与杨氏模量低的某些合成纤维混杂,此时钢纤维或碳纤维在基材出现中小宽度的裂缝时可以发挥最佳的增强作用,而合成纤维在基材出现较大裂缝时才充分发挥其增强、增韧作用。

(4)不同尺度与不同类纤维的混杂。如将长而粗的钢纤维与短而细的聚丙烯纤维混杂,以期在纤维尺度与纤维力学性能上同时起到混杂效应。

以下学者对钢纤维与合成纤维混杂增强机理进行了研究:Kobyashi 与 Cho 研究了钢纤维与丙纶纤维对混凝土的增强机理;许彬彬和张琪研究了钢纤维与维纶纤维对混凝土的增强机理;崔江余、王显耀和孙钰研究了钢纤维与丙纶纤维对水泥砂浆的混杂增强机理;赵景海、易成等研究了钢纤维与尼龙纤维对混凝土的增强机理。关于混杂纤维增强水泥基复合材料的混杂效应机制、不同尺度与性能的纤维混杂的优化以及该复合材料的设计等迄今尚处在初级阶段,其中 Soroushian 与 Elyamany, Qian 与 Stroeven ,Banthia 与 Nandakumar 应用断裂力学对这类复合材料进行了研究。同济大学的王成启对混杂纤维水泥基复合材料的特征、机理及应用进行了探讨,结果表明:混杂纤维是实现高性能水泥基复合材料的有效途径。

近年,由于国内钢纤维混凝土技术和聚丙烯纤维混凝土技术的飞速发展,许多学者对钢—聚丙烯纤维混杂纤维混凝土进行了大量研究,其中主要有:华东交通大学王凯的研究结果表明,在较低掺量下(总体积率0.9%),混杂纤维混凝土的抗压、抗拉强度、断裂性能和抗弯韧性得到了较显著的提高,使混凝土的破坏具有预征兆性,并在混凝土材料初裂后呈现优越的应变硬化行为,体现了两者的混杂效应。大连理工大学的黄承逵等学者的正交试验及对比试验研究结果表明:混杂纤维混凝土在总体上具有比素混凝土和单掺纤维混凝土优异的耐久性。混凝土材料采用复合超叠加的方式对混凝土性能起到的增强和改善作用是与复合材料增强理论基本符合的,起到了优势叠加作用。西北工业大学王浩的研究表明:混杂纤维是实现高性能水泥基复合材料的有效途径之一。并引用了总功效系数这一指标,对各个考核指标进行了考查,得到了钢—聚丙烯混杂纤维混凝土的最优组合条件,再经扩展试验确定了泵送C40钢—聚丙烯混杂纤维增强混凝土的推荐配合比。在多元线性回归中,以各显著因素为自变量,得出了坍落度、28d抗压强度和28d劈拉强度与各控制因素之间的线性表达式。武汉理工大学的王红喜等学者从不同尺度与不同性质的纤维在相应结构层次上叠加效应的角度阐述了水泥基复合材料的防渗抗裂机理。同济大学的王成启对混杂纤维水泥基复合材料的特性机理及应用进行了研究,结果表明,混杂纤维是实现高性能水泥基复合材料的有效途径,并综述高掺量粉煤灰混凝土的耐久性及改善耐久性的机理。高掺量粉煤灰混凝土是一种耐久性优良的混凝土,在工程实践中应大量采用。

第8章 组合结构体系及工程实例

组合结构是一个很大的范畴,其特点就是将由不同材料组成的多种结构或构件以适当的方式集合为一个统一的整体,共同抵抗外部荷载作用。包括钢—混凝土组合结构、木—混凝土组合结构、砌体墙—混凝土框架结构等多种不同的组合结构体系。

其中钢—混凝土组合结构是近年来发展起来的一种新型组合结构形式。钢结构具有重量轻、材料强度高、延性好、施工速度快及建筑内部净空尺寸大等优点,但其侧移刚度却显不足。混凝土结构则具有较大的侧移刚度和剪切承载力,相对于钢结构来说耗钢量小、材料费用低、防火性好。钢结构和混凝土结构共同组成新的结构,利用混凝土墙提供侧移刚度和水平承载力,利用钢构件承担竖向荷载,可以充分发挥两种结构各自的优点。

钢—混凝土组合结构最早于1972年用于美国的Gateway III Building,该建筑物35层,总高137m。我国直到1980年中期才开始将钢—混凝土组合结构用于高层建筑,但发展速度很快,具有很广阔的应用前景。

目前钢—混凝土组合结构体系可以方便地分为下列几种类型:剪力墙(核心筒)体系;剪力墙—框架协同工作体系;筒体系;采用巨柱的巨型框架体系;竖向混合体系等。

下面对近年发展起来的一些常见钢—混凝土组合结构体系作一介绍。

§8.1 剪力墙(核心筒)体系

在混凝土高层建筑中,广泛应用钢筋混凝土核心筒抵抗水平荷载。核心筒内包含了房屋服务部分,例如电梯、设备和电气房间、楼梯等,其简单形式是采用围绕着电梯井的C形或I形截面,并用连系梁将墙连在一起。在组合结构中,核心筒再次成为通用的抗侧力构件,因为建筑的现代趋势是喜欢将竖向构件放在建筑物周边。早些时候,这种体系被限制在30~40层范围内,但是由于超塑性掺合剂及高强混凝土的出现,现在可以将这种体系应用于更高的50~60层范围的高层建筑中。应用范围主要随着筒截面的有效高度而变。在房屋中采用4部大电梯大约可以使核心筒截面高度达到12m左右。剪力墙筒抵抗侧力基本上是弯曲变形,分析时也不会很复杂。

在只有钢筋混凝土核心筒的体系中,全部侧力由剪力墙抵抗,因此房屋的其他部分可以很方便地做成钢结构。在施工时是先做混凝土还是先做钢结构都可以,常常取决于所选择的施工方法。例如一种方法是先浇筑混凝土,采用提升模或滑模,然后再吊装周围的钢构件。虽然这时钢结构架设不像传统的钢结构建筑那样快,但总的施工时间可能减少,因为在筒的外部施工时,在筒内部可以快速地安装电梯、机械和电气服务设施。另外一种方法,是在剪力墙内设置钢柱作为安装骨架柱,其安装过程与传统钢结构相似,当钢结构安装到一定高度后,采用传统模板技术开始浇筑混凝土核心筒。为了使提升模更快地升到更高的楼层上去，在楼板中沿着剪力墙周围留出临时洞口。

这种体系的结构性能与由剪力墙承担全部侧向力的混凝土结构没有什么区别。如果全部侧向力由混凝土剪力墙抵抗，周围的简单框架就可以设计成只抵抗重力荷载的框架，因为没有焊接或重型螺栓等抗弯连接，钢结构的安装过程要快得多。楼盖无例外的是由压型钢板和混凝土叠合层做成，这种体系的优点是简化了钢构件加工和安装。因为柱子只承担重力荷载，采用高强钢材后可以节省一些材料，内柱和外柱都可以小一些，增加了可以利用的空间。

图 8.1.1 是上海希尔顿酒店的主楼平面。该建筑物地面以上 43 层，高 143 m，设防烈度为 7 度。采用混凝土核心筒—钢框架结构体系，利用楼层平面中心部位的竖井，布置一个多边形的钢筋混凝土核心筒，作为主要抗侧力构件。为了减小核心筒所引起的结构偏心，并进一步加强结构纵向的侧移刚度. 在三角形平面底边的两个角部，各设置一片 L 形钢筋混凝土剪力墙，作为楼面的承重体系。在核心筒的外侧，设置两排钢柱，与楼面钢梁共同组成钢框架。

由于混凝土核心筒和 L 形混凝土剪力墙具有很大的抗侧移能力，足以承担作用于整个结构上的风荷载或水平地震作用，钢框架仅需承担楼面竖向荷载，因而钢框架的梁和柱采用柔性的铰接连接方案，从而简化了施工。在施工顺序上采用交错施工方式，核心混凝土的浇筑，比钢框架的安装提前 5 层，而且达到一定强度的混凝土核心筒，可以作为吊装钢框架的稳定支撑，从而省去施工时拼接钢构件的临时支撑。楼层采用组合梁结构。

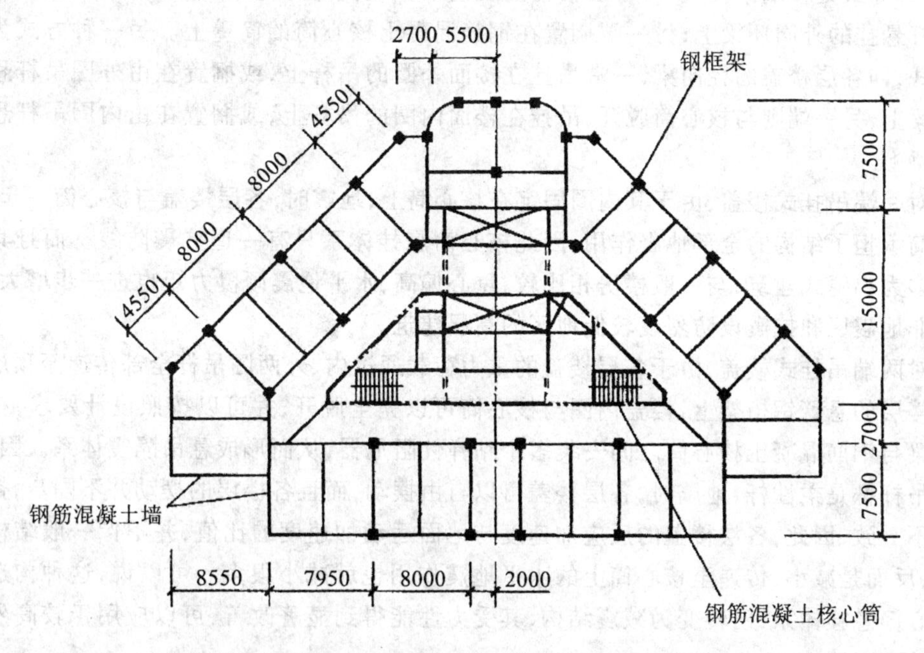

图 8.1.1　采用剪力墙核心筒—钢框架结构体系的上海希尔顿酒店平面简图

虽然传统方法是用核心筒抵抗侧向力，而核心筒对抵抗竖向荷载的作用有限，因为筒支承的楼板面积较小。在很高的建筑中，会产生很不利的稳定问题。但是在结构构件中，如果适当布置各楼层梁与板的走向，使钢筋混凝土核心筒多承担楼面的重力荷载，加大核心筒筒壁的竖向压应力,则可以提高核心筒抵抗倾覆力矩的能力,增加核心筒的侧向稳定性。将这种思路极端化,就产生了一种概念,即用单独的筒构件支承全部房屋。除了在观景上不会受到每层柱子的阻挡以外,这种悬挂结构还使建筑物入口处没有柱子阻挡。还有,只有筒结构方案比较容易满足现代建筑所要求的建筑物外表处理。钢楼盖通常由组合梁、压型钢板和混凝土面层组成。楼板梁一端简支在吊杆上,而在核心筒上设置墙窝或用浇在筒墙内的锚固板作为梁的支承。在筒完成以后,悬挂体系施工的第二阶段就是安装屋顶大梁,悬挂支承楼板的索。在筒和周围吊索之间安装典型楼层构件的过程与任何其他房屋一样。在安装压型钢板并进行了组合梁要求的焊接以后,接着浇筑混凝土面层。

由于每根吊杆都吊挂着十几层甚至更多的楼层,承担着很大的轴向拉力,因此吊杆一般均采用高强钢杆或钢丝束。为克服吊杆在高应力状态下由过量弹性伸长所造成的楼面倾斜,除了通过拉伸变形计算以调整吊杆长度外,也可以采取对吊杆施加预应力的办法来解决。

实际上,按照楼板面积的大小和楼层数的不同,有若干种用筒支承楼面的方案。例如:(1)楼板吊在中心筒的顶部;(2)用一层楼高的悬臂桁架,放置在一个或者两个中间楼层中,例如,放在建筑物的顶层和中间层。该方案的优点是减短了吊杆的长度,减少了对楼板水平度的要求;(3)每个楼层都做成悬臂的楼板体系。具体要按照每种方法的经济性选择合适的体系。

通常,各层楼盖是由楼板、径向钢梁、环向钢梁所组成,径向钢梁的支承方式可以分为两种,一种方式是一端吊挂式,即各层楼盖的径向梁,一端吊挂在楼面外圈的吊杆上,或搁置在由吊杆悬挂的外圈环梁上,另一端搁置在钢筋混凝土核心筒的筒壁上。另一种方式为两端吊挂式,即各层楼盖的径向梁,一端吊挂在楼面外圈的吊杆上,或搁置在由外圈吊杆悬挂的外环梁上,另一端则与核心筒脱开,吊挂在楼面内圈的吊杆上,或搁置在由内圈吊杆悬挂的内环梁上。

对一端吊挂式楼盖,由于其内圈固定在核心筒上,地震时,各层楼盖与核心筒一起振动,核心筒承担了结构的全部地震作用,因此核心筒悬挂体系只有一道抗震防线。而且其建筑体型多为鸡腿式建筑,与一般楼房相比较,重心偏高,水平地震倾覆力矩也进一步增大,仅适用于非地震区和抗震设防烈度较低地区的高层建筑。

对两端吊挂式楼盖,由于各层楼盖的重力荷载通过内、外两圈吊杆全部传递至顶层及某几个楼层的悬臂钢桁架上,楼盖内圈与核心筒可以完全脱开,并可以按照设计要求,在楼盖内环梁与钢筋混凝土核心筒之间安装多个粘弹性阻尼器,从而形成悬吊隔震体系。因为内、外圈吊杆都是柔性杆,地震时,各层楼盖可以自由摆动,而且各楼层的摆动并不同步,摆动方向也不一致,因此,各层楼盖的反应加速度与地面运动加速度的比值,并不像一般结构那样放大,反而是减小,传递至核心筒上的水平地震作用也就减小很多。可以说,这种构造方式的核心筒悬挂体系,已转变为减震结构,其受力性能得到显著改善,可以应用于较高烈度地震区的高层建筑。

图 8.1.2 为南非共和国约翰内斯堡市的标准银行大楼(Standard Bank),地面以上共 37 层,主体结构采用核心筒悬挂体系的组合结构,整座大楼设置 3 道悬挑结构,每一悬挑结构层,是由核心筒向四面悬挑出桁架,然后通过钢吊杆,悬挂其下的 12 层楼盖。钢筋混凝土核心筒是整个结构的主要承力构件,承担着整座大楼的全部水平荷载和重力荷载。

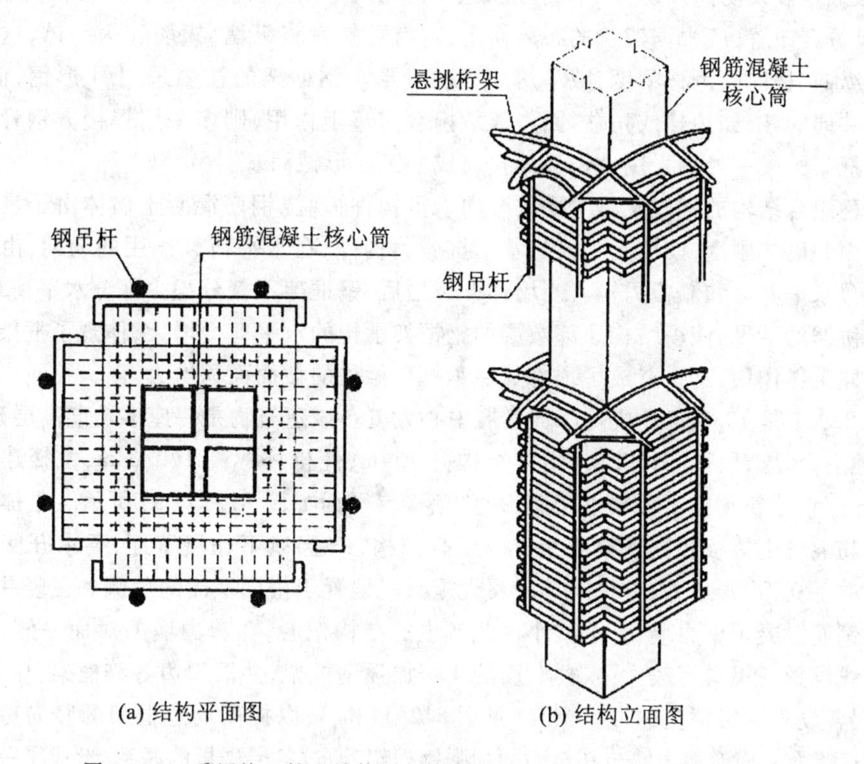

(a) 结构平面图　　(b) 结构立面图

图 8.1.2　采用核心筒悬挂体系的约翰内斯堡市标准银行大楼简图

§8.2　剪力墙—框架协同工作体系

在这种结构体系中，钢筋混凝土剪力墙(或型钢混凝土剪力墙)不能抵抗全部侧向荷载，要求在内部或外部设置其他抗弯框架，以补足剪力墙的抗侧刚度。如果框架在内部，通常用钢柱和钢梁，因为如果按照组合结构施工，那么用于内柱和梁的模板造价远远超过增加框架刚度所带来的好处。通常内柱在四边都有梁，在周围配置钢筋和支模板都是很麻烦的。相反，在外柱的外面做模板就相对容易一些。如果需要，外部裙梁也可以做成外包混凝土的，也不会引起太多的复杂性。如果钢结构架设先于混凝土施工，那么通常在剪力墙之间用钢梁作连系梁在造价上也是划算的。

混凝土剪力墙按其施工方法的不同可以分为两种，一种方法是预制混凝土剪力墙，另一种方法是现浇混凝土剪力墙。

如果是采用预制混凝土剪力墙，是以钢框架为主体，在钢框架之间布置若干块预制钢筋混凝土墙而成的一种组合结构形式。整个建筑的竖向荷载全部由钢框架承担，水平荷载如地震作用则主要由钢筋混凝土剪力墙承担。由于钢框架间布置了钢筋混凝土墙，组合结构的侧移刚度和水平剪切承载力得到显著的提高，地震作用下的层间侧移明显减小。

如果是采用现浇混凝土剪力墙，在一般情况下，则沿房屋的纵向和横向均应设置现浇钢筋混凝土墙体。墙体的水平截面可以是一字形、L 形、工字形或槽形。房屋纵墙和横墙的数量,应根据地震设防烈度的大小和房屋层数的多少,由相关计算确定。纵墙和横墙是连为一体,还是分开布置,应根据建筑的布局而定,若有可能宜将纵墙、横墙连为一体,这样可以增大房屋纵向、横向的侧移刚度,减小房屋侧向变形。钢框架的柱多采用 H 形钢,但纵向、横向框架共同的柱,如边柱或角柱,因可能承担双向弯矩作用,则多采用焊接方钢管或箱形截面。钢框架的梁一般均采用由钢板焊接而成的工字形截面。

这种组合结构的钢框架是主要的竖向承重构件,现浇钢筋混凝土墙体由于具有很大的水平截面和侧移刚度,因而是主要的水平抗侧力构件,在水平荷载作用的初期,由该墙体承担大部分水平剪力和倾覆力矩。当墙体开裂之后,钢框架不仅分担少部分水平荷载,而且由于变形协调的结果,使得结构顶部数层的钢框架承担的水平剪力增大,体现了框架和墙体之间的协同工作作用,这也造成了顶部数层钢框架梁柱的截面面积增大。

图 8.2.1 是 1988 年建成的深圳发展中心大厦。该建筑物是一座多功能高层建筑,地下一层,地上 39 层,屋顶塔楼 2 层,主体结构高 154m,停机坪标高 160.3 m,主楼建筑面积为 56000m^2。该建筑物的平面接近于圆形,典型楼层平面如图 8.2.1(a)所示。主体结构采用现浇钢筋混凝土墙板和钢框架所组成的组合结构,13 层以下作展览厅,要求开阔的大空间和开敞的正立面,管道井、电梯间等附属设施只能偏置于楼层平面的后侧。在竖井三个边布置槽形钢筋混凝土剪力墙,为了减小由此产生的结构偏心,在剪力墙的对面一侧,沿结构平面外边线设置一榀具有较大梁、柱截面的 4 跨加强钢框架,并沿周边各跨框架,在第 27 层和第 38 层各设置一层楼高的带状桁架(见图 8.2.1(b)),以提高周边框架的竖向剪切刚度和整体抗弯能力。槽形剪力墙与其对面的加强钢框架,通过各层楼板的联系,形成了一个完整的抗侧力体系。钢框架和现浇钢筋混凝土墙板共同承担水平荷载,竖向荷载主要由钢框架承担。

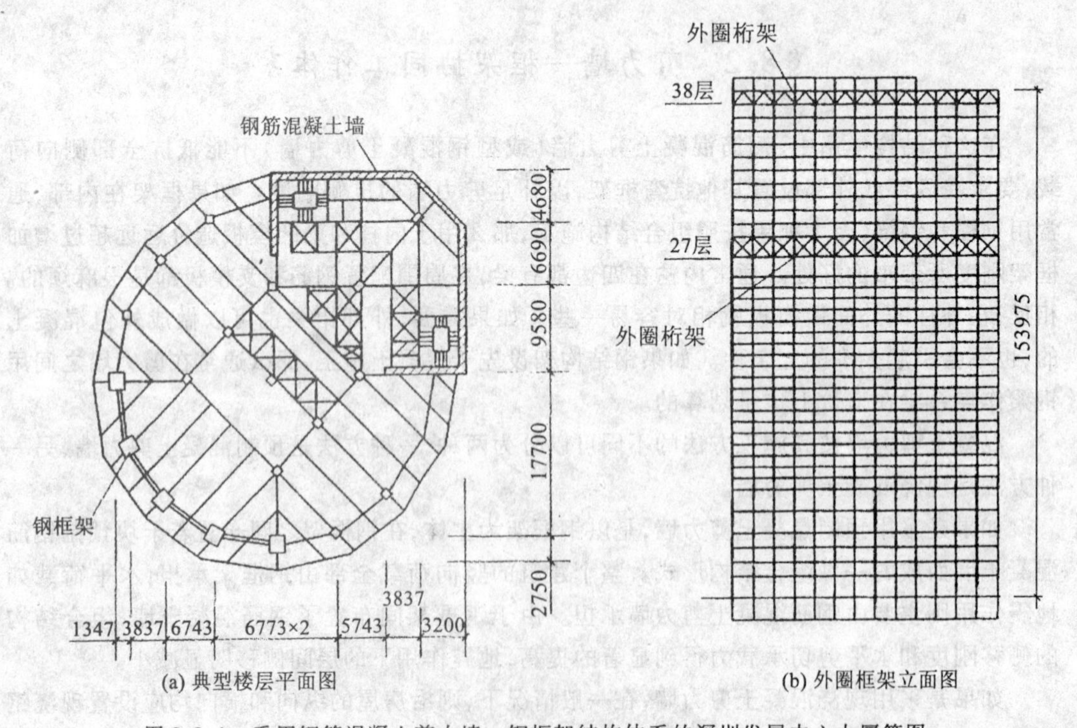

图 8.2.1 采用钢筋混凝土剪力墙—钢框架结构体系的深圳发展中心大厦简图

§8.3 筒 体 系

目前高层建筑中,组合筒体系应用得很多。组合筒体系利用了众所周知的筒体系的优点和钢结构的施工速度。与钢筋混凝土和钢结构体系一样,密柱深梁成为这个体系的主要结构。密柱深梁可以由钢筋混凝土组成,也可以由钢结构组成。可以是一般的钢筋混凝土梁柱,也可以是采用组合柱、组合混凝土裙梁,或者是采用钢裙梁代替混凝土裙梁。

具体可以分为两种情况:

8.3.1 混凝土框筒—钢框架结构

混凝土框筒—钢框架结构是指由外围的钢筋混凝土框筒和内圈钢框架组成的组合结构。该结构具有如下优点:

(1)外墙面除满足采光要求的面积外,其余部分均可以用于框筒的梁和柱,使梁、柱具有较大的截面尺寸,从而提高框筒的抗侧移能力。

(2)一般情况下,外框筒承担全部水平荷载,内部钢框架可以仅承担竖向荷载,故钢柱可以按轴心受压构件计算,使得柱截面尺寸减小。柱与梁可以采用铰接连接,简化安装,方便施工。

(3)钢梁(或为空间钢桁架梁)具有跨度大、截面小、自重轻的优点。在建筑内部采用钢结构,柱网尺寸可以充分加大,给整个楼面提供广阔的使用空间。

(4)围护构件与承重构件合二为一,省去了外墙板及其安装的工作量。

(5)内部钢框架的安装和外围框筒混凝土的浇筑可以交错进行,避免不紧凑的施工流程,加快施工进度。

这种组合结构是靠外部钢筋混凝土框筒抵抗水平荷载的,对风荷载及设防烈度 6 度以下的地震作用,钢筋混凝土框筒处于弹性工作状态,梁与柱仍可以按常规构造配置钢筋。对于 7 度及 7 度以上地震作用时,钢筋混凝土框筒可能进入弹塑性工作阶段,为了提高框筒结构柱的强度和延性,防止其出现脆性的剪切破坏,在框筒柱内,除沿柱的全高配置较密的水平箍筋外,在框架方向柱的内、外侧以及柱身内部一般每隔 300mm 左右配置 X 形交叉钢筋。

图 8.3.1 为坐落在美国新奥尔良(New Orleans)市的 One Shell Square 大楼平面图。该建筑物地面以上 52 层,高 213m,总建筑面积 130 000 ㎡。主体结构即属于混凝土框筒—钢框架结构体系,沿楼层平面外圈布置着钢筋混凝土框筒,柱距为 3.05m,在楼层中部布置着钢框架。这样的设计方案.为楼面提供了达 12 m 长的无柱空间(见图 8.3.1(a))。

为便于内部钢框架的安装,以及内部钢梁与外围钢筋混凝土框筒柱的连接,在每根钢筋混凝土柱的内侧,安装了一个截面尺寸较小的 H 型钢柱,钢柱的前后翼缘均加焊拉结钢条,埋入混凝土柱内(见图 8.3.1(b))。在小钢柱设置后,可以用来使内部钢框架作为完整的钢结构体系进行组装。钢结构的安装,可以比外框筒的钢筋混凝土结构施工提前 8 ~ 10 层。这样,钢框架部分的钢—混凝土组合楼板,就可以作为外框筒施工时提升钢筋骨架和成组模板的工作平台,经济技术效果都较好。

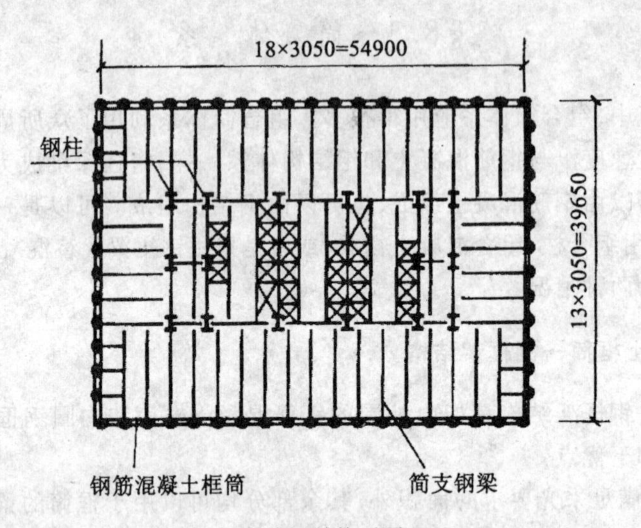

(a) 标准层结构平面

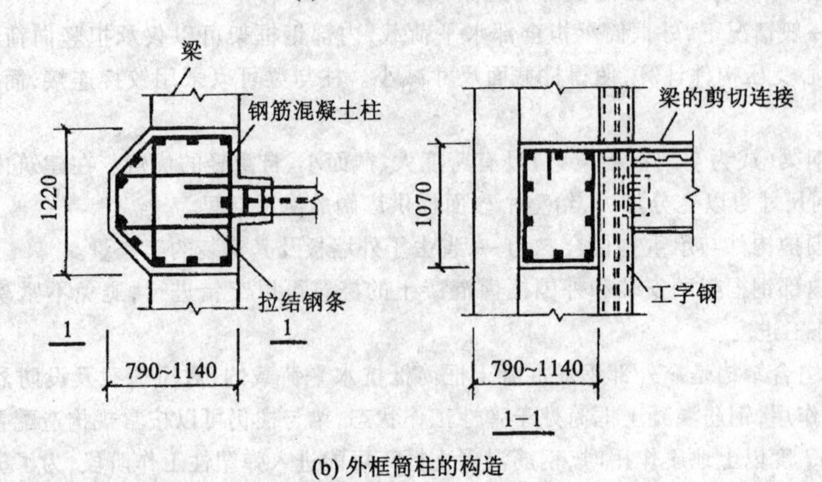

(b) 外框筒柱的构造

图 8.3.1 采用混凝土框筒—钢框架结构体系的 One Shell Square 大楼简图

8.3.2 钢框筒—混凝土墙结构

钢框筒—混凝土墙结构是由钢框筒和嵌置于钢框架之间的预制或现浇钢筋混凝土剪力墙组成的组合结构。该结构可以是外围由密排钢柱和较高截面窗裙梁所组成的钢框筒,内部为钢框架,并在钢框架间嵌置纵向和横向钢筋混凝土墙板;也可以是外圈钢框筒,内部为现浇钢筋混凝土核心筒所组成;也可以是外圈和内圈均采用密排钢框筒,并在内筒的纵向、横向框架内嵌置钢筋混凝土墙板的结构。在某些情况下,钢框筒某一区段的框架也可能由竖向支撑所代替。

水平荷载作用下,钢框筒的整体抗弯能力很强,在高层建筑中如果将钢框筒用于抵抗风荷载和较小的地震作用,具有很好的效果。然而,在较高烈度如 8 度以上的地震作用时,钢框筒会发生较大的整体剪切变形,使其侧向位移出现较大幅度的增长,抗侧力效果明显降低。此时,就必须采取措施提高结构体系的整体剪切承载力,减小钢框筒承担的水平剪力。通过相关试验研究,比较有效的方法是,沿房屋的横向和纵向分别设置一定数量的钢筋混凝土剪力墙,使其成为结构的一部分并承担大部分的楼层地震剪力,这样外围钢框筒主要是承担地震引起的倾覆力矩,而且外围钢框筒所承受的水平地震剪力也降到一个较低的水平。

外围钢框筒,因为梁的截面高度不可能做得很大,存在剪力滞后现象。当楼层平面的边长超过 45m,或者长宽比大于 2 时,剪力滞后现象会变得非常严重。为了弥补剪力滞后效应对外框筒空间工作所造成的削弱,一般建议每隔 15 层左右,顺着核心筒筒壁所在平面,由芯筒伸出纵向和横向桁架,作为刚臂,与外圈钢框筒柱相连,并于同一楼层,沿外框筒周围设置一层楼高的带状桁架。

图 8.3.2 是日本东京新宿区的三井大厦,该建筑物地下 3 层,地上 55 层,高 221m,该地区的设防烈度达到 9 度。大厦的主体结构自地下 3 层至地上 2 层,采用型钢混凝土结构,以上部分则采用钢框筒—混凝土墙结构体系。在外框筒两对边 17.44m 宽的大开口处,采用竖向支撑补强,以完善外框筒的空间整体性能。

在内部钢框架间,沿横向和纵向设置了若干片钢筋混凝土墙板,用来承担较大的地震剪力。为了提高钢筋混凝土墙的延性和耗能能力,墙上开了竖缝。外圈钢框筒柱主要承担地震倾覆力矩引起的轴向力,这时框筒梁、柱的弯曲应力较小,梁、柱截面尺寸也不大,同时进一步减小了框筒的侧移。此外,框筒梁竖向剪力的减小,还有助于缓解框筒结构的剪力滞后效应。

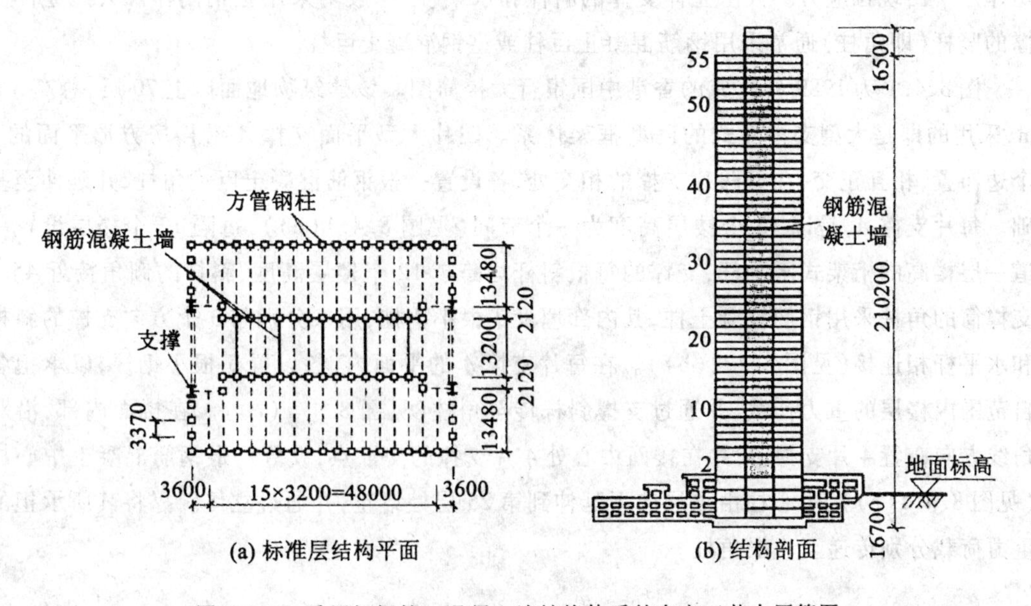

图 8.3.2　采用钢框筒—混凝土墙结构体系的东京三井大厦简图

这种类型结构成功的关键是密柱和深梁共同作用形成的刚度,形成的外立面不像抗弯框架,而更像开了许多窗洞的承重墙。

§8.4 采用巨柱的巨型框架体系

在前面章节中曾经提到,在高层建筑中抵抗侧向荷载最有效的方法是采用巨柱。在建筑物平面范围内,巨柱之间的距离尽可能远一些。柱子之间用抗剪体系连接,例如焊接钢梁、空腹桁架或斜撑。这种概念形成了一个完全新的组合体系的类型,其特点是采用巨型柱。

巨柱有许多种形式。一种体系是采用大直径的薄壁管或筒,内填高强混凝土,通常混凝土受压强度在40~135MPa范围内。一般不需要纵向钢筋,也不需要横向钢筋,因而简化了施工。另外一种建造组合柱的方法是采用传统的支模技术,但唯一不同的是钢柱包在大柱子内部,钢柱子用做架设钢框架,也可以增加轴向和剪切承载力。

在这种结构体系中,大型立体支撑是主构件,承担着整座大楼绝大部分的竖向荷载和水平荷载。支撑平面内小框架及楼面内部钢框架是次构件,担负着若干楼层的竖向荷载和局部水平荷载,并将其传递给主构件。

大型立体支撑的主要组成部分,是沿大楼周边布置的大型支撑,支撑的每一个面都是横跨大楼立面全宽的单列支撑,大楼各个立面的支撑杆件,交汇于大楼转角处的大型立柱。在大楼内部,有时也沿楼面对角线方向布置支撑,其作用是将大楼内部的竖向荷载直接传递至大楼外圈大型立体支撑的角柱,以加大角柱的竖向压力,避免角柱在水平荷载产生的倾覆力矩作用下出现拉应力。大型立体支撑的斜杆和水平杆,一般均采用型钢制作。大型立体支撑的竖杆(即角柱)通常采用钢筋混凝土巨柱或型钢混凝土巨柱。

图8.4.1为1989年建成的香港中国银行大楼简图。该建筑物地面以上70层,总高315 m,采用的即是大型支撑形式的巨型框架体系。四片大型平面支撑A沿楼房方形平面的4个边布置,相互正交,在每两片支撑的相交处,各设置一根钢筋混凝土巨型角柱,并延伸至基础。每片支撑A,是以13个楼层高度为一个节间(见图8.4.1(c)),每隔12个楼层设置一道一层楼高的桁架式水平杆,支撑的每根斜杆均跨越12个楼层高度,斜杆的倾角接近45°。支撑筒的角柱采用钢筋混凝土柱,其内部埋设3根小钢柱,用来分别与3个方向支撑的斜杆和水平杆相连接(见图8.4.1(b))。在每片支撑A的平面内,各设置5根小钢柱,以承担各自范围内楼层的重力荷载,并通过支撑斜杆传至角柱(见图8.4.1(c))。在楼面内部,沿对角线方向布置4片支撑B,并在楼面中心处4片支撑的交汇点,设置一根钢筋混凝土中心柱(见图8.4.1(a)),中心柱由顶层向下延伸到第25层处终止,并通过立体斜撑将其所承担的重力荷载分别传递至4根角柱。

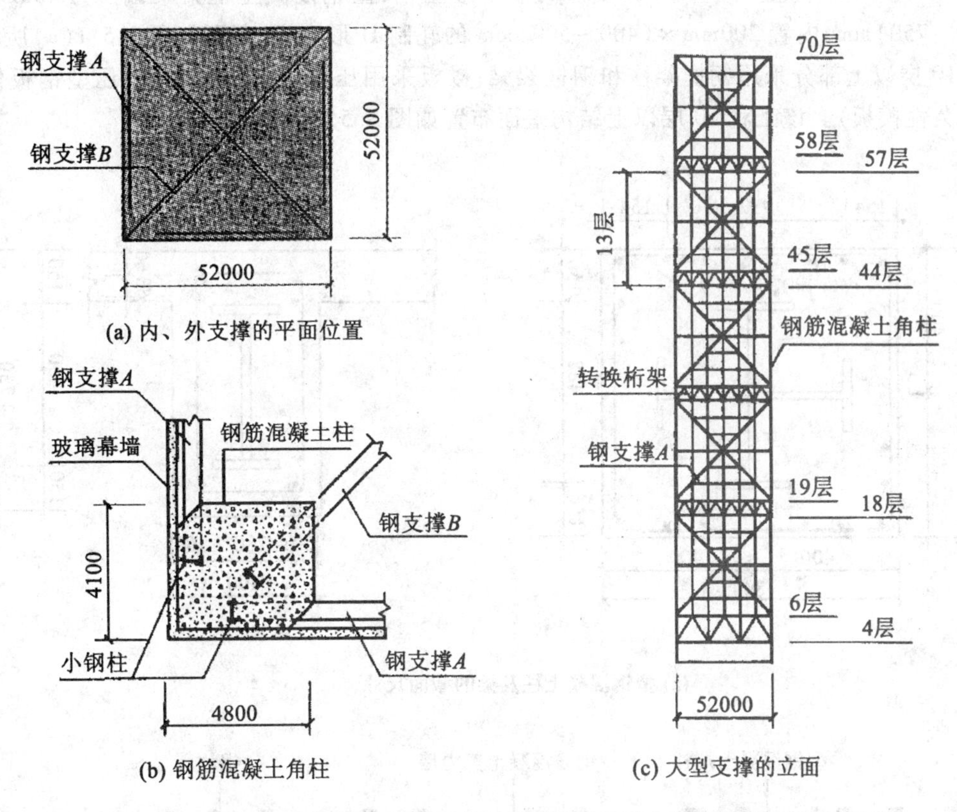

图 8.4.1　采用巨型框架体系的香港中国银行大楼简图

§8.5　竖向混合体系

目前的多功能建筑往往要求在一幢建筑中提供两个或更多种类型的用途，将要求使用功能不同的各部分竖向叠合在一起。例如房屋的下面几层为停车场，中间各层为办公层，上部各层为诸如公寓和旅馆房间等居住单元。因为不同的使用者从经济上考虑，所爱好的建筑类型不同。较为合理的是在房屋的竖向混合各种结构。比如在居住建筑中人们喜欢无梁的平天花板，因为这种天花板在楼板下面要做的装修最少。而办公室建筑中优化的出租空间要求 12m 左右的大跨度，这种跨度对于公寓又太大了，要在居住单元中增加对建筑布置没有太大影响的柱子。由于跨度较小，又要求平板结构，工程师可以在上部各公寓层中采用混凝土。

图 8.5.1 所示为上海瑞金大厦的结构平面简图。该建筑物为地下 1 层，地上 27 层，建筑总高 100m 的多功能高层建筑物，即在下部采用混凝土，在上部采用钢结构。建筑平面为矩形，9 层以下建筑平面的一侧为公寓用房，另一侧为公共设施用房，两边层高不一致，形成错层结构。10 层以上为办公楼。

1 ~10 层部分的框架柱及框架梁采用型钢混凝土，地下室部分采用钢筋混凝土，内筒的墙肢端柱采用型钢混凝土，楼板采用普通钢筋混凝土楼板。型钢混凝土框架柱最大截面为

800mm × 800mm，内置 492mm × 488mm 的十字形型钢；型钢混凝土框架梁截面为 400mm × (700 ~ 750) mm，内置 200mm × (400 ~ 500) mm 的轧制 H 形型钢，截面如图 8.5.1(a)所示。

10 层以上部分采用钢框架柱和钢框架梁，楼板采用压型钢板混凝土板（压型钢板仅用做永久性模板）。该工程 10 层以上结构平面布置如图 8.5.1(b)所示。

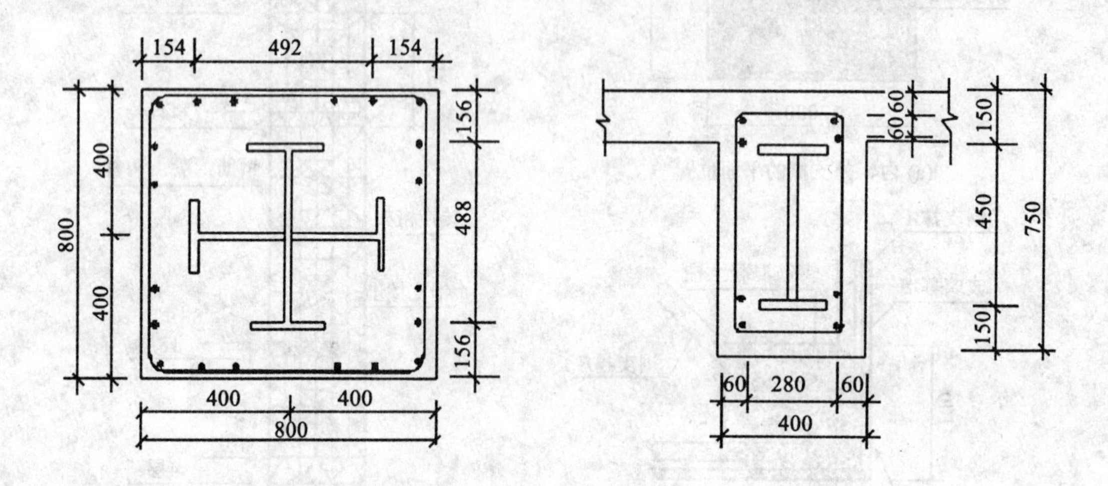

(a) 型钢混凝土柱及梁的截面尺寸

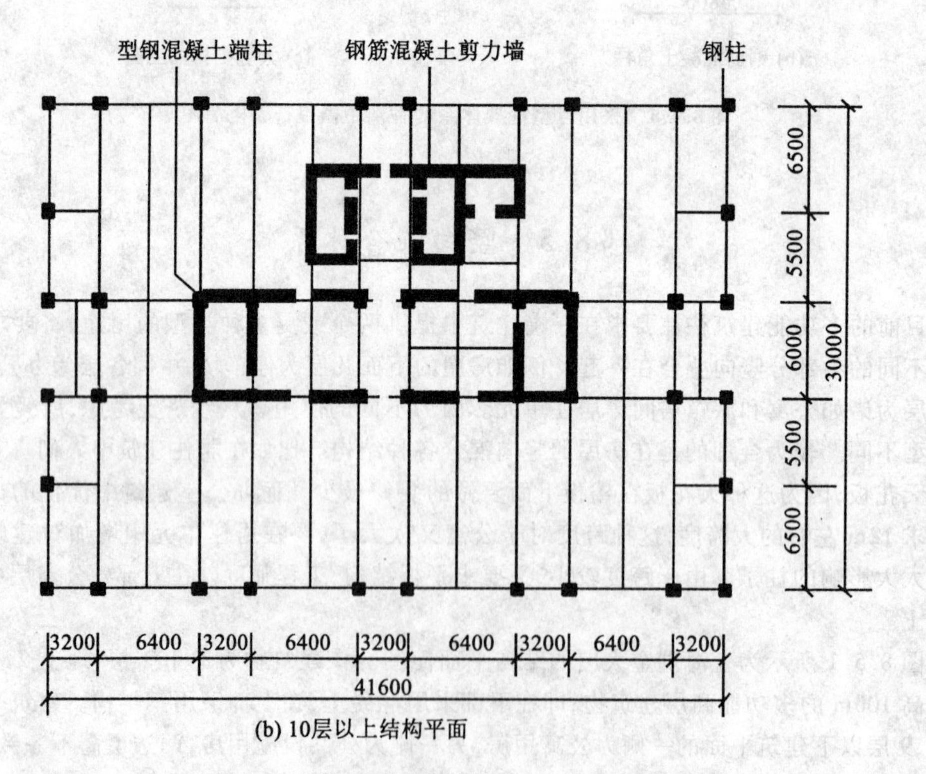

(b) 10层以上结构平面

图 8.5.1 采用竖向混合体系的上海瑞金大厦简图

§8.6 其他形式的钢—混凝土组合结构体系

前面介绍了一些常见的钢—混凝土组合结构体系，§8.5节已经提到，由于建筑功能的日趋综合，加上建筑平面和立面布置的日趋复杂，以及人们对结构性能和施工周期要求的普遍提高，高层建筑的结构形式也变得多样化，不仅仅局限于上述某种组合结构体系，而往往是多种结构的融合与贯通。这些结构经过合理的设计和施工，同样能达到安全舒适和好的经济指标，达到理想的效果。

上海金茂大厦，作为上海市标志性建筑之一，是集办公、宾馆、商业于一体的多功能大楼，建筑面积近290000 m²。该建筑物为地下3层，地上88层，建筑总高420.5m，是国内目前最高的超高层建筑。建筑平面为八边形。图8.6.1为金茂大厦的平面和剖面图。其主体

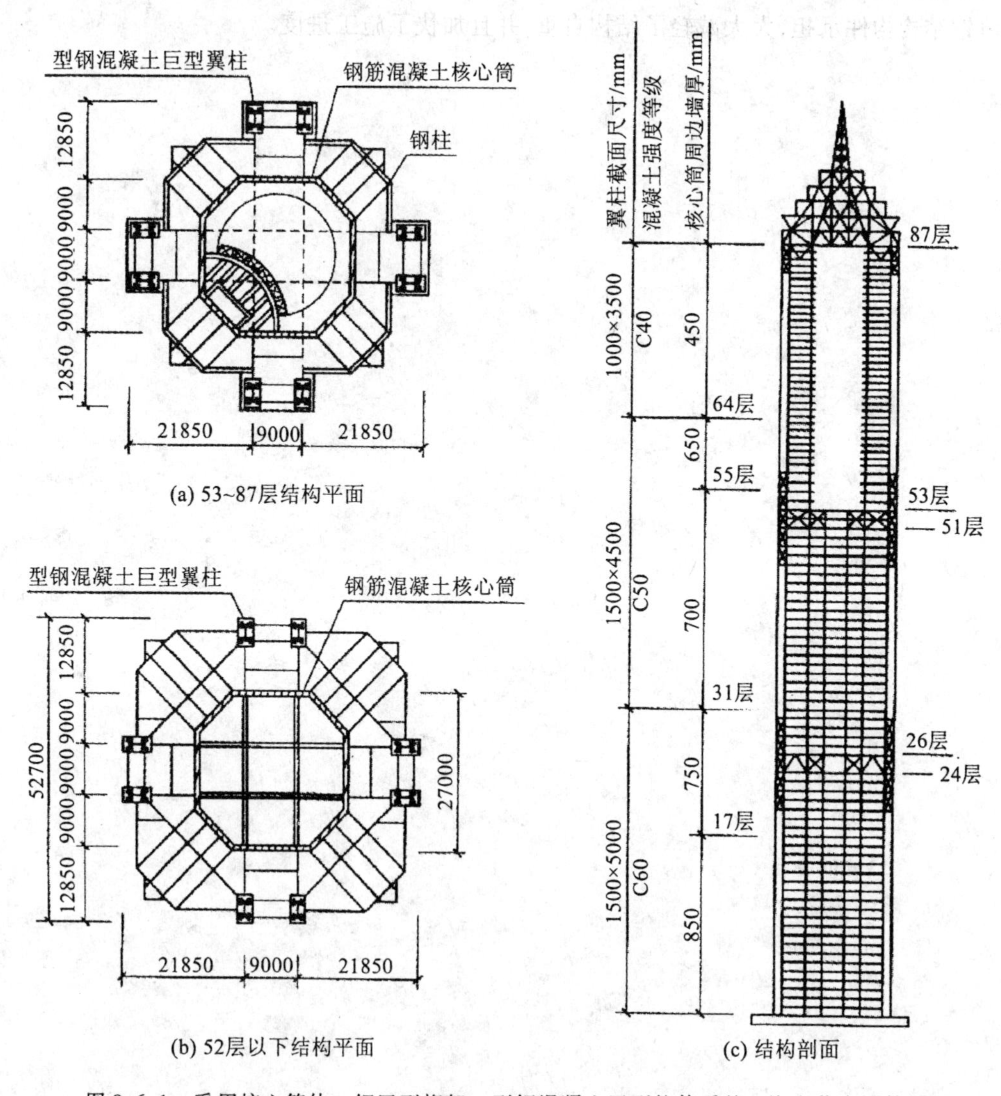

图8.6.1　采用核心筒体—钢巨型桁架—型钢混凝土巨型柱体系的上海金茂大厦简图

结构的地上部分为中央钢筋混凝土剪力墙组成的八边形核心筒体和外圈的 8 个巨型型钢混凝土柱、8 个巨型钢柱及钢梁。由于上海市的抗震设防烈度仅为 7 度,对于该超高层建筑来讲,抗震设计不是主要的,而水平风荷载对结构的设计起了控制作用。核心筒腹部剪力墙呈井字形,从地下 3 层至地上 53 层布置。外圈的巨型型钢混凝土柱截面尺寸很大,在第 31 层以下为 1.5m × 5.0m,混凝土标号为 C60,至第 64 层减小为 1.0m × 3.5m,混凝土标号为 C40。内筒周边的主要墙肢厚度在下部为 850mm,至上部减为 450mm。

结构分别在 24 层至 26 层、51 层至 53 层和 85 层至 87 层三个部位设置两层的钢桁架,作为水平刚度加强层,形成了"核心筒体—钢巨型桁架—型钢混凝土巨型柱"的高效抗侧力体系。楼面为钢梁—压型钢板与混凝土组合楼板。

大楼的主要抗侧力构件为中央钢筋混凝土筒体,混凝土结构提供了良好的质量与刚度比以及阻尼特性,大大减小了风荷载引起的结构动力反应,对低烈度区超高建筑的抗风设计非常有利,不仅满足了风荷载下的强度和刚度要求,也满足了建筑物舒适度的要求。竖向荷载由钢结构构件承担,大大减轻了结构自重,并且加快了施工进度。

参考文献

[1]中国工程建设标准化协会标准,混凝土结构设计规范(GB50010—2002). 北京:中国计划出版社,2002.

[2]中国工程建设标准化协会标准,钢结构设计规范(GB50017—2003).北京:中国计划出版社,2003.

[3]中国工程建设标准化协会标准,纤维混凝土结构技术规程(CECS38—2004)[S].北京:中国计划出版社,2004.

[4] 建筑结构设计通用符号、计量单位和基本术语(GBJ83—85).北京:中国建筑工业出版社,1983.

[5] 徐至钧编著.纤维混凝土技术及应用[M].北京:中国建筑工业出版社,2003.

[6]冯乃谦编著.高性能混凝土结构[M].北京:机械工业出版社,2003.

[7]赵鸿铁.钢与混凝土组合结构.北京:科学出版社,2001.

[8]赵鸿铁.钢与混凝土组合结构.北京:科学出版社,2001

[9]周起敬,姜维山,潘泰华.钢与混凝土组合结构设计施工手册.北京:中国建筑工业出版社,1991.

[10]JGJ3—2002 高层建筑混凝土结构技术规程.北京:中国建筑工业出版社,2002.

[11]汪心冽.压型钢板与混凝土组合楼板的组合效益.工业建筑,1985(9).

[12]何保康,赵鸿铁.压型钢板与混凝土组合楼板设计.冶院科技,1985(9).

[13]何保康,赵鸿铁.钢与混凝土组合楼盖设计.冶院科技,1984(0031).

[14]刘坚,周东华,王文达.钢与混凝土组合结构设计原理.北京:科学出版社,2005.

[15]赵鸿铁,张素梅.钢与混凝土组合结构设计原理.北京:高等教育出版社,2005.

[16]赵鸿铁著,钢与混凝土组合结构,北京:科学出版社,2001.

[17]聂建国等,钢—混凝土组合结构,北京:中国建筑工业出版社,2005.

[18] Johnson R P, Composite Structures of Steel and Concrete, OXFORD: Blackwell Scientific Publications, 1995.

[19]韩林海.钢管混凝土结构.北京:科学出版社,2000.

[20]N. M. Hawkins. The Bearing Strength of Concrete Loaded Through Rigid Plates. Magazine of Concrete Research. 1968.

[21]N. M. Hawkins. The Bearing Strength of Concrete Loaded Through Flexible Plates. Magazine of Concrete Research. 1968.

[22]池田尚治,李先瑞,耿花荣.钢—混凝土组合结构 设计手册[S].北京:地震出版社,1992.

[23]周起敬,姜维山等.钢与混凝土组合结构设计施工手册[S].北京:中国建筑工业出

版社,1991.

[24]李勇,聂建国. The design of shenzhen baizhanbridge. 第六届国际钢—混凝土组合结构学术会议论文集[C] America Los Angeles,2000.

[25]李勇,聂建国. 一种新型的预应力钢—混凝土组合梁[J]. 桥梁建设. 2001 年第 6 期.

[26]聂建国,李勇等. 钢—混凝土组合梁刚度的研究[J]. 清华大学学报 1998 年第 10 期.

[27]白国良,秦福华著. 型钢钢筋混凝土原理与设计(M). 上海:科学技术出版社,2000.

[28]山田裕, 中野和久, 西村泰志, 南宏一. 長締め高力ボルト引張接合によ る混合構造の柱はり接合部の弾塑性擧動, 日本建築學會大會學術演講梗概集[J], 1994.9.

[29]山田裕, 西村泰志, 南宏一. 長締め高力ボルト引張接合によ る混合構造の柱はり接合部の弾塑性擧動, コンクリ ー ト工學年次論文報告集[J]. 1994.2.

[30]薛建阳,赵鸿铁. 型钢钢筋混凝土框架振动台试验及弹塑性动力分析,土木工程学报,2000.

[31]薛建阳,赵鸿铁. 型钢混凝土框架模型的弹塑性地震反应分析,建筑结构学报,2000.

[32]薛建阳,赵鸿铁. 型钢混凝土节点抗震性能及构造方法,世界地震工程,2002.

[33]薛建阳,王彦宏、赵鸿铁. 型钢混凝土偏心受压柱粘结性能及本构关系研究,哈尔滨工业大学学报,2005.

[34]薛建阳,赵鸿铁,杨勇等. 型钢混凝土柱粘结滑移性能及 ANSYS 数值模拟方法研究,建筑钢结构进展,2006.

[35]薛建阳,杨勇,赵鸿铁. 型钢混凝土推出试验及其粘结强度研究,钢结构,2006.

[36]薛建阳,高翔,赵鸿铁等. 型钢高强混凝土框架节点受剪性能及其数值模拟, 哈尔滨工业大学学报,2007.

[37]聂建国,余志武. 钢—混凝土组合梁在我国的研究及应用[J]. 土木工程学报,1999.

[38]聂建国,沈聚敏,袁彦声. 钢—混凝土简支组合梁变型计算的一般公式[J]. 工程力学,1994.

[39]聂建国,沈聚敏,余志武. 考虑滑移效应的钢 - 混凝土组合梁变型计算的折减刚度法. 土木工程学报,1995.

[40]聂建国,崔玉萍. 钢 - 混凝土组合梁在单调荷载下的变形及延性. 建筑结构学报,1998.

[41]聂建国,沈聚敏. 滑移效应对钢 - 混凝土组合梁弯曲强度的影响及其计算. 土木工程学报,1997.

[42]叶清华. 钢—混凝土组合梁在设备基础中的应用及设计方法。工业建筑,2003.

[43]中华人民共和国行业标准. JGJ138—2001 型钢混凝土组合结构技术规程[S]. 2002.

[44]中华人民共和国行业标准. 钢骨混凝土结构设计规程(YB 9082—2006)[S]. 2007.

[45]江见鲸. 混凝土结构工程学[M]. 北京: 中国建筑工业出版社, 1998.

[46]赵鸿铁. 钢与混凝土组合结构[M]. 北京: 科学出版社, 2001.

[47]王连广. 钢与混凝土组合结构理论与计算[M]. 北京: 科学出版社, 2005.

[48]马怀忠. 钢—混凝土组合结构[M]. 北京: 中国建材工业出版社, 2006.

[49]刘维亚, 张兴虎, 姜维山. 型钢混凝土组合结构构造与计算手册[M]. 北京: 中国建筑工业出版社, 2004.

[50]徐亚丰. 钢骨高强混凝土框架节点抗震性能研究[D]. 东北大学学报, 2003.

[51]吴杵成. 装配整体式钢骨混凝土框架中节点抗震性能试验研究[D]. 天津大学学报, 2006.

[52]白国良, 秦福华. 型钢钢筋混凝土原理与设计[M]. 上海: 上海科学技术出版社, 2000.

[53]Minami K. Beam to Column Stress Transfer in Composite Structures[J]. Architectural Institute of Japan, 3rd Edition, November, 1975. 144 ~ 145.

[54]赵红梅. 钢梁—钢骨混凝土柱节点的非线性有限元分析[D]. 北京工业大学学报, 2002.

[55]钟善桐, 白国良. 高层建筑组合结构框架梁柱节点分析与设计[M]. 北京: 人民交通出版社, 2006.

[56]若林実. 耐震構造[M]. 森北出版株式会社, 1981.

[57] 钟善桐. 钢管混凝土结构(第三版). 北京:清华大学出版社,2003.

[58] 蔡绍怀. 钢管混凝土结构. 北京:人民交通出版社,2003.

[59]钢管混凝土结构设计与施工规程(CECS28:90). 北京:中国计划出版社,1992.

[60]矩形钢管混凝土结构技术规程(CECS159:2004). 北京:中国计划出版社,2004.

[61]聂建国、刘明、叶列平. 钢—混凝土组合结构. 北京:中国建筑工业出版社,2005.

[62]赵鸿铁. 组合结构设计原理. 北京:高等教育出版社,2005.

[63]薛建阳. 钢与混凝土组合结构. 武汉:华中科技大学出版社,2006.

[64]韩林海. 钢管混凝土结构—理论与实践(第二版). 北京:科学出版社,2007.

[65]中国工程建设标准化协会标准,纤维混凝土结构技术规程(CECS38:2004). 北京:中国计划出版社 2004

[66]龚益,徐至钧. 杜拉纤维在土木工程中的应用. 北京:机械工业出版社,2002.

[67]徐至钧编著. 纤维混凝土技术及应用. 北京:中国建筑工业出版社,2003.

[68]冯乃谦编著. 高性能混凝土结构. 北京:机械工业出版社,2003.

[69]黄承逵编著. 纤维混凝土结构. 北京:机械工业出版社,2004.

[70]夏冬桃,徐礼华,池寅. 混杂纤维增强高性能混凝土强度试验研究. 沈阳建筑大学学报:自然科学版,2007(1).

[71]夏冬桃. 混杂纤维增强高性能混凝土深梁抗弯性能试验研究[D]. 武汉大学学报.

[72][美] 本格尼 著 ,罗福午、方鄂华等译 . 高层建筑钢—混凝土组合结构设计. 北京:中国建筑工业出版社,2002.

[73]钟善桐 主编 . 高层钢—混凝土组合结构. 长沙:华南理工大学出版社,2003.

[74]李国强. 当代建筑工程的新结构体系,建筑学报,2002(7),22 ~ 26.

[75]严正庭,严立.钢与混凝土组合结构计算构造手册.北京:中国建筑工业出版社,1996.

[76]Handbook of composite construction engineering. Sabnis M G. New York:Van Nostrand Reinhold company. 1979.

[77]刘大海,杨翠如.高楼钢结构设计.北京:中国建筑工业出版社,2003.